应用智能运维实践

许力 丁男 高焕博 黄治纲 纪勇 编著

电子工业出版社
Publishing House of Electronics Industry
北京·BEIJING

内 容 简 介

本书介绍了应用智能运维系统建设涉及的技术、工具、流程、方法，系统地总结了应用智能运维系统的演进过程，对比了市场主流的应用运维产品，分析了关键智能化应用运维技术、相关开源软件工具的能力和真实行业用户建设案例。另外，本书通过提炼、总结大量不同行业用户建设应用智能运维系统的典型应用场景，全面透彻地介绍了相关项目的规划、开发、实施过程，对企业应对未来数字信息时代应用运维场景下智能运维系统的建设和改造有较高的参考价值。

本书内容全面、结构清晰、案例真实，可作为应用运维工程师、IT运维工程师、SRE工程师，以及应用智能运维系统的设计、开发与实施人员的参考用书。

未经许可，不得以任何方式复制或抄袭本书之部分或全部内容。
版权所有，侵权必究。

图书在版编目（CIP）数据

应用智能运维实践 / 许力等编著. —北京：电子工业出版社，2021.1
ISBN 978-7-121-40133-6

I. ①应… II. ①许… III. ①智能系统—介绍 IV. ①TP18

中国版本图书馆CIP数据核字（2020）第241646号

责任编辑：米俊萍
印　　刷：北京天宇星印刷厂
装　　订：北京天宇星印刷厂
出版发行：电子工业出版社
　　　　　北京市海淀区万寿路173信箱　邮编：100036
开　　本：787×1 092　1/16　印张：19.25　字数：400.4千字
版　　次：2021年1月第1版
印　　次：2024年1月第4次印刷
定　　价：88.00元

凡所购买电子工业出版社图书有缺损问题，请向购买书店调换。若书店售缺，请与本社发行部联系，联系及邮购电话：（010）88254888，88258888。
质量投诉请发邮件至zlts@phei.com.cn，盗版侵权举报请发邮件至dbqq@phei.com.cn。
本书咨询联系方式：mijp@phei.com.cn，（010）88254759。

前　言

我们正处在第三次信息技术浪潮来临的前夕，如今，几乎所有企业都面临如何利用新一代信息技术对外提升企业客户价值、对内优化生产流程的问题。虚拟化、云计算、大数据、物联网、人工智能、区块链等新技术如雨后春笋，新一代信息技术在金融、汽车、医疗等各行业落地应用的案例也层出不穷。

以智能、互联为主要特征的第三次信息技术浪潮将在提升生产力的同时，改变应用及其运维方式。物联网（Internet of Things，IoT）、车联网（Internet of Vehicle，IoV）等新一代信息技术已经开始改变产品或服务的设计、生产、营销、交付和售后支持过程。哈佛商学院院长迈克尔·波特教授预言，第三次信息技术浪潮将"有潜力成为目前影响最深远的技术浪潮，相比前两次会激发更多的创新，获取更大幅度的生产收益增长和经济增长"。

然而，新一代信息技术在赋能数字信息系统应用数据处理、智能决策支持和态势感知等能力以大幅度提升企业生产力的同时，系统自身复杂度急剧上升，应用运维难度和成本快速增加。更严重的是，很多企业在规划设计应用系统，或者在做互联网化系统升级改造的过程中，往往忽视对应用运行期的状态监视、风险管理、容量规划等运维保障系统和过程的建设，系统故障和宕机频率快速升高，人工运维成本飙升。

在数字时代，一切都依赖于应用系统稳定可靠的运行，缺少匹配新型信息系统应用的应用智能运维系统的支撑，新技术将很难发挥其应有的价值。要解决新技术演进带来的应用运维问题，则需要通过新技术来升级应用运维系统。目前，大多数企业都缺少能够应对未来来自应用运行期稳定性和性能方面挑战的运维系统。为了帮助更多企业建设新一代应用智能运维平台，解决应用系统运维管理问题，将先进信息技术转化为生产力，本书从实际需求出发，总结分享了作者十余年来从事企业信息系统建设和运维的经验，介绍了如何利用算法运维、开发运维一体化、运维大数据分析等新一代智能化相关技术构建支撑未来企业信息化建设的应用智能运维系统。本书分别从技术发展演进路线、关键技术、系统建设实践、关键场景和行业应用案例等方面详细阐述了应用智能运维系统的建设思路、方法与策略。

本书第 1 章和第 2 章分别从应用运维和智能运维角度出发，梳理了运维技术发展的来龙去脉，简述了具有里程碑意义的运维工具和方法；第 3 章围绕信息技术发展趋势，详细分析了未来应用运维场景的新需求，以及建设智能化算法辅助运维系统的必要性；

第 4 章和第 5 章相对全面地介绍了建设应用智能运维系统需要用到的关键技术和工具；第 6 章从企业实际需求出发，详述了系统规划建设需要做的前期准备、设计规划和概念验证的详细过程；第 7 章围绕一个具体案例，展开介绍了如何从零开始搭建完整的应用智能运维系统；第 8 章和第 9 章分别从典型场景和行业角度出发，分析了物联网、车联网、开发运维一体化等特定场景下运维需求的特点，总结了能源电力、广电传媒、数字医疗等行业面向具有超高复杂度的新一代应用系统的智能运维平台建设的要点和价值。

本书介绍的实战经验全部来自一线项目团队和产品研发团队的积累，每个项目建设过程都历经艰辛，这些经验来之不易，汇总梳理这些经验也耗费了大量的心血。在此，特别感谢东软集团 RealSight APM 应用智能运维产品研发团队的崔喜龙、王占、石子凡、邹康、刘长东等在关键技术和产品研发方面的贡献；感谢英特尔大数据技术全球 CTO、大数据和人工智能创新院院长戴金权（Jason Dai）与该院方案架构师乐鹏飞提供的技术支持及项目经验；感谢给我们提供宝贵需求、项目实施经验和验证环境的客户（包括中国航空、宝马中国、蒙牛集团、中国移动等），是他们赋予了技术社会价值，让产品研发团队和项目团队的工作更有意义。最后，感谢电子工业出版社的米俊萍编辑对本书认真负责的审阅，她帮助我们甄别了书中大量的错误和表述问题，让我们这些不善表达的技术人员写出的东西更通俗易懂。希望本书能帮助企业、政府在建设应用智能运维系统时少走一些弯路，同时为未来中国软件企业研发世界领先的国产应用运维软件提供一些参考。

本书的出版得到了国家重点研发计划项目"智能工厂工业互联网系统理论与技术"（2018 YFB1700100）及国家自然科学基金项目（61471084）的资助，在此表示感谢。

作　者

2020 年 2 月 25 日

目 录

第 1 章 应用运维 ··· 001

    1.1 初识应用运维 ··· 001

    1.2 应用运维，保障企业应用稳定运行的关键 ··· 002

    1.3 演进过程 ··· 004

        1.3.1 软件性能工程 ··· 004

        1.3.2 应用性能管理 ··· 006

        1.3.3 网站可靠性工程 ··· 007

        1.3.4 业务流程性能监控管理 ··· 008

        1.3.5 用户数字体验监控 ··· 008

第 2 章 智能运维 ··· 011

    2.1 初识智能运维 ··· 011

    2.2 智能运维，赋予企业运维更强悍的大脑 ··· 012

    2.3 演进过程 ··· 013

        2.3.1 IT 运维分析 ··· 014

        2.3.2 事件关联分析 ··· 015

        2.3.3 自动化运维 ··· 015

        2.3.4 人工智能运维 ··· 015

        2.3.5 开发运维一体化 ··· 017

第 3 章 智能、互联时代的应用运维 ··· 019

    3.1 应用演进趋势 ··· 020

    3.2 技术演进趋势 ··· 026

    3.3 应用智能运维系统：企业数字战略的关键支撑 ··· 028

    3.4 商业价值评估（ROI 分析） ··· 030

    3.5 系统关键能力 ··· 039

第 4 章　应用运维智能化的关键技术……044

4.1　异常检测：筛选时间序列数据，发现潜在风险……045
4.1.1　技术简介……045
4.1.2　深入浅出应用实践……047
4.1.3　应用案例……053

4.2　关联分析：实现全景化应用监控的基础……056
4.2.1　技术简介……056
4.2.2　深入浅出应用实践……056

4.3　数据统计：敏捷高效的信息提取手段……058
4.3.1　技术简介……058
4.3.2　深入浅出应用实践……062

4.4　预测分析：使应用性能风险防患于未然……065
4.4.1　技术简介……065
4.4.2　深入浅出应用实践……065

4.5　因果推理：专家经验辅助决策支持……067
4.5.1　技术简介……067
4.5.2　深入浅出应用实践……069

4.6　自治控制：应用运维过程的自动化管理……072
4.6.1　技术简介……072
4.6.2　深入浅出应用实践……074

第 5 章　应用智能运维工具图谱……079

5.1　开源工具……080
5.1.1　业务流程巡检拨测……080
5.1.2　应用请求链路追踪……084
5.1.3　存储海量监控数据……089
5.1.4　机器数据检索分析……093
5.1.5　人工智能算法支撑平台……094
5.1.6　应用监控数据可视化……102
5.1.7　告警及风险智能管理……111

5.2　商业化产品……114
5.2.1　Dynatrace：软件智能平台……114

5.2.2　AppDynamics：思科的战略新方向 ... 115
5.2.3　NewRelic：让应用运维随需即取 ... 116
5.2.4　RealSight APM：全景化应用智能管理 ... 118
5.2.5　Datadog：深度分析应用性能 ... 119
5.2.6　BigPanda：AIOps 算法驱动应用自动化运维 ... 121
5.2.7　Numenta NuPIC：类脑计算践行异常检测 ... 122

第 6 章　立足实际需求，规划系统落地方案 ... 124

6.1　前期准备 ... 125
6.1.1　需求准备：理解企业现有的应用运维过程 ... 125
6.1.2　应用准备：为目标应用的运行状态准确画像 ... 129
6.1.3　人员准备：组建技术和管理专家团队 ... 132
6.1.4　技术准备：储备运维智能化的关键技术 ... 133
6.2　规划设计 ... 138
6.2.1　围绕运维现状，规划建设愿景 ... 138
6.2.2　多部门协作，规划服务质量目标 ... 141
6.2.3　制定监控策略，设计 SLO 计算算法 ... 141
6.2.4　专注过程，规划有效的风险管理机制 ... 142
6.3　概念验证 ... 143
6.3.1　围绕核心业务，验证用户数字体验监控方案 ... 144
6.3.2　验证应用全栈监控数据采集技术 ... 145
6.3.3　验证业务流程监控的可行性 ... 146
6.3.4　验证趋势预测算法的可行性 ... 147
6.3.5　验证根源问题分析算法的可行性 ... 148

第 7 章　从零开始搭建应用智能运维系统 ... 152

7.1　目标应用场景的定义 ... 152
7.1.1　目标应用介绍 ... 153
7.1.2　建设愿景规划 ... 153
7.1.3　应用运维现状 ... 154
7.2　规划设计 ... 157
7.2.1　逻辑架构 ... 158
7.2.2　部署架构 ... 159

7.3 应用全栈监控数据采集 ·····160
7.3.1 用户侧用户数字体验数据采集 ·····163
7.3.2 应用可用性数据采集 ·····167
7.3.3 业务流程数据采集 ·····174
7.3.4 应用运行环境状态数据采集 ·····188

7.4 搭建数据湖，存储运维大数据 ·····189
7.4.1 时间序列指标数据存储 ·····191
7.4.2 应用代码链路数据存储 ·····193
7.4.3 链路、拓扑图等关系数据存储 ·····194
7.4.4 数据湖存储与检索能力融合 ·····196

7.5 实现全景视图的监控数据可视化 ·····199
7.5.1 业务优先的应用全景可视化仪表盘 ·····200
7.5.2 定义级联可视化人机交互界面 ·····202
7.5.3 选择监控指标，定义告警策略 ·····204

7.6 算法驱动，实现应用风险态势感知 ·····207
7.6.1 时间序列监控指标的趋势预测 ·····207
7.6.2 建立实时智能的异常检测能力 ·····208
7.6.3 通过因果推理分析定位风险根源 ·····214

7.7 应用风险告警的智能化管理 ·····219
7.7.1 搭建智能化的告警管理框架 ·····221
7.7.2 遍在数据接入，随时回溯数据、解释告警 ·····223
7.7.3 智能合并告警，有效管理风险 ·····224
7.7.4 应用风险根源分析的智能化 ·····228
7.7.5 手机端主动探伤检测，防患于未然 ·····236

第8章 典型应用场景实践 ·····238

8.1 开发运维一体化场景 ·····238
8.1.1 需求背景 ·····238
8.1.2 解决方案 ·····239

8.2 应用运行环境的稳定性性能保障 ·····240
8.2.1 需求背景 ·····240
8.2.2 解决方案 ·····241

8.3 基于微服务架构的应用性能监控···243
  8.3.1 需求背景···243
  8.3.2 解决方案···245
8.4 基于大数据架构的应用运维智能化···249
  8.4.1 需求背景···249
  8.4.2 解决方案···250
8.5 遍在接入的云应用运维智能化··252
  8.5.1 需求背景···252
  8.5.2 解决方案···254
8.6 互联网应用的用户数字体验保障··255
  8.6.1 需求背景···255
  8.6.2 解决方案···256
8.7 物联网应用运维场景···260
  8.7.1 需求背景···260
  8.7.2 解决方案···261
8.8 车联网应用运维智能化···267
  8.8.1 需求背景···267
  8.8.2 解决方案···271
  8.8.3 应用案例···274
8.9 应用运行环境的异常检测···275
  8.9.1 需求背景···275
  8.9.2 解决方案···276
8.10 应用网络质量的预测与分析··277
  8.10.1 需求背景··277
  8.10.2 解决方案··278

第9章 行业案例实践···280

9.1 网联汽车··280
  9.1.1 建设背景···280
  9.1.2 解决方案···280
  9.1.3 建设效果···282
9.2 能源电力··283

- 9.2.1 建设背景 ······ 283
- 9.2.2 解决方案 ······ 284
- 9.2.3 建设效果 ······ 284
- 9.3 广电传媒 ······ 285
  - 9.3.1 建设背景 ······ 285
  - 9.3.2 解决方案 ······ 285
  - 9.3.3 建设效果 ······ 286
- 9.4 数字医疗 ······ 287
  - 9.4.1 建设背景 ······ 287
  - 9.4.2 解决方案 ······ 288
  - 9.4.3 建设效果 ······ 289
- 9.5 电子政务 ······ 290
  - 9.5.1 建设背景 ······ 290
  - 9.5.2 解决方案 ······ 291
  - 9.5.3 建设效果 ······ 292
- 9.6 银行保险 ······ 293
  - 9.6.1 建设背景 ······ 293
  - 9.6.2 解决方案 ······ 294
  - 9.6.3 建设效果 ······ 294
- 9.7 食品快消 ······ 295
  - 9.7.1 建设背景 ······ 295
  - 9.7.2 解决方案 ······ 296
  - 9.7.3 建设效果 ······ 296

第1章 应用运维

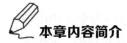 **本章内容简介**

第三次信息技术浪潮推动应用运维技术和产品快速演进，使其在企业经营管理体系中的重要性快速提升。本章概要介绍应用运维的发展历史、核心价值和演进过程。本章从背景起源着手解释应用运维的概念，然后介绍应用运维在企业用户数字体验保障和企业运营等方面的价值，最后梳理应用运维技术伴随软件技术发展历程的演进脉络和其中具有里程碑意义的技术。

1.1 初识应用运维

应用运维保障是软件全生命周期管理过程中的关键环节。软件系统开发上线后，要达到预期的设计目标、稳定服务于目标场景，全靠运维保障支撑。应用运维系统和过程建设是企业建设完整的IT运维管理（IT Operations Management，ITOM）体系的核心。与网络运维、云环境运维、IT基础设施运维相比，应用运维更贴近用户和业务目标。

从解决的目标问题域来看，通常理解的企业应用运维包含能够对应用系统运行期状态进行监控、风险发现和管理、根源问题分析的工具集及与之对应的运维过程。应用监控和运维支撑工具需要对应用服务的目标用户使用情况、应用业务流程执行过程、应用代码执行情况及应用运行依赖的运行环境进行监控、风险监测和告警通知；应用运维过程要能够与企业现有的IT运维体系对接，遵循IT服务管理的最佳实践ITIL（Information Technology Infrastructure Library）[1]，能够与工单管理系统、配置管理数据库（Configuration

---

[1] https://en.wikipedia.org/wiki/ITIL.

Management Database，CMDB）[1]对接，组成从应用风险发现、上报、定位到应用恢复的完整闭环运维管理流程。

随着物联网、大数据、虚拟化、云计算等新一代信息技术的快速发展与应用，以及企业运营对应用系统的依赖增加，应用运维在企业内部的重要性在快速提升，但新技术也使应用复杂度快速增加，企业应用运维面临更严峻的挑战。

1.2　应用运维，保障企业应用稳定运行的关键

企业数据中心、云平台、网络存在的价值和意义体现为支撑应用系统为企业的内部、外部目标用户提供持续、稳定的数字服务。如果用户使用的应用系统连接缓慢、不稳定，那么即使数据中心计算能力强悍、云平台管理完善、网络架构优雅也无济于事；如果应用运行持续稳定，那么即使基础设施出现故障也不是大问题。持续提升应用运行期的稳定性和性能以保障用户数字体验流畅，是所有监控、运维管理工作的唯一关键目标。

在数字时代，一切都依赖于应用系统稳定可靠的运行。然而，智能、互联时代的数字信息系统日趋复杂化，应用之间的交互关系密如织网，随着企业经营对信息系统的依赖程度加剧，负载也急剧增加。互联网、物联网、车联网、体域网等网络结构的多样化也使应用系统越来越复杂。这些趋势给应用系统的稳定、可靠保障带来了挑战。系统故障和宕机频率快速升高，人工运维成本飙升。

著名管理咨询公司麦肯锡在名为 *Measuring the Net's Growth Dividend* 的分析报告中指出，2013—2025 年，互联网将帮助中国的 GDP 增长率提升 0.3～1.0 个百分点，经济发展的需要势必推动企业对新型系统架构的需求快速增长。如今，几乎所有企业都面临如何利用新一代信息技术来对外提升企业用户价值、对内优化生产流程的问题。应用系统无疑是这些问题的解决方案的核心。

1. 稳定性决定企业数字战略的成败

如图 1-1 所示，专业评测网站 downdetector.com 统计，2018 年，Facebook 系统全年宕机 200 次，YouTube 宕机 140 次，Google 宕机 100 次。每次宕机损失至少 100 万美元。应用频繁宕机，用户数字体验糟糕，使得企业损失严重。

---

[1] https://en.wikipedia.org/wiki/Configuration_management_database.

2. 应用性能决定企业的营收

对于今天更加依赖数字系统来实现、提升自身价值的企业来说，应用可用性、用户体验和响应时间等性能指标从未如此重要过。雅虎首席执行官玛丽莎·梅耶尔（Marissa Mayer）曾经做过一个实验：她把页面上的搜索结果从 10 个增加到 30 个，希望让用户一次性浏览更多的信息。但是，她发现，这样搜索结果的返回时间从 0.4s 增加到了 0.9s，广告收入下降了 20%。梅耶尔将提升在线业务的用户体验总结为：速度为王（Speed Wins）。

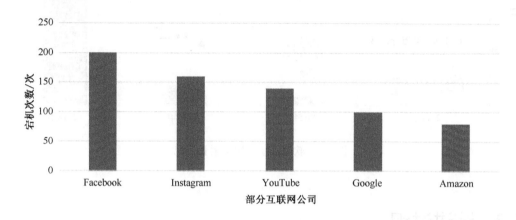

图 1-1　downdetector.com 统计的 2018 年部分互联网公司全年宕机情况

微软、亚马逊也做过类似的实验。2009 年，微软在必应搜索引擎上开展实验，发现当服务响应时间增加到 2s 时，每个用户带给企业的收益会下降 4.3%。由于该实验对公司产生了负面影响，最终不得不终止。亚马逊也发现其主页加载时间每增加 100ms，就会导致销售额下降 1%。对于年营收达数百亿美元的亚马逊而言，1% 已是很大的损失。

在智能、互联场景下，在应用云端系统复杂度激增的同时，终端设备的代码量和系统复杂度同步快速增加。如图 1-2 所示，2014 年，大数据平台核心系统 Hadoop 的代码量为 140 万行；2015 年，Chrome 浏览器的代码量为 600 万行；2016 年，波音公司新型 787 客机的代码量激增到 1400 万行；2018 年，福特 F150 汽车的代码量达到 1.4 亿行。一般应用代码量和运维复杂度成正比，而且应用海量代码云、端协同的工作方式给运维带来了新的挑战。

无法抵消信息系统趋于复杂化带来的运维风险，企业数字化营销、数字化生产、数字化管理等战略就是空谈。建设具备全景监控、智能运维能力的应用性能管理系统，保障用户数字体验，提升应用可用性，已成为企业的必然选择。

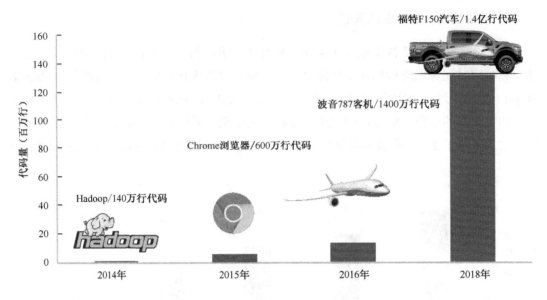

图 1-2 软件系统代码量增长情况

1.3 演进过程

运维、运营在英语中对应同一个单词,即 Operation。一般地,运营指对企业经营过程的计划、组织、实施和控制;运维则指对生产依赖工具、设备的运行可用性保障、风险监控、故障排查、性能维护等。第一个提出运维管理概念的是现代经济学之父、英国哲学家亚当·斯密(Adam Smith)。1776 年,他在《国富论》中提道:"如果将产品生产工作划分为多个任务去组织,而不是让每个工人从头到尾完成所有任务,将更加高效。"之后,这个理念被亨利·福特用在汽车生产线上,获得了成功。信息技术发展使得企业对 IT 硬件设备、软件的依赖加剧,IT 运维的重要性提升,逐渐演变为独立的技术和管理体系,成为企业经营管理体系中不可缺少的组成部分。

软件发展过程中存在软件性能、稳定性优化等运行期维护问题。在初期,由于缺少运行期监控代码执行过程和性能方法的工具,最初的软件性能、稳定性优化工作主要在软件开发、测试阶段完成。在软件工程科学中,系统化的软件性能和稳定性优化、保障设计、开发、测试方法定义为软件性能工程(Software Performance Engineering,SPE)。

1.3.1 软件性能工程

麻省理工学院计算机科学与工程学院教授查尔斯·森特(Charles E. Leiserson)将软

件性能工程定义为一门"让软件代码运行得更快的艺术",而软件性能工程的概念在软件工程出现 13 年后,才由 L&S 计算机技术公司(L&S Computer Technology, Inc.)服务部的康妮·史密斯(Connie U. Smith)博士在 1981 年发表的论文《通过软件性能工程提高信息系统的生产力》(*Increasing Information Systems Productivity by Software Performance Engineering*)中首次提出。软件性能工程要求在软件需求调研和设计规划阶段就充分引入工程化思想,考虑运维期可能产生的性能问题和稳定性风险,围绕业务实际需要定义服务质量目标,并量化分析应用上线后计划生命周期内的负载、持续稳定运行时间、运行环境变更等情况,以便指导软件架构设计和详细设计。但是,现实情况是,大多数项目经理和产品经理为了赶工期,忽视软件性能工程前期的需求调研和设计规划,在测试阶段才开始量化评估性能、稳定性指标,并相信在生产环境下通过硬件扩容和增加集群节点的方案可以解决性能问题,导致应用上线后运维成本不可控,应用系统复杂度和负载增加,从而使得情况快速恶化。

软件性能工程是在系统开发生命周期中保障非功能需求中的性能指标(如通量、时延、CPU 消耗等)达标的相关技术,在系统工程(System Engineering)中特指系统性能工程(System Performance Engineering);在软件工程中对应软件性能工程(Software Performance Engineering)或应用性能工程(Application Performance Engineering)。随着企业业务成败与数字化应用系统建设成败的相关性逐渐增加,特别是在信息化成熟度较高的行业(如金融、ICT 运营商、汽车),应用性能工程在软件全生命周期管理过程中更加重要。

应用性能工程特指针对软件系统非功能需求进行设计、建模、定义、测试、维护,从而保障应用系统交付上线后定义的运行期日常运维服务质量目标(Service Level Agreement,SLA)达标。

应用性能工程涵盖范围涉及软件开发和运维支撑体系,与传统以 IT 服务管理(IT Service Management)、遵循 ITIL 方法学的 IT 运维相关。但是,由于应用与基础设施的映射关系逐渐松耦合,且应用运维对于企业的重要程度提升,应用运维(或称为应用/服务性能保障)团队成为一个独立的部门成为趋势。其主要职责包含但不限于以下几方面。

(1)通过确保系统可以在必要的时间范围内处理交易来增加业务收入。

(2)消除由于应用性能目标不达标而需要优化甚至重构开发代码的系统故障。

(3)消除因性能问题导致的时延系统部署。

(4)消除因性能问题导致的可避免的系统重新工作。

(5)消除可避免的系统调优工作。

（6）避免额外的、不必要的硬件购置成本。

（7）降低因生产性能问题而增加的软件维护成本。

（8）降低因受临时性能修复影响而增加的软件维护成本。

（9）减少因性能问题而处理系统问题的额外操作开销。

（10）通过模拟原型识别未来的瓶颈。

（11）提高应用系统的最大负载能力。

完备的软件性能工程可以大幅度降低运行期的软件维护成本，但无法解决软件缺陷、需求变更或突发事件导致的生产上线后的所有运维问题。在 IT 运维发展的初期，监控管理的对象主要为服务器、网络设备等支撑应用运行环境的基础设施硬件。"不能监控，就无法管理"，由于缺少技术和工具，这个阶段对应用自身运行状态的监控管理发展相对滞后。直到硅谷的软件工程师 Lew Cirne 开发出第一款应用性能管理（Application Performance Management，APM）软件，人们才实现了对用 Java 语言编写的应用程序的代码执行过程等运行状态的监控。

1.3.2 应用性能管理

1998 年，Lew Cirne 在美国加州创建了第一家主营业务为企业级应用性能管理软件研发的软件公司——Wily Technology[1]，面向企业的、用 Java 语言编写的应用软件提供性能监控分析服务和工具。由此应用运维才真正进入了以工具支撑的企业应用运维时代。Wily Technology 在 2001 年时只有 50 名员工，之后营业额持续增长，2005 年的年营业额达到 5300 万美元，员工近 500 人，用户覆盖医疗、媒体、电信、零售、政府、金融等领域。2006 年，在 Wily Technology 被 CA Technology 以 3.75 亿美元收购后，Wily APM 被重新命名为 CA APM[2]。

APM 是建设企业应用性能管理平台，打通开发、运维，实现软件全生命周期管理的核心。诞生之初，APM 就已经显现了它在应用运行期发现、排查故障方面的价值和潜力。大数据、互联网、移动化、云计算等新兴信息技术的快速发展使应用系统本身的架构越来越复杂，系统间的交互关联增加。企业直接通过软件服务，对通过互联网面向用户交付服务的需求快速增加。Lew Cirne 看到商机，创建了 New Relic 公司。Lew Cirne 抛弃了 Wily Technology 以提供企业内部应用性能保障为主的经营模式，转而面向公有云、混合云环境下的互联网应用，以软件即服务（Software as a Service，SaaS）的方式提供网站、应用 Web 门户和移动应用终端的用户数字体验监控及后台支撑系统管理服务。有意思的

---

[1] https://en.wikipedia.org/wiki/Wily_Technology.
[2] https://en.wikipedia.org/wiki/New_Relic.

是，公司名称"NewRelic"就是 Lew Cirne 本人名字字母的重组。

另一家具有相当影响力的 APM 企业是 2008 年创建于硅谷的 AppDynamics。其创始人 Jyoti Bansal 是 Wily Technology 的首席架构师。该公司共获得了 5 轮总计 2.06 亿美元的投资，2017 年被 Cisco 以 37 亿美元收购，这被认为是 Cisco 坚定发展其软件业务的策略之一。目前，AppDynamics 产品归并在 Cisco 物联网和应用业务线下[1]。

目前，市场占有率较高的 APM 企业是 Dynatrace，这家公司于 2005 年 2 月在奥地利林茨创建，2011 年 7 月被 Compuware 公司收购，更名为 Compuware APM。直到 2014 年，Thoma Bravo 将该产品私有化，并从 Compuware 剥离，将其重新命名为 Dynatrace[2]。近年来，Dynatrace 正在逐渐拓展 APM 产品的边界，提出超越 APM（Beyond APM）、为企业搭建软件智能平台（Software Intelligent Platform）的理念，重点进行基于人工智能算法的智能化运维研发，利用算法帮助运维人员发现、定位风险。

1.3.3 网站可靠性工程

网站可靠性工程（Site Reliability Engineering，SRE）这个名词来自谷歌员工 Ben Treynor Sloss 设立的岗位名称，他从 2003 年开始负责谷歌全球运维，到 2016 年，其团队规模超过 4000 人。Ben 给 SRE 岗位的定义是"软件工程师处理以往称为运维的事情"。由于起源于谷歌，SRE 过程和岗位规划比较适合注重用户数字体验保障、系统复杂度高的互联网企业。目前，几乎所有在线用户数上规模的互联网公司都已经规划了 SRE 岗位。传统行业的企业应用运维也正朝着互联网化演进，尤其是在已经具备直接面向用户提供数字服务能力的企业中。例如，汽车行业中有面向车主提供网联车云服务的车厂；金融行业中有建设了网上银行系统、手机银行系统的银行等。

SRE 工程师一半的工作内容是做运维的工作，如处理工单、告警、排查风险，但由于软件系统的复杂度高，SRE 工程师的运维目标是实现高度自动化和可自愈的运维体系；另一半的工作内容是规划设计、研发新特性，实现应用自动扩容或收缩适应负载变化、自动配置变更管理、故障自动发现与定位等功能。合格的 SRE 工程师不但要具备软件工程师的经验和技术基础，而且要具备系统工程师的运维管理经验，有很强的编码和自动控制能力。

区别于传统应用运维，SRE 运维的基本思路是通过软件实现所有的日常运维工作。因此，基于软件工程和性能工程解决问题是基本原则。SRE 运维的目标并不是要让所有系统和服务达到 100%可用的程度，这不太可能。同时，过高的可用性会带来运维工作量和成本的快速提升，而收益未必提升太多，会导致投入产出比降低。SRE 工程师需要基

---

[1] https://en.wikipedia.org/wiki/App Dynamics.
[2] https://en.wikipedia.org/wiki/Dynatrace.

于场景与业务部门协商一系列切实可行的 KPI，其中对应的量化衡量目标称为服务质量保障目标（Service Level Objective，SLO）。为了达成既定的 SLO，SRE 工程师不但需要定义量化监控指标、告警策略和风险应对方案，而且需要与业务部门密切协作。尤其是当出现故障告警、SLO 对应指标不达标，并且找不到原因时，大家要坐在一起冷静、客观地分析和定位问题根源，商讨应对策略，不能相互抱怨。当然要做到这点并不容易。

1.3.4 业务流程性能监控管理

与 SRE 类似，应用业务流程性能监控需求起源于互联网公司对用户数字体验监控的场景。由于在互联网运维场景下，业务流程变化速度快，商品促销等数字营销推广的效果与应用平台指定业务流程的性能、稳定性直接相关。因此，监控指定业务流程的执行过程、点击量分布、用户访问数字轨迹就非常必要。最早提供业务流程性能监控功能的是具备网络性能诊断分析（Network Performance Monitoring and Diagnostic）[1]产品的软件产品厂商，如 Riverbed、NetScout。这些厂商的主营业务是提供网络旁路方式，以侦听网络流量、监控网络状态和分析安全稳定性问题，并通过拆包拿到某些应用的性能、业务执行情况等信息，从而监控特定业务的笔数，如手机银行和网上银行的交易量、接口调用次数。这些数据可以帮助运维部门、运营部门监控和管理业务流程的执行状态。但是，这些厂商对 VPN 或 https 加密数据链路的拆包分析能力有限。

APM 产品通过提供开发期植入的 SDK 埋点，或者运行期链路追踪探针追踪指定请求链路的方式，可以更精确地、完整地识别监控业务流程，在系统节点故障告警时，能够快速找到影响用户的业务流程执行链路。这对关联运营 KPI 和运维服务质量目标、实现目标导向的精益运维非常有帮助。目前，能够提供这方面能力的 APM 产品包括东软 RealSight APM 应用智能运维平台[2]、Microfocus 业务流程监控[3]、Germain APM 业务流程监控与分析[4]。

1.3.5 用户数字体验监控

用户数字体验监控（Digital Experience Monitoring，DEM）是应用运维逐渐与基础设施、云平台等运行环境解耦合，紧密围绕用户提供应用服务质量保障能力的新阶段。DEM

---

[1] https://www.gartner.com/en/documents/3969863.
[2] http://www.rsapm.net.
[3] https://www.microfocus.com/en-us/products/business-process-monitoring/overview.
[4] https://germainapm.com/features/Business-Process-Analytics/.

概念最早出现在信息技术咨询服务公司 Gartner 关于 APM 产品魔力象限的报告中。根据 Gartner 的定义，DEM "是为了优化与应用服务交互的数字代理（人或机器）的操作体验和行为而制定的可用性及性能监控原则"[1]，"应用逐渐采用云计算与移动化技术的趋势，推动了企业 IT 部门转变应用性能监控的方式"。Gartner 给出了企业运维团队需要重点关注的驱动需求，具体如下。

（1）缺少 SaaS 平台监控运维经验，使得用户经常遭遇服务质量问题，对企业经营造成了影响。

（2）意识到用户数字体验不只是企业用户最关注的，其对考核企业运营效率、员工工作有效性和回应股东利益关切同样重要。DEM 技术能够提供独一无二的方式来提高员工工作效率和提升用户数字体验。

Gartner 在市场策略分析报告 *Gartner's Strategic Planning Assumption for Its Market Guide States* 中指出，"截至 2023 年，60%的数字业务提案中都将要求运维部门汇报用户数字体验，相比现在 15%的比例有大幅度的提升。"

DEM 强调从用户角度量化监控操作性能、数字轨迹、统计使用习惯与性能指标的变化，通常以用户能够理解的服务质量目标自顶向下关联应用与基础设施指标，构建树形结构逐层细化的监控体系。对企业来说，其主要收益包括：提升从用户端量化监控、评估应用可用性及性能的能力，使得优化用户体验更有针对性；提升对应用 SaaS 及云服务的性能可见性；聚焦用户终端设备接入性能，更精确地理解和评估数字体验；结合用户情感变化数据和主观体验指标，提前处理风险，提高企业员工的工作效率并降低其工作负荷；对由于技术问题影响业务和企业经营的事故分析定位更准确；提升跨域全面监控能力，提供端到端的全景化应用监控视图。

Gartner 将 DEM 定义为评估 APM 产品的三类功能象限中的关键评估项，其包括数字体验建模（Digital Experience Modeling）、应用探查、链路追踪与诊断（Application Discovery，Tracing，Diagnostics，ADTD）和应用分析（Application Analytics，AA）[2]。随着数字空间和物理空间的加速融合，用户数字体验监控与保障对企业将越来越重要。

具备数字体验监控能力、提供相关工具产品的主要是传统 APM 厂商和新一代应用智能运维厂商，包括 Dynatrace、AppDynamics、NewRelic、Lakeside、RealSight APM 和听云等。

---

[1] https://www.gartner.com/en/documents/3956998.
[2] Smith C U.Increasing Information Systems Productivity by Software Performance Engineering[C]. Proc. CMG XII International Conference. December 1981.

本章小结

应用运维是保障应用软件系统上线后发挥设计价值的过程。从企业实际需求出发，了解应用运维的详细过程和相关技术发展脉络是实践应用运维智能化的基础。本章重点对应用运维自诞生至今发展过程中出现的软件性能工程、应用性能管理、网站可靠性工程、业务流程性能监控管理和用户数字体验监控几个具有里程碑意义的技术及对应的工具、厂商进行了总结归纳。

第 2 章 智能运维

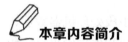
本章内容简介

智能化是未来企业 IT 运维的主要趋势。本章综述了通过算法替代人工发现、定位、处理风险,为 IT 运维提供决策支持的相关技术和产品的演进脉络,介绍了 IT 运维分析、事件关联分析、自动化运维、人工智能运维和开发运维一体化几个具有普遍认知的相关理念的发展历史及实际应用价值,总结了智能运维技术和产品的发展对企业应用运维管理的推动作用。

2.1 初识智能运维

近几年,人工智能技术发展很快,通常理解的智能运维是把人工智能技术应用在 IT 运维领域,替代人工进行风险管理决策。从通过机器实现自动化流程、替代人工并解放运维人员的根本需求出发,能替代人脑进行运维决策、人手管理配置的算法和工具都可以称为智能运维系统。2000 年,早期机器学习算法出现,用来代替人脑识别指标的变化模式,预测未来的趋势。IT 运维管理通过程序实现软件、硬件的自动管理,这已经是智能运维的初级阶段。未来,智能运维技术借助概率计算、深度神经网络、因果推理分析等高级人工智能算法,将进一步提升系统自主分析决策能力,实现自治程度更高的智能运维。

2.2　智能运维，赋予企业运维更强悍的大脑

数字化新术、新需求的涌现促使企业拥有的应用规模和应用复杂度快速膨胀，使得企业应用运维不堪重负。由于应用性能问题导致企业用户流失和经济损失的案例逐渐增加。传统 IT 运维的被动响应式风险处理机制已难以应对这些问题。实现主动预防的风险处理机制已逐渐成为构建面向未来的智能运维平台的关键。

为应对未来将面临的智能、互联时代的运维挑战，通过机器智能手段处理机器数据、解决机器系统的复杂度膨胀问题，是目前唯一可行的解决方案。搭建智能运维平台，构建高效、智能的应用性能风险主动防御体系，可以让企业变被动为主动，防患于未然。

《纽约时报》一篇文章曾报道，微软研究人员 Harry Shum 发现：当网站的响应时间比竞争对手慢 250ms 以上时，用户更倾向于关闭网站。这说明应用软件的用户体验下降或宕机将直接导致用户流失，当前企业经营运转比以往更依赖应用软件。除此之外，近年来新技术、新需求的涌现促使企业拥有的应用规模和复杂度快速膨胀，企业原有的 IT 运维逐渐无力招架，应用性能异常导致的用户流失和经济损失的问题更加突出。

目前，尽管已有很多企业认识到应用性能问题的严重性，并已加大投入来构建、完善应用性能管理平台，然而，传统应用性能管理主要以实时监控、被动告警方式通知运维人员处理风险。这种方式虽然能降低损失，但无论运维人员反应多么迅速，其仍需要耗费少则几小时，多则几天时间来排查解决故障，因此这种方式无法避免对企业运营造成的影响。阿里云、WhatsApp、Adobe Creative Cloud、Facebook 等频繁发生的事故时刻提醒我们问题的严重性。因此，被动处理方式的 APM 已不能满足企业快速数字化转型的需要，主动分析定位潜在问题、预防应用性能风险已成为未来 APM 的趋势。如何做到主动防御，提前发现并规避风险呢？

红木神经科学研究院创始人、美国工程院院士杰夫·霍金斯认为：智能的本质是"预测"。只有能够预测未来趋势和可能发生的事件，才能争取提前规避问题的时间，这是变被动为主动的关键。因此，APM 只有具备了对未来应用性能变化趋势及风险的"预测能力"，才能主动发现并规避风险，将企业运维人员从烦冗的应用性能管理工作中真正解脱出来。

分析海量历史运维数据是在应用健康状态良好的情况下提前发现风险的主要途径。从数据中找到应用存在的潜在问题与风险，可主动预防应用性能风险。现阶段，APM 预

测分析能力对用户的价值主要体现在以下几个方面：①预测未来应用性能的变化趋势；②实现更精准的容量规划；③预测、分析应用性能瓶颈；④预测、分析潜在的稳定性风险。

当前市场上具备运维数据分析能力的 APM 产品主要是面向企业应用的传统 APM 产品（如 CA APM）和面向互联网应用的新型 APM 产品（如 NewRelic、Dynatrace、Netuitive 等）。在新发布的产品中，CA APM 重点强调主动性能管理能力，通过预测应用未来的负载变化趋势，指导用户优化应用资源配置；NewRelic、Dynatrace 强调分析的实时性，提供围绕在线用户、应用事务、用户体验相关的数据统计分析功能，以易于理解的方式将当前围绕应用健康状态的分析结果展示给用户；Netuitive 则重点打造面向未来的预测分析能力，利用机器学习回归算法，通过分析历史监控指标数据来给出未来一段时间的指标曲线波动情况。除此以外，Netuitive 还能够通过独特的行为学习技术，学习指定时间范围内的监控指标波动状态，发现指标之间的关联关系，预测未来可能发生的异常，并提前生成主动告警。

随着信息技术的快速发展，企业运营对数字信息系统的依赖加大，IT 运维的重要性和成本快速增加。同时，新一代信息技术和创新业务流程也在推动系统复杂化，人工运维已经难堪重负，智能运维被寄予厚望。近几年来，无论是学术界还是产业界，对智能运维领域技术和应用的关注度都在快速提升。ExtraHop 在 2016 年面向大中型企业的调查报告中指出，60%的企业有计划整合竖井式的分布异构运维数据源，实现统一运维数据存储分析平台[1]。Gartner 预测，到 2022 年，40%的企业将会部署智能运维平台，实现运维智能化。

2.3　演进过程

在 IT 运维初级阶段，企业就有动力通过以算法和自动化流程驱动的"智能运维"来代替人工。当时，信息系统主要以企业内部自用的企业资源管理、计算机服务设计等系统为主，系统服务范围小，运维成本和压力相对较小。企业没有足够的动力来做 IT 运维智能化的事情。智能运维发展加速的一个重要的催化剂是，如 Google 这样的互联网公司迫于运维压力，开始尝试利用统计学方法分析运维数据中的模式，预测未来趋势。从 2010 年开始，云计算和大数据技术的快速发展也推动了企业利用大数据与算法提升 IT 运维能力的需求，智能运维发展真正进入了快车道。时至今日，在智能运维的演进过程中，主

---

[1] ExtraHop Inc.The State of the ITOA Today-How Organizations Are Building IT Operations Analytics (ITOA) Practices[C]. ExtraHop. 2016-6-21.

要的里程碑有 IT 运维分析、事件关联分析、自动化运维、人工智能运维、开发运维一体化。

2.3.1 IT 运维分析

IT 运维分析（IT Operations Analytics，ITOA）指实现基于海量 IT 运营数据的演绎、归纳推理，并支撑 IT 运营数据采集、存储、展现的相关技术及服务。其利用数学算法或创新方法，从海量 IT 监控管理系统采集的原始数据中挖掘有用的信息。ITOA 是通过分析海量、低价值密度的 IT 系统的可用性和性能数据，发现复杂的数据模式，从而辅助优化企业 IT 运营过程的系统，其需要具备的核心能力如下。

（1）风险根源定位分析：通过融合分析来自基础设施、应用、用户的监控数据，定位产生风险或对系统健康造成潜在威胁的根源所在。

（2）性能可用性预测分析：基于历史数据预测未来系统性能和可用性的变化趋势，以及关联分析对系统可能产生的影响。

（3）问题识别与派发：围绕当前问题，从历史记录中查找解决方案和适合解决问题的团队或人，提高处理问题的效率。

（4）影响范围推理分析：当发现多个风险可能对系统造成影响时，基于从数据中发现的模式推理找出可能影响更大、优先级更高的风险，指导相关人员及时、高效处理这些问题，降低损失。

（5）多源数据融合互补：对 IT 基础设施和应用采集的数据进行关联、融合，补全网络、应用、服务拓扑结构，完善探查管理类工具信息视图。

（6）动态风险告警阈值管理：自动发现监控指标的正常运行范围，在用户负载变化或系统配置变更后，能够自动从历史数据中发现规律，调整异常告警区间的限定阈值范围。

对于 ITOA 技术，Gartner 在 *Data Growth Demands a Single, Architected IT Operations Analytics Platform* 报告[1]中总结了六种：①日志分析技术；②非结构化文本数据索引、查询和推理技术；③拓扑分析技术；④多维数据库查询分析技术；⑤复杂运维事件处理技术；⑥数据统计分析、模式发现与识别技术。具备这些技术的 ITOA 才能满足基础设施和应用层的监控需求，实现由多源异构探针采集的时间序列指标、日志、代码链路、网络包和用户数字轨迹数据的聚合、关联和分析。目前，市场上的 ITOA 产品提供商主要有 Splunk、Elastic、Dynatrace 和 RealSight APM 等。

---

[1] https://www.gartner.com/en/documents/2599016.

2.3.2 事件关联分析

在主动风险预测和预防性维护技术未成熟之前,企业运维风险管理工作主要以工单、风险告警等事件驱动工作方式为主。在运维过程中,事件关联分析(Event Correlation and Analysis, ECA)[1]则主要用来关联多种监控系统事件,协同不同团队角色人员的工作。具体地说,ECA能够帮助IT运维人员消除重复上报工单事件或告警;根据不同人员角色和业务运维需要来过滤、查询相关事件;根据历史数据或预定义规则关联事件,找出告警事件的根源问题或查找事件间的相关性和影响关系。这种处理方式在一定程度上能减少人工过滤无效事件的工作量,并辅助查找对应事件最合适的处理角色,这也是通过算法实现指定类型风险处理的智能运维的一种简单、有效的方案。市场上主要的ECA产品提供商有Argent Software、Augur Systems、BMC Software和CA。

2.3.3 自动化运维

如果说智能运维技术发展的主线是为了解放运维人员,ITOA、ECA通过数据驱动辅助决策来解放IT运维人员的大脑,那么,自动化运维(Automated System Operations, ASO)[2]技术则主要是为了解放运维人员的手和脚。在日常运维中,当面临大量服务器、应用,需要有限的运维人员维护管理时,自动化运维工具和产品能够帮助运维人员设置自动化脚本,批量安装操作系统,部署中间件和应用,配置变更管理。Gartner将ASO定义为"不需要人工干预,直接操控物理设备就能控制计算机安装配置硬件和软件的过程"。

借助ASO工具,IT运维人员可以在控制台通过定义自动化脚本准备应用的运行环境,安装部署应用,准备集群节点,控制弹性分组。结合脚本语言编程,运维人员可以将更复杂的控制流程自动化。结合ITOA和ECA的风险告警,以及根源定位分析事件触发,可以实现特定场景下对特定风险的自愈控制。比较常用的ASO工具包括Chef、Puppet、Ansible和Saltstack。

2.3.4 人工智能运维

第一个提出AIOps概念的是著名的IT咨询公司Gartner[3],其给出的定义是算法运维(Algorithmic IT Operations),其中的AI并不是现在大家理解的人工智能。2017年4月,在印度孟买的新闻会上,Gartner将AIOps解释为"AIOps平台由可以完成数据采集、存储、分析和可视化的多层架构系统组成,具备与第三方应用通过不与厂商绑定的API接

---

[1] https://www.gartner.com/en/documents/1492516/magic-quadrant-for-it-event-correlation-and-analysis.
[2] https://www.gartner.com/en/information-technology/glossary/aso-automated-system-operations.
[3] https://www.gartner.com/en/information-technology/glossary/aiops-artificial-intelligence-operations.

口对接数据的能力,能够和 IT 运维管理(ITOM)类工具进行数据交互和能力对接"。Gartner 完全站在 IT 运维数据分析的角度给出了 AIOps 的基本能力边界,和人工智能没有一点儿关系。然而,由于人工智能技术是大热点,业界更愿意将 AI 理解为更时髦的人工智能算法,AIOps 也就只能顺应潮流,被定义为人工智能运维。从目前机器学习、人工智能技术的应用现状和发展趋势来看,IT 运维领域的目标数据以机器数据为主,机器行为相比于人的行为规律性较强,状态数据采集简单,质量相对可控。使用算法运维替代人工运维更容易落地,真正的人工智能运维已经不再遥不可及。

从需求和技术发展的趋势看,企业内多源数据融合和集中式运维与运营数据支撑是大势所趋,但由于采集方式和数据类型多样、数据存储分散、智能分析场景众多,实现难度较大,需要从核心场景出发,按需规划,分阶段递进实现。Gartner 给出的 AIOps 平台的核心能力包括以下几项。

(1)能够从多种数据源采集数据,不与厂商绑定。

(2)支持对接、处理实时数据和批量历史数据。

(3)提供对融合数据的检索、统计。

(4)提供海量实时、历史数据的存储。

(5)支持使用机器学习算法来分析、处理数据。

(6)能够基于分析结果规划下一步的处理动作。

总结企业应用的运维场景,可知常见的人工智能运维场景如下。

(1)基本和高级统计分析:单变量和多变量分析的组合,包括对跨 IT 实体捕获的指标使用相关性、聚类、分类和外推分析,以及从监控数据源中对数据进行整理。

(2)自动模式发现和预测:使用上述一种或多种类型的历史或流数据,得出数学或结构模式,描述可以从数据集本身推断但不会立即存在于数据集本身的新相关性;然后,这些模式可用于及时预测具有不同概率的事件。

(3)应用异常检测:使用前一个组件发现的模式,首先确定构成正常系统的行为,然后识别偏离该正常系统的行为。

(4)根本原因确定:向下修剪由自动模式发现和预测组件建立的相关网络,以隔离那些代表真正因果关系的依赖关系链接,从而提供有效干预的方法。

(5)规定性建议:对问题进行整理,将它们分类为已知类别;然后,挖掘以前解决方案的记录,分析这些解决方案是否适用,并优先提供这些解决方案,以便尽早使用补救措施;最终,使用闭环方法,并在使用后对其有效性进行表决。

(6)拓扑:对于 AIOps 检测到的具有相关性和可操作性的模式,必须围绕引入的数据放置上下文，该上下文就是拓扑；如果没有拓扑的上下文和事实上的约束，检测到的模式虽然有效，但可能毫无帮助且会分散注意力；拓扑中的数据派生模式将减少模式的数量，建立相关性并说明隐藏的依赖关系；使用拓扑作为因果关系确定的一部分可以大大提高其准确性和有效性；使用图形和瓶颈分析捕获事件发生的位置及其上下游的依赖关系，可以提供关于将补救工作重点集中到何处的见解。

一些企业，尤其是拥有庞大数据中心和复杂应用的互联网公司，已经将此技术应用于特定场景，比如用户异常行为检测、云端应用弹性控制、容量规划、入侵检测、数据中心 PUE 能效管理、硬盘损坏预测等。有些企业甚至开始尝试通过融合开发、运维、运营数据来打造一体化智能化平台，关联运营 KPI 和运维 SLO，同时为企业各部门提供全景数据视图和智能决策支持。非 IT 运维部门，如业务规划部、销售部、产品部和数字营销部都有自己的应用系统和数据，也希望借助其他途径获取更丰富的数据以了解目标用户、市场和使用场景。数据量的激增也使得大数据采集、存储和智能分析成为必备技术。因此，为了满足企业内更广泛的需求，AIOps 平台对接的数据源的种类在增加，能力边界也在扩大。例如，传统 APM 产品提供商 Dynatrace 已经在践行 AIOps 的基础上提出了软件智能（Software Intelligence）平台的概念，推出了数字业务分析（Digital Business Analytics）服务，能够为企业数字运营部门提供实时的用户数字体验监控、转化率变化分析、企业营收与应用性能关联分析和用户画像分类等服务。

2.3.5 开发运维一体化

现在企业更加依赖数字信息系统与最终用户交互，企业应用互联网化已经是大势所趋。对于互联网应用的开发与运维，开发运维一体化（DevOps）是回避不了的一个话题。根据 Wikipedia[1]的解释，DevOps 这个说法第一次出现在 2009 年比利时 Ghent 举办的一次由敏捷实践者、项目经理和咨询顾问参与的称为 DevOpsDays 的会议上。虽然截至目前，学术界和产业界对 DevOps 的概念还未达成共识，但从企业信息化系统应用开发、运维的实际需求出发，DevOps 通常被理解为包含工具、过程和人的一系列最佳实践，融合了应用软件开发期管理（Dev）和运行期维护（Ops），旨在缩短应用全生命周期的开发过程，提升运行期应用的可靠性、可用性和性能。

业界将 DevOps 概念应用在软件系统运维过程中的实践最早可以追溯到 Google 提出 SRE 概念时。当互联网应用新功能上线周期越来越短、代码更新越来越频繁时，Google 不得不想办法在满足频繁发布代码需求的同时，保障上线代码的可靠性与性能能够支撑大规模用户同时在线访问，以及提供高质量的最终用户体验。践行 DevOps 与实现软件自动化发布或制定产品研发工作计划无关，DevOps 的初衷是通过提高软件开发与运维体

---

[1] https://zh.wikipedia.org/wiki/DevOps.

系的衔接水平,将软件价值加速交付给企业的最终用户。要提供价值,企业必须在生产中运行应用程序以测试应用程序,并使用自动化流程管理工具来指导接下来交付的内容。

当企业践行 DevOps,建设基于 DevOps 的应用开发、运维全生命周期管理体系时,应用智能运维系统只是其中支撑应用运行期管理环节的工具。为了支撑 DevOps 落地,应用智能运维系统不仅需要支撑应用运维人员实现运行期的状态监控、风险管理、用户数字体验保障,而且需要对接开发人员,实现在开发期定义应用业务监控关键 KPI 指标、分析运行期代码质量和支撑性能工程等过程,并且在新功能上线、代码更新时,支持 A/B 测试、灰度发布、蓝绿发布等应用场景。在具备面向运维提供代码级白盒监控的能力和风险主动感知的能力的同时,DevOps 体系下的应用智能运维系统也需要无缝衔接开发,在代码有故障且运维人员无法处理时,需要快速找到责任人,向开发人员分享相关实时数据。如果应用上线后代码性能不达标,运行一段时间后,应用智能运维系统需要生成分析报告,指导后续性能优化和容量规划。

本章小结

智能运维是企业进一步提高运维效率、提升应用可用性和性能保障能力的关键。本章系统介绍了运维智能化过程中出现的 IT 运维分析、事件关联分析等一系列相关技术和产品,从背景起源、主要特点和应用场景方面概述了技术背景,相对完整地勾勒了智能运维的发展脉络,为后续介绍应用智能运维相关的技术和建设实践方法奠定了基础。

第 3 章
智能、互联时代的应用运维

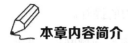 **本章内容简介**

企业在规划建设面向未来的应用智能运维系统之前,首先要了解未来的应用系统和技术演进趋势。本章首先从历史和当前的发展路线总结应用与相关技术的发展趋势,通过对企业运维演进路线和现状的分析阐述为什么应对未来智能、互联时代信息化建设的挑战,需要应用智能运维系统的支撑,进而总结分析该系统能带来的商业价值,以及为了支撑企业建设面向未来的智能、互联数字信息系统,应用智能运维系统需要具备的关键能力。

时至今日,数字信息系统已经逐渐渗透,深刻改变了企业生产、经营、竞争、管理等活动格局和方式。2015 年,哈佛商学院教授迈克尔·波特在发表于《哈佛商业评论》上的《智能、互联产品如何变革竞争格局》[1]一文中指出:我们目前正处在以智能、互联为特征的第三次 IT 浪潮的边缘。在智能、互联时代,软件将渗透各行业,数字信息系统将成为各种产品不可分割的一部分。大量生产工具、生活用品将联网,成为数据链条的一环。在新场景下,大数据、物联网、人工智能、云计算等新型技术的普及应用会极大地提高生产效率,并提升生活品质。然而,对企业来说,新技术是一把双刃剑。复杂化的产品体系结构和无所不在的数字链路,必将导致企业拥有的应用数量快速增长,应用复杂度快速膨胀,使得企业 IT 运维不堪重负。

在信息技术过去五十多年的发展历程中,有两次信息技术快速发展的浪潮。如今,我们正处在第三次信息技术浪潮来临的前夕。新一代信息技术将再次深刻改变企业的经营方式,重塑竞争格局。在应用系统演进的同时,需要与之对应的应用运维系统,以便解决随之而来的稳定性和性能保障等运维问题与挑战,为新型数字信息技术应用落地保驾护航。

---

[1] https://hbr.org/2015/10/how-smart-connected-products-are-transforming-companies.

3.1 应用演进趋势

在使用信息技术之前，企业的生产经营依赖人工操作、文本记录和口头沟通。发生在 20 世纪六七十年代的第一次信息技术浪潮推动了企业经营价值链条中的关键活动的自动化。企业应用系统软件实现了从订单处理、财务管理和工程设计到生产资源计划管理的计算机辅助自动化。这是信息技术第一次在企业生产经营活动中发挥巨大的作用，计算机将人工从海量数据采集、处理工作中解放出来，推动了生产力的提升。

在这个阶段，应用稳定性和性能保障等运维活动主要解决企业内部局域网内，面向生产、财务、销售等部门提供服务的软件和硬件系统的故障问题。应用特点是系统架构相对简单、接入用户数量固定、数据增长速度相对稳定。应用软件大多是标准化产品，有厂商提供运维支持，企业运维压力较小。

20 世纪八九十年代，互联网的快速发展带动了第二次信息技术浪潮。通过廉价、便捷的接入方式，互联网打通了用户、供应商和企业之间的信息通信交互通道。企业内部信息系统不再只联通、服务于企业内部。企业与供应商、合作伙伴、经销商、最终用户之间的信息交互成了可能。企业支撑经营管理活动的数字信息系统建设不再是购买标准化产品就能够完成了。应用系统开发、运维对企业，尤其是互联网公司的重要性快速提升。应用运维不再只解决标准化产品故障问题，而且要解决复杂多变的网络环境和系统间网状信息交互集成带来的新的问题，这也带动了系统监控类软件的快速发展，其中比较有代表性的是 Florian Forster 编写的 Collectd（UNIX 系统的软、硬件监控指标采集存储工具）[1]、UC Berkeley 开发的 Ganglia（用于分布式部署环境下的高性能计算平台的监控）[2]等。网络性能监控分析软件和应用性能管理软件也在这个阶段诞生了。

以智能、互联为主要特征的第三次信息技术浪潮将在提升生产力的同时，改变应用及其运维方式。物联网（Internet of Things, IoT）已经开始改变产品或服务的设计、生产、营销、交付和售后支持过程。迈克尔·波特教授预言，第三次信息技术浪潮将"有潜力成为目前为止影响最深远的，相比前两次会激发更多的创新，获取更大幅度的生产收益增长和经济增长"。

企业规划建设面向未来的应用智能运维系统之前，首先要了解未来的应用系统和技术演进趋势。新需求、新技术激发的应用系统交互使用方式和开发运维方式的改变，首

---

[1] https://collectd.org/.
[2] http://ganglia.info/.

先体现在企业交付用户的产品形态上。互联网在已经建立的、面向人与人信息通信的网络的基础上，连接电器、汽车、家居、生产工具等产品，形成物联网。企业生产的产品将逐渐演进成为智能、互联产品。随之改变的人与产品之间的交互方式，以及随之生成的海量数据会推动企业运维方式演进。

如图 3-1 所示，智能、互联产品演进路线通常可以划分为四个阶段：在第一阶段，通过嵌入计算平台实现智能化控制能力，实现传统产品到智能产品（Smart Product）的升级；在第二阶段，通过植入联网能力，对接云平台服务和其他终端控制设备，产品演化为智能、互联产品（Smart, Connected Product），进一步优化用户体验，提升产品能力；在第三阶段，接入了更多第三方信息系统服务，为产品的智能化决策提供了更多信息，进一步扩展了产品的能力边界，这个阶段的产品称为产品系统（Product System）；在第四阶段，产品系统进一步与其他产品系统能力对接，成为更庞大的系统联邦（System of Systems），不同产品系统的能力相互融合、放大，产品价值得以提升。例如，农用机械生产商 John Deere 和 AGCO 将拖拉机等农机联网信息化系统，不仅与智能终端设备对接，而且与灌溉、土壤检测施肥、天气预报、农作物价格管理、商品价格趋势预测等第三方产品系统和信息平台对接，以优化耕作流程，提高收益。在智能、互联产品升级之后，农机设备只是整个庞大系统的一部分。多系统通过协作，实现更大的价值。在这个场景下，应用运维不再只围绕独立应用系统解决一个点的问题，而是面向更大的场景，需要复杂的联邦系统协作，需要具备全景监控能力，也需要具备智能化态势感知和风险管理能力的智能应用运维系统的支撑。

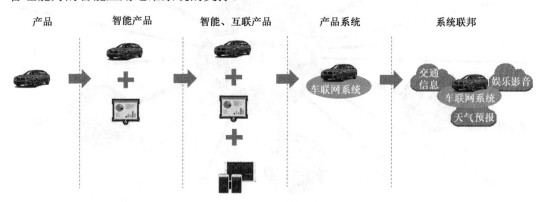

图 3-1 智能、互联产品演进路线

总的来说，智能、互联产品包含的三个关键组成部分是物理模块（Physical Components）、智能模块（Smart Components）和连接模块（Connectivity Components）。物理模块指产品物理实体存在的部分，如汽车引擎、轮胎、空调压缩机、电源等。智能模块包括状态数据采集传感器、微处理器、数据存储器、控制系统和软件，对应智能网联汽车就是引擎控制系统、下雨感知自动车窗控制系统、车载娱乐系统和汽车辅助驾驶系统。连接模块包括天线、接口、通信协议和信道等，其中，通信方式通常包含三种：一对一通信，即单个产品与用户、厂商和其他产品通信，如汽车通过 OBD（OnBoard Diagnostics）接口与故障诊断系统连接；一对多通信，即集中控制系统实时或随需与多个产品连接，如新能源汽车与云端监控系统实时通信以上报电池状态数据；多对多通信，即多个产品之间或产品与多个独立系统之间进行通信，如车与车之间通信、车同时与路侧终端和云端服务通信等。

智能模块是对物理模块能力和价值的延伸。例如，空调、热水器系统通过采集的历史数据来分析判断什么时候需要将室温加热到适合的温度、什么时候需要准备好热水。连接模块通过连接云端能力和终端能力，将终端数据存储、计算任务负载卸载（Offload）到云端，通过云端随需即取的计算、存储能力来放大智能模块的价值。这样，终端就不需要集成昂贵、复杂的数据处理分析系统。通过物理模块、智能模块和连接模块的配合协同，产品价值将循环放大，这同时意味着系统复杂度的提升和运维方式的改变。智能、互联技术与行业应用场景结合，衍生出了新一代数字信息系统（见图 3-2 中的数字化医院应用、数字银行应用等），也为应用运维的智能化建设带来了特殊的复杂性问题。

图 3-2　典型的智能、互联应用

从产品本身的功能和能力看，智能、互联产品区别于传统产品的能力主要体现在四个层级：状态监视、控制、优化和自治，如图 3-3 所示。每个层级的能力都能在目标场景中体现闭环的价值，并为下一层级能力奠定基础，如状态监视是产品控制、优化和自治的基础。企业在策划升级产品时，不仅要考虑提升产品的用户价值和自身竞争力，同时要为每一层级技术升级带来的运维问题准备解决方案。

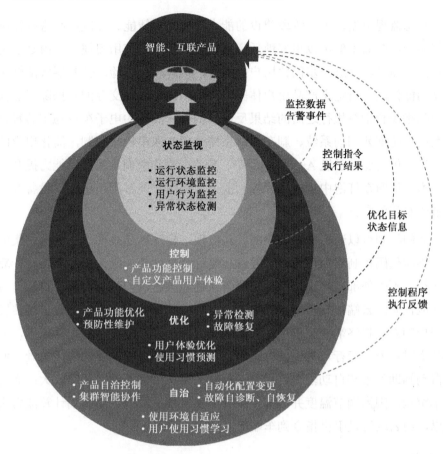

图 3-3　智能、互联产品的能力体系

1. 状态监视

监视智能、互联产品的运行状态,采集用户行为和外部环境变化等实时数据,是实现智能化管理、控制、优化、运营和运维的基础。不了解产品在用户目标场景中的使用情况和运行状态,就无法实现进一步的智能化改造。状态监视层级能够实现的能力:运行状态监控、运行环境监控、用户行为监控和异常状态检测。应用系统与终端交互的数据主要是状态变化监控数据和告警事件。可以体现的产品价值有故障告警、发现产品缺陷、挖掘用户场景中的新需求以改进产品设计等。例如,对于新能源汽车,目前国家要求其每 10 秒给云端车厂和国家平台上报一次监控数据,一旦出现电池状态异常或车辆缺陷导致的驾驶安全风险,云端平台可以及时发现和告警;车厂通过对指定型号的汽车历史数据进行分析,可以挖掘目标用户群的使用习惯和驾驶行为特点,从而优化新款车的设计,或者指导充电桩建设地点的规划。

2. 控制

有了状态监视数据，下一阶段建设的能力目标是对智能、互联产品进行控制。通过实现控制能力，产品不但可以更好地适应目标场景用户的使用习惯，获得之前无法实现的可定制性，而且能够进一步简化用户的操控，提升用户体验。控制层级能够实现的能力：产品功能控制、自定义产品用户体验。应用系统与终端交互的数据除了监控数据，还包括控制指令和指令执行之后的结果反馈。例如，汽车的电子车身稳定装置、加速防滑控制系统、防抱死制动系统、刹车辅助系统等可实现车机端控制，简化用户的操控；某些高端车提供的通过手机 App 控制锁车、开关车窗和空调等的控制能力提升了用户体验；智能家居厂商在灯泡中加入远程控制能力，使用户能够用手机控制设备开关，甚至按需调节明暗和色彩。

对产品的控制可以通过嵌入终端的代码实现，也可以通过部署在云端的集中控制服务实现。终端代码控制响应迅速，实时性、运行可靠性高，因为程序在终端计算机以独占方式运行，不受外部网络连接和远端服务器性能的影响。但是，其计算能力有限，逻辑固定适应性差。云端控制需要产品终端设备与云端保持网络连接，由云端转发控制指令。这种控制方式将终端控制程序运行卸载到云端，降低了终端的硬件成本，但网络时延导致其实时性差、运行可靠性低。采用哪种方式需要考虑具体的应用场景。例如，对于汽车自动辅助驾驶和自动泊车，用云端控制的话实时性不够，风险较大；而对于远程控制汽车空调，因为调节温度并不需要太高的实时性，没有占用终端计算能力实现的必要，所以，用云端转发手机指令到车端更合适。

3. 优化

状态监视和控制层级建设赋予了产品监视和控制的监控闭环能力，为建设更复杂的优化层级能力打下了基础。有了全面和丰富的监控数据，企业可以利用算法从数据中挖掘有用的信息，指导产品性能、稳定性、能效等的优化。优化层级能够实现的能力：产品功能优化、预防性维护、异常检测、故障修复、用户体验优化和使用习惯预测。对于实现了优化层级能力的智能、互联产品，数据交互包含更易于理解的优化目标和产品状态信息。我们只需要设置优化目标，调节相关参数，系统就能够自动生成优化方案，并向相关责任人反馈执行结果和状态信息。例如，在数据中心场景下，我们可以基于实时采集的基础设施温度、空气流动状态、负载、空调状态监控数据来设计数据中心能效优化系统，自动生成优化方案以控制空调的开启和关闭、调节制冷功率和冷风流向、优化数据中心 PUE（Power Utilization Effectiveness）指标；对于风力发电机，在实现了对获取电量效率监控和风叶角度控制的基础上，我们可以设计实现通过调整风叶角度来获取最大电能的优化系统。

4. 自治

自治层级的能力整合了状态监视、控制和优化层级的能力，通过智能化进一步解放人脑，从而形成无须人工干预即可应对某些场景特定任务的自治控制系统。自治系统无须人工运维干预。自治层级能够实现的能力：产品自治控制，集群智能协作，自动化配置变更，故障自诊断、自恢复，使用环境自适应和用户使用习惯学习。应用系统与终端的交互数据包含控制程序和执行反馈，如用于修改缺陷或升级自动控制策略的自动控制程序升级包、辅助诊断故障的执行日志等。在指定事件发生时，自治系统能够自动匹配解决方案以应对。例如，在云端部署面向全球提供服务的电商系统，其每天的访问热点地区会随时区变化而变化，当中国地区在白天访问量较大时，处于凌晨的美国地区的访问量就比较低；当美国地区白天的访问量增加时，中国地区的访问量则开始下降，这样就实现了自治控制的云应用，利用遍布全球的云数据中心自动控制热点跟随，当不同地区的访问量增加或降低时，启动或关闭对应地区本地数据中心的负载处理节点以提升用户体验。还有一个具备自治层级能力的智能、互联产品是扫地机器人。利用集成在终端的传感器和计算平台，扫地机器人能够自治地控制地面清洁操作，从而应对障碍物和地形变化。

具有自治能力的智能、互联系统能够应对部分已知故障或突发异常情况，并选择对应的处理策略，从而进一步降低人工参与运维工作的工作量。人工参与监控运维不再需要关注局部组件的具体指标，而只需要掌控全局运行状态和运行效果就行，只有在发生问题时才需要逐级排查问题根源，并调整处理策略。

产品智能、互联化的趋势不但影响着互联网公司和高科技公司的发展战略，而且影响着传统行业，如制造业、医疗、金融等。近几年，宝马、北汽、吉利等车厂信息化建设的速度加快，有些甚至组建了独立的公司和部门做数字化转型，自动驾驶、车与云端实时交互信息、从车端语音控制智能家电，这些已经不是概念了。A.O. Smith 公司在热水器产品中植入了传感器，连接云端服务，采集用户的使用习惯数据，结合当地的水质、天气变化，实现了对水温的智能调节，优化了用户关怀服务。迅达电梯 PORT 科技（Schindler Elevator PORT Technology）公司通过预测电梯的需求模式，计算到达目的地的最快时间及分配合适的电梯，以使乘客快速移动，将等待电梯的时间减少了一半以上。在能源领域，ABB 的智能电网技术使其公用事业公司能够分析广泛的发电、变换和配电设备（由 ABB 及其他公司制造）的大量实时数据，如变压器温度的变化，从而提醒公用事业控制中心可能出现的过载情况，使其进行调整以防止停电。

在智能、互联产品使用场景下，驱动业务的应用系统不再是单纯连接用户和服务的 C/S（Client/Server，客户端/服务器）架构或 B/S（Brower/Server，浏览器/服务器）架构。数字信息系统应用与用户交互的终端从单纯的计算机、手机扩展到手表、电视、音响、汽车、门锁、空调、洗衣机等各种与我们日常生产、生活相关的物体。应用服务端也经历了从单体架构、垂直架构、SOA 架构、Lambda 架构、Kappa 架构、云原生架构到微服务架构的演进过程。应用运维的复杂度激增，性能和稳定性保障若只是单纯地采集服务节点状态、代码执行链路或网络运行状态，配置告警策略，已经不能满足实际生产场景的需要了。

3.2　技术演进趋势

从技术演进趋势看，虚拟化、云计算、容器、微服务等新技术正在逐渐将应用的业务逻辑与基础设施解耦。虚拟化技术将计算、存储、网络资源从物理硬件设备中剥离出来。云计算技术则将虚拟化资源形成资源池，并以自助的方式向租户交付随需即取的资源。容器技术将应用中间件从操作系统中解放出来。近些年逐渐兴起的微服务技术进一步将应用业务逻辑从中间件中剥离出来。应用本身运行对底层硬件环境的依赖逐渐减弱，映射关系的不确定性和动态性更加明显。这就导致应用运维与传统 IT 基础设施运维的目标大相径庭。由于更贴近用户和业务，应用运维的重要性和复杂度更高。

目前，金融、航空、汽车等行业都处在数字化转型的前沿，由于应用性能问题导致用户体验下降、企业用户流失和经济损失的案例在逐渐增加，而传统以应用性能管理工具和网络性能管理工具建设为主的应用运维系统的被动响应式风险处理机制已难以应对。实现主动预防的风险处理机制、建设智能化的应用性能管理平台已逐渐成为企业构建面向未来的运维体系的关键。

这些场景之所以能在今天成为现实，主要原因是，一系列新技术的发展和成熟，使得制约应用落地的障碍得以清除。其中，对数字信息系统应用的架构及开发、运维方式产生深远影响的技术如下。

1. 服务器虚拟化、云计算

近年来，首先掀起波澜的是服务器虚拟化、云计算技术的普及应用。创立于 1998 年的 VMware 公司推出的 VMware Workstation 服务器虚拟化软件将操作系统与硬件基础设施解耦，使得软件系统不再与硬件平台绑定。2006 年，亚马逊以虚拟化技术为基础推出了首个云计算服务——AWS Elastic Compute Cloud（EC2），将数据中心剩余的计算、存储、网络资源以在线服务的方式出售。应用系统部署安装不再依赖特定的硬件和数据中心，软件定义基础设施成为可能。

2. 大数据

数据量的快速增长使得大数据存储分析技术成为研究热点。2006 年，基于 Google File System 论文[1]研发的 Hadoop 大数据存储分析平台成为行业焦点。有别于传统的结构化关系数据库，Hadoop 半结构海量的大数据存储能力和基于 MapReduce 算法的信息提取能力，为应对智能、互联场景下激增的数据量提供了解决方案。

3. 容器

出现于 2008 年的 Linux 操作系统层虚拟化 LXC（Linux Containers）技术在服务器虚拟化基础之上，通过将操作系统资源隔离，进一步将应用中间件与操作系统解耦，使得应用动态部署、更新、迁移和弹性伸缩控制更加灵活。LXC 对应的商业产品 Docker 的快速普及和应用已经证明了容器技术的商业价值。

4. 微服务

微服务（Microservices）技术进一步将业务逻辑和应用中间件解耦。2011 年 5 月，在威尼斯附近举行的软件架构师研讨会上，"微服务"一词被与会者用来特指业界正在普遍探索和实践的一种通用软件架构设计风格。2012 年，James Lewis 在克拉科夫的一次题为 *Micro Services: Java, the Unix Way* 的演讲中介绍了这些新想法。他描述了通过"分而治之"的方式使用康威定律（Conway's law）来构建软件开发团队的一种更敏捷的软件开发方式，并把这种方式称为"微服务"。利用微服务架构和技术，应用业务模块被拆分成独立的微服务节点，以方便复杂系统的多团队协作开发、更新和测试；由于业务模块对应微服务节点的独立部署，其扩展性更高；每个微服务节点可以由不同语言、不同架构实现，支持对接遗留系统服务，业务需求变化导致的对应应用系统的架构重构不影响其他微服务节点。

如图 3-4 所示为某电子商务应用系统，在传统单体架构中，所有应用的业务代码部署在一个独立的服务节点上，运行在一台应用服务器上，代码耦合度高。一个独立服务对应的开发团队需要在同一个开发框架中使用一样的技术堆栈和开发语言。所有业务访问数据库，需要通过统一的数据访问层接入数据库。一旦需要升级功能、修改缺陷，所有代码需要重新编译发布。而微服务架构将电子商务系统中的服务配送、查询详单、接收订单、结账收款等业务功能解耦，使其成为可以独立开发部署的节点。各服务通过服务发现、注册方式进行管理，并通过接口交互。每个节点可以采用不同的架构、开发语言，可以有自己的数据库。这样，业务逻辑多样且多变、架构复杂的互联网和物联网应用系统，可以通过多团队协作开发来划清任务目标和功能边界，不再局限于一个统一的技术堆栈。虽然微服务架构优点很明显，但并不完美。在解决多团队协作问题的同时，

---

[1] Sanjay Ghemawat, Howard Gobioff, Shun-Tak Leung. The Google File System[C]. SOSP'03, Bolton Landing, New York, USA. 2003.

微服务架构也加剧了系统的复杂程度，使系统的运行维护成本激增，数据量增加。

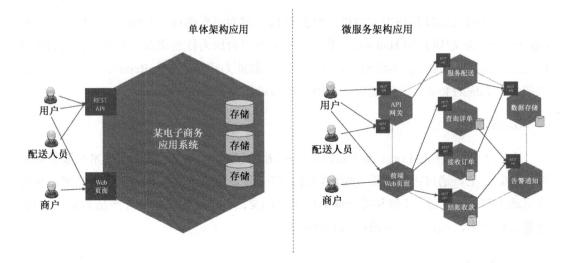

图 3-4　单体架构应用与微服务架构应用的结构对比

5. 人工智能

在计算机科学中，人工智能（也称为机器智能）是机器通过算法实现的智能。人工智能研究领域诞生于 1956 年达特茅斯学院的一个研讨会上，约翰·麦卡锡（John McCarthy）提出了"人工智能"一词[1]，以区分该领域与控制论，并摆脱了控制论专家诺伯特·维纳（Norbert Wiener）的影响。人工智能技术被认为是推动第三次信息技术浪潮的关键技术。近几年来，人工智能发展迅速，产业界和学术界对相关技术的研究、落地兴趣很浓。随着硬件平台计算能力的提升和算法的突破，人工智能的应用场景越来越多。例如，人脸识别应用于身份认证，图像识别应用于海量图片处理和搜索，异常检测和因果推理分析算法应用于海量机器数据的处理等。

3.3　应用智能运维系统：企业数字战略的关键支撑

根据 Forrest 的统计数据，57%的企业用户 IT 运维部反馈，至少每周会发生一次影响应用性能和可用性的问题；每天都发生问题的比例占到了 28%。对于愈加依赖应用来面向用户以实现企业价值、提高工作效率的当今企业来说，这种问题越来越无法忍受。统计数据显示，超过一半的企业认为应用性能问题直接导致业务用户和 IT 部门效率降低；42%的企业认为应用性能问题直接影响了企业收入。当前，企业应用运维团队的压力主

---

[1] John McCarthy，Crevier，Russell Norvig. McCorduck [C].Dartmouth conference, 2004.

要来自以下两个方面。

（1）新需求推动应用数量激增。移动智能终端设备的普及使应用逐渐渗入我们工作、生活的方方面面，企业应用数量激增。企业面向用户、合作伙伴和内部员工建设的应用数量会随产品智能、互联化的深入持续增长。

（2）产品数字化导致应用结构愈加复杂，保障应用性能更困难。在技术方面，如混合云、数据分析、物联网、车联网、体域网等新技术的持续演进使得应用结构愈加复杂，保障应用性能更加困难。据统计，超过一半（52%）企业的 IT 运维部门在监控管理工具上的投入是被动、针对特定问题且分散的。这种投入方式虽然可以有效地解决当前的问题，但由于管理功能单一、分散、碎片化，难以应对未来以应用为核心的新需求和技术演进。随着时间的推移，现有应用运维问题会恶化。因此，采用被动处理方式的应用智能运维系统已不能满足企业快速数字化转型的需要，主动分析定位潜在问题、预防应用性能风险已成为未来应用智能运维系统的发展趋势。

自动化过程是将人手从简单重复的劳动中解脱出来的过程，而智能化过程则通过将经验和思维逻辑固化为算法，将人脑解放出来。对于智能、互联时代的应用运维场景，人工处理的速度已经远远跟不上运维工作量增加的速度，用机器智能解决机器复杂性问题是目前可行的解决方案。

随着信息系统的快速演进，企业对应用运维系统的期望也在上升。Gartner 于 2018 年 12 月发布的分析报告指出，企业对应用运维能力的需求核心正在从应用请求链路监控、用户数字体验保障向智能运维、业务流程监控、应用全景监控转移，如图 3-5 所示。

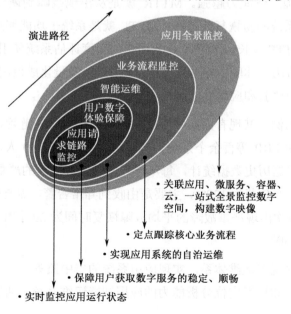

图 3-5　应用运维系统的演进路线

传统以 APM 平台提供的以应用代码监控分析能力为核心的应用性能监控运维体系，正向以用户数字体验保障为核心的方向演进。大数据、人工智能技术的发展使得监控系统有能力从海量数据中提取有用的信息，实现更符合应用运维需要的业务流程监控和全景监控。

3.4 商业价值评估（ROI 分析）

建设能够满足智能、互联时代应用运维需求的智能运维系统，意味着要对原有运维体系的监控数据采集、数据存储、数据分析的工具，以及运维流程和人机交互界面进行全面升级。我们在决策是否值得投入建设时，需要先判断 ROI（Return On Investment）是否能达到预期。

比较可行的计算办法是在系统目标场景下挖掘相比于现有方式能够改善、升级的价值点，选择可量化的指标计算 ROI。例如，常用的系统可靠性量化指标有故障平均修复时间（Mean Time To Repair，MTTR）、平均无故障工作时间（Mean Time Between Failure，MTBF）、平均失效前时间（Mean Time To Failure，MTTF）[1]和标准化的用户体验指标（Application Performance Index，APDEX）[2]。MTBF 即平均失效间隔，就是从新的系统在规定的工作环境下开始工作到出现第一个故障的时间的平均值。MTBF 越长，表示系统的可靠性越高，正确工作能力越强。MTTR 就是从出现故障到恢复之间的这段时间。MTTR 越短，表示系统的易恢复性越好。MTTF 就是系统平均能够正常运行的时间。系统的可靠性越高，MTTF 越长。APDEX 是从用户的角度评估系统使用体验的标准化指标。它提供了测量和报告用户体验的标准化方法，将用户体验量化成范围为 0~1 的满意度评价数值，把最终用户体验和应用性能联系在一起。

以某快销企业为例，其现有面向终端用户的营销平台、冷链管理等生产管理系统、用户关系管理系统和 ERP 等百余个系统。其应用运维团队有 40 人，负责日常的应用性能、可用性保障。根据历史数据统计，每年导致应用服务中断的严重故障次数平均为 22 次。运维人员平均工作负荷为 120%，主要是由收到异常告警、需要处理突发事件、加班排查故障导致的。每次出现严重故障的平均故障恢复时间为 20 小时左右。应用持续稳定运行的时间为 219 小时。

该企业规划升级现有运维体系，实现应用系统的集中监管，打造具备监控指标集中存储、风险主动探查和根源定位分析能力的应用智能运维系统。通过技术可行性评估，

---

[1] https://wiki.mbalib.com/wiki/MTTR.
[2] https://docs.newrelic.com/docs/apm/new-relic-apm/apdex/apdex-measure-user-satisfaction.

结合历史运维场景，对现有运维流程进行优化估计，量化的 ROI 数据如表 3-1 所示。其中，在每年 22 次历史故障中，通过引入可用性主动拨测机制和全景监控能力，可以提前发现规避的故障有 10 次，按每次故障损失 12 万元计算，每年收益达 120 万元。采用自动化拨测应用关键业务流程的可用性，以及故障信息自动关联辅助根源问题分析，使得人工巡检和分析监控数据的工作量减少了约 1/4，应用团队规模可以缩减 10 人。按人均年成本 20 万元计算，年收益达 200 万元。

应用智能运维系统规划建设的主动探伤扫描功能可以每天自动分析应用的潜在风险，降低突发故障导致系统宕机的概率。运维人员加班处理突发问题的时间减少，工作负荷相应地可以降低到 90%，节约成本约 80 万元。由于意外故障导致的宕机次数减少，MTTF 可以从平均 219 小时提升到 438 小时，对应规避的运营损失（包括最终用户流失、代理经销商业务终止、故障恢复人力成本投入等）总计 76 万元。相比于现有系统，应用智能运维系统通过整合数据，深度分析和定位影响用户使用的性能瓶颈。应用性能的提升意味着用户体验的优化，APDEX 可以从目前的 0.75 提升到 0.92。对于运营部门来说，相关用户转化率有明显的提高，据运营部门估算，这对企业经营带来的可度量收益在 90 万元左右。经过整体评估，企业建设应用智能运维系统每年带来的可量化 ROI 为 736 万元。

表 3-1 应用智能运维系统建设 ROI 评估

指标	运维现状	期望效果	收益/（万元/年）
每年应用严重故障次数	每年 22 次严重故障	每年 12 次严重故障	120
应用运维团队人员数量	40 人	30 人	200
应用运维人员平均工作负荷	120%	90%	80
MTTR	20 小时	6 小时	170
MTTF	219 小时	438 小时	76
APDEX	0.75	0.92	90
年收益总计			736

有了数据支撑，我们就可以进一步明确建设目标和愿景，并对规划建设的特性优先级和建设成本有相对准确的估计。ROI 估算只是第一步，接下来需要梳理目标场景，深入理解系统在实际场景中可以发挥的价值。对场景和实际需求的理解很大程度上决定了系统能否够达到期望效果。总的来说，应用智能运维系统的场景化价值主要有以下几点。

1. 实时感知风险态势，减少应用宕机损失

监控的目的是发现风险，在智能、互联时代，发现风险需要强大的监控系统的支持，著名的监控系统——宙斯盾和彭博终端的核心价值都是在复杂态势中找到风险点。应用运维也类似，在系统复杂度快速增加、接入用户终端设备多样化、系统间交互集成关系更紧密的背景下,应用智能运维系统的全景监控和智能化态势感知能力对企业更加必要,价值也更大。实现风险态势感知的前提是有全面、实时、丰富的监控数据。

信息化建设发展到今天,大、中型规模的企业几乎都会建设 IT 系统的监控系统来监控应用和应用运行环境状态。常用的监控系统基本上都是针对一个点进行数据采集和风险告警的。例如,网络性能监控工具 nTop[1]能够对网络中的网络包进行拆包分析,监控当前网络上信息交互应用的流量异常;开源网络及应用监控工具 ZABBIX[2]常用来对 IT 基础设施和中间件进行监控;应用性能管理工具 Pinpoint[3]擅长监控应用请求执行代码链路和追踪分布式事务执行过程异常;Logstash[4]、ElasticSearch[5]是用来对应用日志进行存储分析的常用工具。这些系统的数据采集、存储和风险告警相对独立。一个完整的智能、互联应用系统的部署架构和数据交互复杂,往往需要多种工具联合使用。对于运维人员来说,这些就像一个个数据孤岛,一旦发生异常,多套系统都有可能产生告警,形成告警风暴。要排查和定位问题根源,需要人工登录多个门户查询历史数据,因此系统易用性差,运维工作效率低。

应用智能运维系统首先能解决运维孤岛问题。如图 3-6 所示,通过搭建由不同类型的存储平台组成的运维大数据湖,将 ZABBIX、nTop 等的监控数据同步采集到一个集中的存储平台来做数据同构转换、清洗、聚合、统计等分析处理,为状态监控、异常检测、根源问题定位等应用场景提供一致的数据存储。一旦发生异常告警,风险点对应用整体运行态势产生影响,受影响的终端用户和业务流程能很快被定位出来。这样,人工介入处理数据、发现和定位风险的工作量减少,MTTR 会有一定幅度的减少。

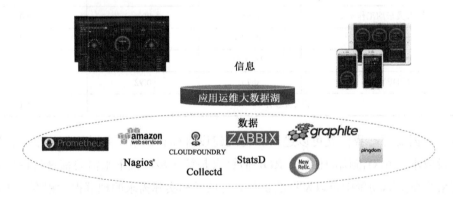

图 3-6 运维大数据湖打通运维数据孤岛

2. 提供专家经验指导,提高应用运维效率

---

[1] https://www.ntop.org/.
[2] https://www.ZABBIX.com/.
[3] http://naver.github.io/pinpoint/.
[4] https://www.elastic.co/cn/logstash.
[5] https://www.elastic.co/cn/elastic-stack.

智能化的关键支撑是经验和知识的积累，应用智能运维系统建设区别于其他监控运维系统的关键一点是，在发生异常或出现潜在问题的情况下，其能够通过算法和积累的专家经验来指导风险的发现、定位和处理，辅助决策支持。传统监控运维系统积累专家经验主要依靠告警策略、监控运维仪表盘和报表。告警策略针对时间序列指标数据配置自动探测异常的逻辑，出现问题自动生成告警；监控运维仪表盘和报表通过预定义模板的方式对指定类型的资源、监控场景或故障最常用的指标进行统计分析，并生成对应的可视化界面。开源监控数据可视化平台 Grafana[1]专注运维数据可视化，提供了大量根据经验定义的可视化仪表盘模板。利用类 SQL 查询语句，Grafana 将常用指标聚合、统计和展现策略固化为可下载的模板，并通过开源社区的方式让全球用户接入下载或分享自己的仪表盘。

除此之外，知识图谱与运维场景的结合也是解决运维专家经验积累和使用的可行途径。知识图谱（Knowledge Graph）[2]是实现人工智能落地的重要基础，它以结构化的形式描述客观世界中的概念、实体及其关系，将互联网的信息表达成更接近人类认知世界的形式，提供了一种更好地组织、管理和理解互联网海量信息的能力。知识图谱不是一种新的知识表示方法，而是知识表示在工业界的大规模知识应用，它将互联网上可以识别的客观对象进行关联，从而形成客观世界实体和实体关系的知识库，其本质上是一种语义网络。如图 3-7 所示，其中的节点代表实体（Entity）或概念（Concept），边代表实体/概念之间的各种语义关系，如用户（User）拥有某站点（Site）的管理员权限，在用户和站点两个实体之间，会有一条线标识拥有管理权限（has administrator）。

有了积累的专家知识和经验，我们就能够在发生异常且缺少专家指导的情况下，利用应用智能运维系统自动检索和匹配知识库信息，解决疑难问题，为企业降低人工成本。

3. 主动找出故障原因，提前预防和规避风险

有了积累的专家知识和经验，应用智能运维系统能够帮助我们利用这些知识和经验管理风险。具体场景：①在未发生风险时，通过设定先验条件来推理和判断系统是否可能出现性能瓶颈或故障，若可能，分析问题所在；②在已经发生了风险告警时，回溯数据到故障点，结合知识和经验推理及分析原因。

第一种场景重点是预防和规避风险，在故障出现之前就能解决问题，对企业的价值更大。例如，电商平台在既定时间进行线上营销活动，从历史数据可以预估确定时间点在线用户数量的大概范围。在线用户数估计值就是先验知识，利用从历史数据中学习得到的知识和经验模型推理分析就可以预判在此负载条件下，哪些指标会出现异常。从指标可以梳理出可能发生的性能瓶颈、潜在故障等，从而指导扩容或配置变更，以便减少

---

[1] https://grafana.com.
[2] https://google.fandom.com/wiki/Knowledge_Graph.

应用宕机风险。图 3-8 为面向汽车故障诊断的概率图模型（Probabilistic Graphical Models）因果推理网络示意。其将每种影响稳定运行的状态指标的取值离散化，然后通过输入先验知识来推理其他指标的后验概率分布，从而判断最可能出故障的点。

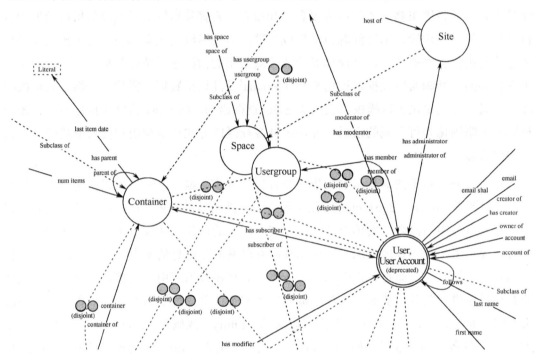

图 3-7　知识图谱语义网络模型示意（局部）

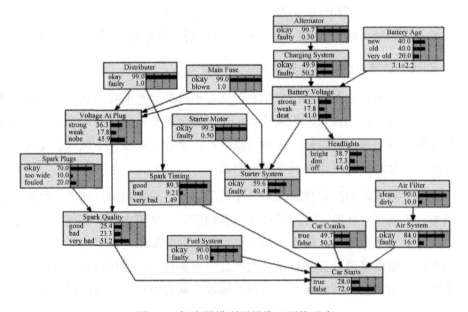

图 3-8　概率图模型因果推理网络示意

第二种场景是在故障发生时，利用提前学习生成的指定故障因果关系概率图模型，从高维海量监控数据中查找相关信息，辅助定位根源问题，从而缩短 MTTR。例如，利用知识库推理分析算法排查应用运行环境指标间的因果影响关系，定位出 HTTP 错误事件和 Java 内存使用率指标异常之间的相关性较强，从而可得出 Java 内存溢出导致应用宕机，进而导致用户 HTTP 请求错误。

4. 辅助容量规划决策，节约资源采购成本

大多数企业在新应用上线或扩容规划时，对需要准备多少计算、存储、网络资源，资源在应用系统中每个独立部署的节点之间如何分配，都缺少经验和有效的历史数据支撑。建设应用智能运维系统后，企业就可以通过算法分析全量采集的应用历史数据，从而进行决策。

区别于直接采集、分析应用性能管理监控数据和应用运行依赖的基础设施环境监控数据做容量规划分析，应用智能运维系统需要首先将业务流程请求处理链路、应用节点运行状态指标和对应的运行环境状态指标关联，从历史数据中筛选指标波动相关性。有了这些信息，我们能分析出各业务流程的历史峰值，以及在峰值发生时其对哪些服务节点和对应的运行环境状态指标有相关性影响。例如，计算密集型业务的并发量增加，对应节点的 CPU 利用率会显著升高，因此，我们需要判断对应节点的 CPU 利用率增加是否会使业务执行时间超时，以及使请求的数量超过服务质量目标的约束。如果通过算法计算发现有指标波动相关性，那么就意味着需要扩充服务节点的计算能力。

图 3-9 是应用容量规划决策支持样例。我们利用算法预测未来负载的变化趋势，通过历史数据推理分析什么时间段会导致哪种资源利用率增高。计算维度包含了 CPU 使用率、Java 内存使用率、交换空间使用率等常用相关资源的使用率。一旦发现未来某时刻可能负载会增加，则对应的某些资源使用率会不会超标，以及需要额外增加多少资源就都一目了然。

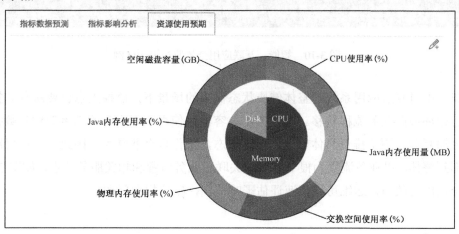

图 3-9 应用容量规划决策支持样例

5. 掌控全局业务状态，赋能业务数字化运营

应用智能运维系统通过整合多种运维产品监控数据，利用人工智能算法代替人工来挖掘数据中的信息。这种能力使得企业能够在未来智能、互联时代建设业务逻辑更加复杂的数字信息系统，支撑产品和服务能力升级。全景监控能力对企业的价值主要体现在用户数字体验保障和复杂应用系统的整体健康状态保障两方面。

如图 3-10 所示，对于运营场景，为了保障用户数字体验，运营人员关注用户侧使用情况和对应的应用侧业务流程的健康状态，对应用本身的服务节点状态和运行环境基础设施运行情况不太关注。因此，全景监控视图需要实时监控关键业务流程的运行状态，一旦出现问题，能够反映其对用户关注的业务的影响。

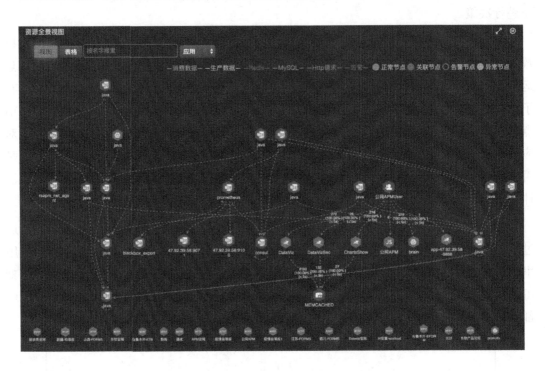

图 3-10　智能、互联应用全景监控视图样例

在运维对复杂应用系统的整体健康状态保障的场景下，监控重点也要从具体技术组件和运行环境向业务流程转移。微服务化、容器化使得应用本身的部署架构和数据交互关系更加复杂。逐个排查具体节点的运行状态，工作量会非常大。因此，运维思路需要从局部到整体，以业务流程为根节点逐级关联子业务流程和相关服务节点，如图 3-11 所示。一旦出现故障，运维可以快速评估影响范围，定位根源问题。

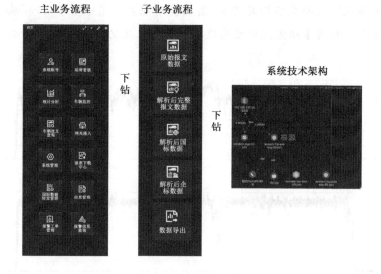

图 3-11　业务流程与系统技术架构的关联关系

案例：LinkedIn 应用智能运维建设方案

成立于 2003 年的 LinkedIn 自始至终以"为更好的工作机会连接用户人脉网络（to your network for better job opportunities）"为经营宗旨。公司信息系统复杂度随业务增长快速增加。截至 2015 年年底，LinkedIn 拥有超过 3.5 亿用户，系统每秒处理的请求数量过万，触发后端系统查询量达百万级别。

公司工程部主管 Prachi Gupta 在 2011 年一份内部报告中强调了监控系统的重要性："在 LinkedIn，我们一直在强调我们系统网站应用可用性保障的重要性，要保障我们的会员在任何时候都能够使用我们网站上的所有功能。为达到这个目标，我们要能够在问题发生时就探测到故障或性能瓶颈，并及时做出响应。因此我们使用具备时间序列数据展现能力的监控系统来实现分钟级的故障检测和响应。这些监控工具和技术已经被证明是必需的。它们为系统运维工程师检测、探伤、解决问题争取了宝贵的时间。"

2010 年，LinkedIn 建设了大量监控系统来覆盖应用运行期的方方面面，采集了大量监控指标数据，如图 3-12 所示。但是，开发工程师、运维工程师如何获取这些数据成了难题，更谈不上分析数据、获取信息了。因此，LinkedIn 启动了 Eric Wong 提出的夏季内部项目，这也促成了 InGraphs 系统的研发和投产。

Wong 写道，"仅仅是获取某些特殊服务的宿主机 CPU 使用率这种基本指标，都要填写工单，由某些人花费大约半小时时间来整理一份报告"。当时，LinkedIn 正在用 Zenoss（一款以应用基础设施为核心的监控软件）采集指标数据。Wong 解释说，"从 Zenoss 中获取数据需要逐级浏览响应缓慢的 Web 页面，所以我写了一些 Python 脚本来加速这个过程，虽然还得花时间手动配置所要采集的指标，但从 Zenoss 中抓取数据的过程已经大大简化了"。

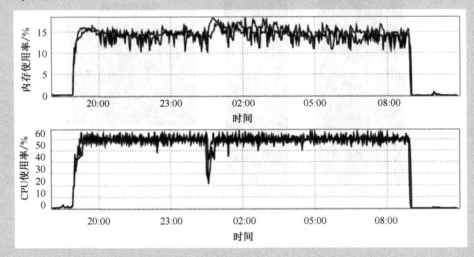

图 3-12　LinkedIn 采集的监控时间序列指标

在持续了一个夏天的研发之后，Wong 又陆续研发完善了 InGraphs 的功能，使得开发工程师、运维工程师可以从中获得需要的监控指标数据，并实现了跨多个时间序列指标数据集计算，每周变化趋势统计，历史数据环比、同比计算和监控指标自定义仪表盘自助选择等实用功能，如图 3-13、图 3-14 所示。

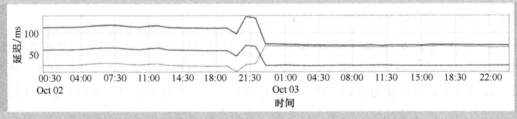

图 3-13　InGraphs 系统监控效果

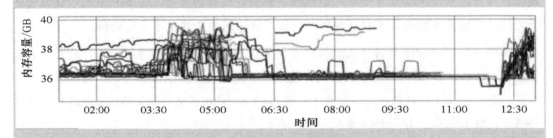

图 3-14　InGraphs 多指标历史数据对比

关于研发、完善 InGraphs 功能和它本身的价值，Gupta 表示，"在一个关键的 Webmail 服务开始有趋势显现故障时，InGraphs 系统及时发现了，并在该应用维护团队意识到问题之前通知了相关责任人，这使得 InGraphs 监控系统的价值被公司认可"。

从一个初级项目孵化出来的 InGraphs 系统，目前已经成了 LinkedIn 运维体系中的关键组成，以至于 InGraphs 的时间序列数据监控图表遍布公司工程部门，成了最引人注目的部分。

3.5 系统关键能力

如果企业无法抵消信息系统趋于复杂化带来的运维风险，数字化营销、数字化生产、数字化管理等战略就是空谈。建设具备全景监控、智能运维能力的应用性能管理系统，保障用户数字体验，提升应用可用性，已成为企业必然的选择。

随着信息系统的快速演进，政府、企业对数字信息系统应用的依赖持续上升，对相应的应用性能、稳定性保障系统建设的关注同步升温。而传统以应用指标采集为主的 APM 系统已经难以满足云化、容器化、微服务化的复杂应用系统的监控运维需求。某知名 IT 咨询公司发布的最新分析报告指出，企业对 APM 能力的需求核心正在从应用请求链路监控、用户数字体验保障向智能运维、业务流程监控、应用全景监控转移。在此市场背景下，要保障政府、企业未来日趋复杂、多样、高负荷的数字信息系统建设，需要新一代以应用为核心的智能化全景运维平台的支撑。要打造用户体验优先的应用智能运维系统，其需要具备的核心能力如下。

1. 全景视图监控，实时掌控用户数字体验

应用智能运维系统能够自动探测和发现应用从用户端到服务端的端到端全栈拓扑结构、用户操作业务流程和代码执行链路，实时感知潜在风险并通知相关责任人，以全景化的应用监控视图展现用户请求触发的应用行为，监控范围涵盖从用户端到服务端的各环节。一旦出现风险，运维人员可以及时从全景监控视图观察到风险点，并能够下钻到原子指标或代码链路、日志等白盒监控数据，将其发送给开发人员解决处理，如图 3-15 所示。

2. 运维大数据可视化，自助定义监控视图

应用智能运维系统能够支持自助、实时提取监控数据，定义可视化监控仪表盘视图，设置仪表盘间的跳转关系。监控视图可让海量运维数据更易理解，风险监控更及时、更直观。图 3-16 所示为可视化运维监控大数据仪表盘样例，只有通过全可视化界面实现信

息的高效人机交互，才能满足未来应用运维的需要。

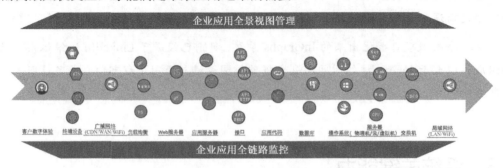

图 3-15　从用户端到服务端的应用监控全景

图 3-16　可视化运维监控大数据仪表盘样例

3. 应用全栈集中监管，全方位掌控应用的运行状态

应用智能运维系统能够提供对应用 360 度全方位、全栈的监管能力，不但能够对应用进行请求、事务、线程及代码级的深入分析，而且支持对应用依赖的应用服务器、数据库、虚拟化环境、云环境及主机、网络、存储等基础设施进行监管，帮助用户了解并掌控应用的性能、健康状态、风险及用户体验。

4. 聚合监控指标数据，简化日常应用性能管理工作

为简化对海量监控指标的监管工作，应用智能运维系统以聚合指标指示关键应用性能指标。通过指标聚合，应用智能运维系统将海量应用性能指标转换为容易理解、管理的应用健康状态、用户体验指标等指标，并通过仪表盘实时更新。这些指标反映了应用运行的全局状态，避免了人工筛查指标数据，定义了大量、复杂的告警策略，从而提高了管理效率。

5. 管理用户体验，追踪用户实时、历史在线状态

保障良好的用户体验是应用性能管理的最终目标。应用智能运维系统支持实时监控APDEX，帮助用户掌控应用的用户体验变化情况。为实现更高效的敏捷管理，应用智能运维系统以用户体验保障为核心，提供能够追踪用户实时和历史在线状态、请求响应时间、请求异常状态等关键指标的驾驶舱式集中监管仪表盘。

6. 辅助性能优化，智能分析运行缓慢的业务流程

应用系统支撑企业运营的各环节，每个业务流程都对应众多的服务及功能调用，一旦某业务运行缓慢，会直接导致企业运转效率下降，甚至停滞。因此，在出现问题时，定位瓶颈所在并解决问题的及时性直接关系企业的营收指标。应用智能运维系统能够通过分析海量运维数据，查找指定时间段内运行缓慢的业务请求及对应的应用执行线程，快速定位应用性能瓶颈所在，从而提高解决业务响应缓慢问题的工作效率。

7. 应用白盒监控，深度分析应用性能风险的根源问题

在应用系统性能异常时，应用智能运维系统能够通过自上而下、逐层钻取应用堆栈的方式分析根源问题，生成指定时间段内的详细性能分析结果视图（见图3-17）。分析结果视图涵盖应用行为、性能指标、异常日志、内存用量分析等几乎所有应用运行期的关键运维数据，这些数据可以帮助用户快速排查、分析应用性能异常的原因。

8. 变被动处理为主动防御，提前规避应用性能风险

要从根本上扭转当前企业面临的应用性能管理被动，甚至有时近乎失控的局面，首先需要变被动解决风险告警为主动解决潜在问题及风险。有别于其他APM产品，应用智能运维系统致力于打造主动防御型应用性能管理体系，使企业能够提前发现风险，防患未然。基于概率图模型构建的指标间因果影响关系及推理分析模型，可使应用智能运维系统分析和处理海量数据，并通过自主研发的运维数据深度学习技术，从应用性能历史数据中分析最小粒度的指标，计算运维数据间的复杂概率分布，然后基于数据自动生成关联关系、影响程度等信息，从而生成可进行预测分析的数学模型。利用此模型，应用智能运维系统能够在给定时间范围或预期负载条件下发现潜在问题及风险，提升用户体验，减少由应用稳定性、性能问题带来的经济损失。

9. 预测应用性能变化趋势，优化应用资源配置

通过分析运维数据，生成对应用性能、负载及容量未来变化趋势进行预测的预测分析模型，应用智能运维系统能够帮助企业提前发现应用资源配置存在的问题，定位如CPU、物理内存、Java内存、物理磁盘、网络等资源存在的资源超配或资源配置不足问题，如

图 3-18 所示。除此以外，应用智能运维系统能够借助预测分析模型计算提升或降低某种资源配置对关键应用性能指标（如请求响应时间、APDEX 等）的影响程度，从而帮助运维人员找到最优的资源配置方案，在保障应用性能的同时提高资源使用率，节约成本。

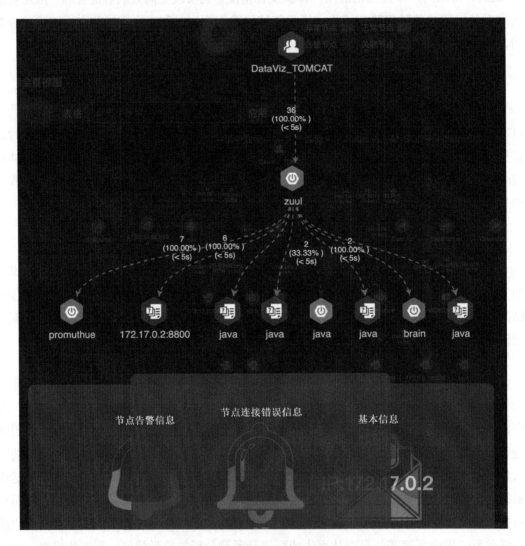

图 3-17　应用性能分析结果视图

企业在规划、构建面向智能、互联时代的应用智能运维系统的过程中，需要摒弃传统以网络、资源、设备为核心的被动运维理念，实现以应用为核心的主动式、智能运维管理平台，实现对应用性能的全方位监控和预测分析。在此过程中，应用智能运维系统能够帮助应用运维人员应对未来的复杂应用系统运维挑战，构建更加简单、高效的智能运维平台，以适应未来数字化驱动的新型互联网企业发展的需要。

第 3 章 智能、互联时代的应用运维

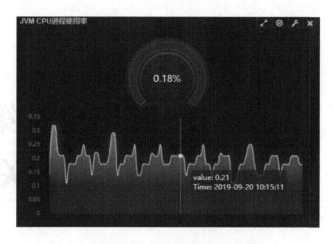

图 3-18　应用资源使用量容量规划截图

本章小结

应用是驱动企业对接"互联网+"、"工业互联网"和"工业 4.0"等国家战略的引擎,是否能有效解决应用性能管理问题关系成败。智能、互联场景下的应用智能运维系统以简单、智能、全可视化的理念重构了企业应用运维流程,相信其在提升企业用户数字体验、大幅度降低运维成本的同时,能为企业带来前所未有的数字化运维新体验。

第 4 章
应用运维智能化的关键技术

本章内容简介

前面介绍了应用智能运维发展演进的历史，回答了应用智能运维是什么、为什么、有什么价值、能干什么的问题。为了指导企业实践、落地，本章围绕应用场景，从技术角度总结归纳了相比于传统的监控运维技术，应用智能运维系统特有的几个关键技术特征，以及介绍了如何用这些技术来解决实际应用运维问题。

智能运维的核心思想是利用算法来处理海量运维数据，积累运维经验，从而代替人工思考判断，以自动化的过程实现风险的预防、发现、定位和处理。在应用运维场景下实现智能化，判断研究用哪些技术来解决实际问题，需要从具体应用场景出发，匹配现有可行的技术。图 4-1 中总结了当前常见的应用智能运维场景，其中包括用于主动发现

图 4-1 常见的应用智能运维场景

潜在风险的应用运行期风险主动探伤、用户数字体验保障与优化、风险定位与根源问题分析,以及应用运行期负载趋势预测与容量规划等。围绕这些场景,我们需要从当前可用的统计、机器学习、人工智能和自治控制技术堆栈中匹配相关的算法。总的来说,当前能够匹配企业应用运维场景、可以用来解决实际运维问题的技术有面向海量实时指标数据的异常检测、发现异常后的关联及根源问题定位、风险处理方案决策支持及预防性维护的探伤检测等。

4.1 异常检测:筛选时间序列数据,发现潜在风险

4.1.1 技术简介

随着互联网和大数据的发展,数据在现实生活中发挥着日益重要的作用。其中,大部分数据都是流式传输的时间序列数据(将同一统计指标的数值按其发生的时间先后顺序排列而成的数列)。针对时间序列数据的数据挖掘已经应用于许多领域,其旨在找到一些频繁出现的模式。当从这些模式中发现某种规律时,异常数据通常被作为噪声而忽略。但是,在庞大的数据量背后,难免会存在异常数据,从数据的异常中往往能够获得更有价值和参考性的信息[1]。快速准确地检测数据中的异常,既能及时减少损失,又方便在短时间内采取适当的应对策略。尤其是在企业应用中,如果能准确地发现系统中出现的异常,对于系统状态的检测及对系统错误的处理将起到积极的推动作用。特别是若能够在异常发生的短时间内检测且报告异常,然后根据以往的异常数据对异常进行分析,推断异常出现的位置及原因,并给予初步的建议解决方案,则将对系统状态稳定起到巨大的作用。

传统的时间序列数据异常检测方法通常聚焦在一维场景下,根据不同时间点数据样本间的关联来对异常进行判断。这个方面的工作经过多年的发展已经相对成熟,其中较为简单的方法包括自适应阈值法、聚类法和指数平滑法等。Smith 等人利用三次指数平滑法实现异常检测,利用历史数据中的不同特征来推测当前的数据值,这在商业领域十分有效[2];Stanway 等人提出了针对流数据异常检测的 Skyline 项目,其包含一组简单的检测器和一个投票方案,以输出最终的异常评分,该项目在监测高流量网站的实时异常方面卓有成效[3];Bianco 等人提出的 ARIMA 算法是一种针对具有季节性的时间序列数据建模

---

[1] Subutai A, Scott P. Real-Time Anomaly Detection for Streaming Analytics[J]. Computer Science. AI, 2016, 1607:1-9.
[2] Simon D L, Rinehart A W. A Model-Based Anomaly Detection Approach for Analyzing Streaming Aircraft Engine Measurement Data[J]. ASME Turbo Expo 2014: Turbine Technical Conference and Exposition, 2014,6(6):32-43.
[3] Hawkins J, Ahmad S, Dubinsky. HTM Cortical Learning Algorithms[R]. Redwood City: Numenta, Incorporation, 2011.

的通用技术,它对于检测有规律的数据效果较好,但无法动态地确定季节性数据中的异常[1]。另外,在一些特定领域,有许多基于模型的方法已经投入应用,但这些方法往往只针对它们建模的领域,如云数据中心的温度检测[2]、飞机发动机测量中的异常检测[3]和ATM欺诈检测[4]等。虽然这些方法在特定的异常检测系统中可能是成功的,但它们无法应用于通用领域。

循环神经网络(Recurrent Neural Network,RNN)等神经网络在时间序列数据异常检测方面具有一定的优势,是对于时间序列数据训练最常见的算法模型之一。然而,由于梯度消失问题的存在,传统的RNN在处理存在长期依赖问题的数据时会遇到巨大的困难[5]。近年来,长短期记忆网络(Long Short Term Memory Network,LSTM)由于其在处理时间序列数据方面的优势而受到广泛关注,LSTM本身的特点使得其极适用于处理时间序列数据,同时LSTM克服了RNN无法处理长距离依赖的缺点,因此,许多学者提出了基于LSTM的异常检测方法。Numenta公司提出了基于RNN的层级实时记忆HTM算法,并提出了公开数据集NAB,在NAB数据集上验证了HTM算法的性能[6];Pankaj Malhotra等人利用基于LSTM的异常检测方法在四个不同领域的数据集上取得了极好的效果[7];Sucheta Chauhan等人定义了5种不同的异常类型,并修改获得了一种LSTM变体以对其进行区分[8]。类似的工作还有:Anvardh Nanduri通过添加GRU来改造LSTM,从而实现了对飞机航班的异常检测[9];Jihyun Kim等人实现了一种无监督的异常检测方法,并在真实的工业数据集上进行了验证[10]等。

近年来,随着数据样本量级与维度的迅速增长,多元时间序列数据异常检测的需求日益增加。诸多机构与学者在多元时间序列数据异常检测的研究方面取得了极大进展。Pavel Filonov等人利用将多元向量合成一元向量的方法处理多元数据,再用常规一元数据异常检测方法进行检测[11]。这种将多维数据转化为一维数据再进行异常检测的方法在

---

[1] Bao H, Wang Y. A C-SVM Based Anomaly Detection Method for Multi-Dimensional Sequence over Data Stream[C]. IEEE International Conference on Parallel and Distributed Systems,2017.

[2] Telangre K S. Anomaly Detection using multidimensional reduction Principal Component Analysis[J]. IOSR Journal of Computer Engineering,2014,16(1):86-90.

[3] Tan Z, Jamdagni A, He X, et al. Network Intrusion Detection based on LDA for payload feature selection[C]. IEEE GLOBECOM Workshops,2011.

[4] Dau H A, Ciesielski V, Song A. Anomaly Detection Using Replicator Neural Networks Trained on Examples of One Class[J]. Lecture Notes in Computer Science,2014,8886:311-322.

[5] Nanduri A, Sherry L. Anomaly detection in aircraft data using Recurrent Neural Networks (RNN)[C]. IEEE Integrated Communications Navigation and Surveillance, 2016.

[6] Chen Y. Design and Implementation of Network Resource Management and Configuration System based on Container Cloud Platform[C]. International Conference on Frontiers of Manufacturing Science and Measuring Technology,2017:331-335.

[7] Kim J, Kim J, Thu H L T, et al. Long Short Term Memory Recurrent Neural Network Classifier for Intrusion Detection[C]. IEEE International Conference on Platform Technology and Service,2016.

[8] Filonov P, Lavrentyev A, Vorontsov A. Multivariate Industrial Time Series with Cyber-Attack Simulation: Fault Detection Using an LSTM-based Predictive Data Model[R]. NIPS Time Series Workshop,2016.

[9] Malhotra P, Vig L, Shroff G, et al. Long short term memory networks for anomaly detection in time series[J]. European Symposium on Artificial Neural Networks, Computational Intelligence and Machine Learning,2015(8):89-94.

[10] Lavin A, Ahmad S. Evaluating Real-Time Anomaly Detection Algorithms—The Numenta Anomaly Benchmark[C]. IEEE 14th International Conference on Machine Learning and Applications, Miami, FL, USA,2015.

[11] Lee E K, Viswanathan H, Pompili D. Model-Based Thermal Anomaly Detection in Cloud Datacenters[C]. IEEE International Conference on Distributed Computing in Sensor Systems,2013.

维数不多的情况下可行,且通常要求不同维度数据之间具有一定的关联性。类似的工作还有 Han Bao 等人通过多维特征序列变换算法、增量特征选择算法以无损方式将时间序列数据转换为特征向量,再基于 C-SVM 的异常检测方法进行异常检测[1]。近年来,业内一些学者提出了一些具有创新性的方法,如 Jones 等人将 8 维数据扩展至 32 维,再结合一维异常检测方法,根据不同维度之间关联性的变化进行多维度的异常检测[2]。该方法既适用于一维时间序列数据,也适用于多维时间序列数据,是一种极具创造性的方法。

4.1.2 深入浅出应用实践

目前,异常检测方法很多。人们对一元时间序列数据的异常检测研究较多,对多元时间序列数据的异常检测研究较少,并多采用降维方法来处理多元时间序列数据。下面介绍几种常用的异常检测方法。

1. 基于曲线拟合的检测算法

对于时间序列数据来说,t 时刻的数值对于 $t-1$ 时刻的数值有很强的依赖性。例如,某个游乐园的人在 8:00 这一时刻很多,在 8:01 时刻其人很多的概率是很大的;但如果其在 7:01 时刻的人较多,这对于其在 8:01 时刻人数的多少影响不是很大。

针对最近时间窗口内的数据遵循某种趋势的现象,可以使用一条曲线对该趋势进行拟合。如果新的数据打破了这种趋势,使曲线变得不平滑,则该点就出现了异常。

曲线拟合的方法有很多,如回归、滑动平均等。本书用 EWMA,即指数权重移动平均方法来拟合曲线。EWMA 的递推公式:

$$EWMA(1)=p(1) \qquad (4-1)$$

$$EWMA(i)=\alpha p(i)+(1-\alpha)EWMA(i-1) \qquad (4-2)$$

其中,α 是一个 0~1 的小数,称为平滑因子。EWMA(1)有时也会取前若干值的平均值。α 越小,EWMA(1)的取值越重要。从式(4-2)可知,下一点的平均值是由上一点的平均值加上当前点的实际值修正而来的。对于每个 EWMA 值,每个数据的权重是不一样的,越近的数据拥有越大的权重。

有了平均值之后,就可以使用 3-σ 理论来判断新的输入是否超过了容忍范围。根据实际的值是否超出了容忍范围就可以知道是否可以告警:若超出了上界,可能是流量突然增加了;若低于下界,可能是流量突然降低了,这两种情况都需要告警。可以使用 Pandas

---

[1] Chauhan S, Vig L. Anomaly detection in ECG time signals via deep long short-term memory networks[C]. IEEE International Conference on Data Science and Advanced Analytics,2015.
[2] Song Q, Wu Y, Soh Y C. Robust adaptive gradient-descent training algorithm for recurrent neural networks in discrete time domain[J]. IEEE Transactions on Neural Networks, 2008,19(11):1841-1853.

库中的 ewma 函数来实现上面的计算过程。

EWMA 的优点如下。

（1）其可以检测到在一个异常发生较短时间后发生的另一个（不太高的突变型）异常。

（2）因为它更多地参考了突变之前的点，所以它能更快地对异常做出反应。

（3）其非常敏感，历史数据如果波动很小，那么方差就很小，容忍的波动范围也会非常小。

EWMA 的缺点如下。

（1）其对渐进型（而非突发型）的异常检测能力较弱。

（2）异常持续一段时间后可能被判定为正常。

（3）其业务曲线自身可能有规律性的陡增和陡降。

（4）其过于敏感，容易误报，因为方差会随着异常点的引入而变大，所以很难使用连续三点才告警这样的策略。

考虑到这些缺点，需要引入周期性的检测算法来针对性地处理具有周期性趋势的曲线。

2. 基于同期数据的检测算法

很多监控项都具有一定的周期性，其中以一天为周期的情况比较常见，如淘宝 VIP 流量在早晨 4 点最低，而在晚上 11 点最高。为了将监控项的周期性考虑进去，可以选取某个监控项过去 14 天的数据。对于某个时刻，将得到的 14 个点作为参考值，记为 x_i，其中 $i = 1, 2, \cdots, 14$。

用静态阈值方法来判断输入是否异常（突增和突减）。如果输入比过去 14 天同一时刻的最小值乘以一个阈值还小，那么就认为该输入为异常点（突减）；如果输入比过去 14 天同一时刻的最大值乘以一个阈值还大，那么也认为该输入为异常点（突增）。

静态阈值方法中的阈值是根据历史经验得出的值，实际中如何给出 $\max_{th}$（最大阈值）和 $\min_{th}$（最小阈值）是一个需要讨论的问题。根据目前静态阈值方法的经验规则，取平均值是一个比较好的思路。

静态阈值方法的优点如下。

（1）其反映了周期性。

（2）其可以确保发现大的故障，给出告警的一定是大问题。

静态阈值方法的缺点如下。

(1)其依赖周期性的历史数据,计算量大,而且无法对新接入的曲线告警。

(2)其非常不敏感,无法发现小波动。

3. 基于同期振幅的检测算法

基于同期数据的检测算法遇到如图 4-2 所示的现象就无法检测出异常。例如,今天是 11 月 11 日,过去 14 天淘宝 VIP 流量的历史曲线必然会比今天的曲线低很多,如果 11 月 11 日这天出了一个小故障,曲线下跌了,但相对于过去 14 天的曲线仍然是高很多的,这样的故障使用基于同期数据的检测算法就检测不出来,那么将如何改进呢?直观来看,两个曲线虽然不一样高,但"长得差不多",那么,怎么利用这种"长得差不多"呢?此时就可以采用基于同期振幅的检测算法。

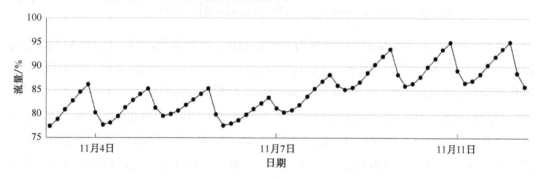

图 4-2 淘宝 VIP 流量示意

怎么计算 t 时刻的振幅呢?可以使用 $\frac{x_t - x_{t-1}}{x_{t-1}}$ 来表示振幅。例如,t 时刻有 900 人在线,t-1 时刻有 1000 人在线,那么,可以计算出掉线人数是 100。如果参考过去 14 天的数据,那么可得到 14 个振幅值。使用 14 个振幅的绝对值作为标准,如果 m 时刻的振幅 $\left(\frac{x_m - x_{m-1}}{x_{m-1}}\right)$ 大于振幅阈值 a_{th} 且 m 时刻的振幅大于 0,那么认为该时刻发生了突增;如果 m 时刻的振幅大于 a_{th} 且 m 时刻的振幅小于 0,那么认为该时刻发生了突减。

$$a_{th} = \max\left[\left|\frac{x_i(t) - x_i(t-1)}{x_i(t-1)}\right|\right], \ i = 1, 2, \cdots, n \qquad (4-3)$$

基于同期振幅的检测算法的优点如下。

(1)振幅要比绝对值敏感。

(2)其利用了时间周期性,规避了业务曲线自身的周期性陡降。

基于同期振幅的检测算法的缺点如下。

(1)其要求原曲线是平滑的。

（2）周期性陡降的时间点必须重合，否则会发生误警。

（3）按百分比计算容易在低峰时期发生误警。

（4）陡降不一定代表故障，由上层服务波动引起的冲高再回落的情况时有发生。

4. 基于环比数据的检测算法

对于时间序列数据，可以利用最近时间窗口（T）内的数据遵循某种趋势的现象来进行检测。如将 T 设置为 7，取检测值（now_{value}）和过去 7 个点的值（记为 i）进行比较，如果结果大于阈值，将 count 加 1，若 count 超过了设置的 $count_{num}$，则认为该点是异常点。

$$\mathrm{count}\left(\sum_{i=0}^{T}\mathrm{Integer}(|(now_{value}-i)|)>\mathrm{threshold}\right)>count_{num} \quad (4\text{-}4)$$

式（4-4）涉及 threshold（动态阈值）和 $count_{num}$ 两个参数，$count_{num}$ 可以根据需求进行设置，如果对异常比较敏感，可以将 $count_{num}$ 设置得小一些；如果对异常不敏感，可以将 $count_{num}$ 设置得大一些。业界关于 threshold 设置的方法有很多，下面介绍一种比较常用的阈值设置方法：通常阈值设置方法会参考过去一段时间内的均值、最大值及最小值，取过去一段时间（如窗口 T）的平均值（avg）、最大值（max）及最小值（min），然后取 max-avg 和 avg-min 的最小值作为阈值［见式（4-5）］。之所以取最小值，是要让筛选条件设置得宽松一些，让更多的值通过此条件，从而减少漏报。

$$\mathrm{threshold} = \min(\max - \mathrm{avg}, \mathrm{avg} - \min) \quad (4\text{-}5)$$

5. 基于 Ensemble 的检测算法

iForest 算法是南京大学的周志华于 2010 年设计的一种异常检测算法，该算法利用数据构建 iTree，进而构建 iForest，是一种无监督的检测算法，具有很好的效果，具体可参见 http://www.cnblogs.com/fengfenggirl/p/iForest.html。

iForest 是由 iTree 构建而成的。iTree 是一种随机二叉树，其每个节点要么有两个子节点，要么为叶子节点。对于给定的数据集 D，数据集中的所有的特征都是连续变量，iTree 的构造如下。

（1）在数据集 D 中随机选择一个特征 A。

（2）随机选择特征 A 的一个可能取值 v。

（3）根据特征 A 及值 v 将数据集 D 分为两个子集，将特征 A 的值小于 v 的样本归入左子节点，余下部分归入右子节点。

（4）递归构造左、右子树，直至满足以下的终止条件：

① 传入的数据集只有一条记录或多条相同的记录；

② 树的高度达到了限定高度。

iTree 建好以后，就可以对数据进行预测了，预测的过程就是将测试记录在 iTree 上走一遍。iTree 能有效地检测异常点是基于异常点都很稀有这一假设的，异常点应该在 iTree 中很快被划分到叶子节点，因此，可以利用检测点被分入的叶子节点到根的路径长度 $h(x)$ 来判断检测点 x 是否为异常点。

在构建好 iTree 后，就可以构建 iForest。在构造 iForest 中的每棵树时，并不是要将所有的数据都用上，而是随机采样，抽取一部分构造 iTree，并尽量保证每棵树都不相同。事实上，如果 iTree 在构造时运用了很多数据点，反而不能得到很好的效果，这主要是因为数据点会有重叠。因为由 iTree 变成了 iForest，所以 $S(x,n)$ 的计算公式也要改变，将 $h(x)$ 变为 $E[h(x)]$，它就是检测点 x 在每棵树上的平均高度。iForest 算法在 Python 中有现成的包可以调用。

利用 iForest 算法进行判断时，如果检测点的孤立森林分数为正数，那么，检测点为正常点；否则，检测点为异常点。

6. 基于神经网络的检测算法

人工神经网络（Artificial Neural Networks，ANN）是 20 世纪 40 年代后出现的。它是由众多的神经元可调的连接权值连接而成的，具有大规模并行处理、分布式信息存储、良好的自组织和自学习能力等特点。BP（Back Propagation）算法又称为误差反向传播算法，是人工神经网络中的一种监督式的学习算法。BP 算法在理论上可以逼近任意函数，其基本的结构由非线性变化单元组成，具有很强的非线性映射能力，而且其网络的中间层数、各层的处理单元数及网络的学习系数等参数可根据具体情况设定，灵活性很大，在优化、信号处理与模式识别、智能控制、故障诊断等许多领域都有广阔的应用前景。

当前用于异常检测的基于神经网络的检测算法有很多，其中比较常见的是卷积神经网络（CNN）算法、循环神经网络（RNN）算法、深度神经网络（DNN）算法等，下面介绍一种称为长短期记忆网络（LSTM）的算法。

LSTM 是一种改进后的 RNN，可以解决 RNN 无法处理长距离依赖的问题，目前比较流行。其思路：原始 RNN 的隐藏层只有一个状态，即 h，它对于短期的输入非常敏感，现在再增加一个状态，即 c，让它来保存长期的状态，称它为单元状态（Cell State），如图 4-3 所示。

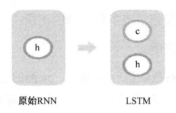

图 4-3　从 RNN 到 LSTM

把图 4-3 按照时间维度展开，如图 4-4 所示，在 t 时刻，LSTM 的输入有三个：当前时刻网络的输入值 x_t、上一时刻 LSTM 的输出值 h_{t-1}，以及上一时刻的单元状态 c_{t-1}。LSTM 的输出有两个：当前时刻 LSTM 的输出值 h_t 和当前时刻的单元状态 c_t。

为了控制单元状态 c，LSTM 使用了三个"门"作为开关，如图 4-5 所示。

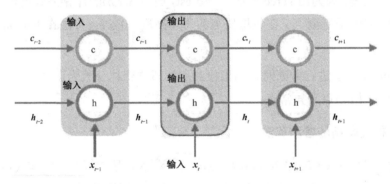

图 4-4　LSTM 示意

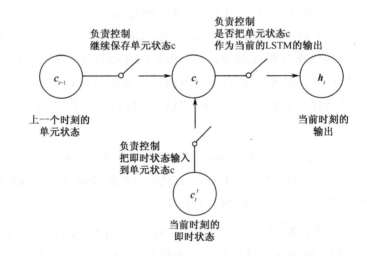

图 4-5　LSTM 的"门"开关

遗忘门（Forget Gate）：负责控制继续保存单元状态 c，它决定了上一时刻的单元状态 c_{t-1} 有多少保留到当前时刻的单元状态 c_t。

输入门（Input Gate）：负责控制把即时状态输入到单元状态 c，它决定了当前时刻

网络的输入 x_t 有多少保存到单元状态 c_t。

输出门（Output Gate）：负责控制是否把单元状态 c 作为当前的 LSTM 的输出，它决定了单元状态 c_t 有多少输出到 LSTM 的当前输出值 h_t。

遗忘门的计算如式（4-6）所示。

$$f_t = \sigma\left(W_f \cdot [h_{t-1}, x_t] + b_f\right) \tag{4-6}$$

其中，W_f 是遗忘门的权重矩阵；$[h_{t-1}, x_t]$ 表示把两个向量连接成一个更长的向量；b_f 是遗忘门的偏置项；σ 是 sigmoid 函数。

输入门和一个 tanh 函数配合控制该加入哪些新信息。tanh 函数产生一个新的候选向量 $\tilde{C}_t$，输入门为 $\tilde{C}_t$ 中的每项产生一个 0~1 的值，用于控制新信息被加入的多少。至此，已经有了遗忘门的输出 f_t（用来控制上一单元被遗忘的程度）和输入门的输出 i_t（用来控制新信息被加入的多少），此时就可以更新本记忆单元的单元状态了：

$$C_t = f_t * C_{t-1} + i_t * \tilde{C}_t \tag{4-7}$$

$$i_t = \sigma\left(W_i \cdot [h_{t-1}, x_t] + b_i\right) \tag{4-8}$$

$$\tilde{C}_t = \tanh\left(W_C \cdot [h_{t-1}, x_t] + b_C\right) \tag{4-9}$$

输出门用来控制当前的单元状态有多少被过滤掉。先将单元状态激活，输出门为其中每项产生一个 0~1 的值，用来控制单元状态被过滤的程度。

$$o_t = \sigma\left(W_o \cdot [h_{t-1}, x_t] + b_o\right) \tag{4-10}$$

$$h_t = o_t * \tanh(C_t) \tag{4-11}$$

上面描述的 LSTM 是一个标准版本，并不是所有 LSTM 都和上面描述的一模一样。事实上，每个人所使用的 LSTM 都有一些细微的不同，有人专门比较总结过 LSTM 的各种变体，并比较了其效果，结果显示，这些变体在多数公开数据集上的表现差异不大。[1]

上面介绍了六种检测算法，每种算法都有其优缺点，都有能检测和不能检测的范围。在应用时，应根据实际情况来选择具体的算法，也可以使用多种算法进行综合检测，更多的检测算法可以参考开源项目 Skyline 中的算法库。

4.1.3 应用案例

异常检测的应用场景极为广泛，其中针对时间序列数据的异常检测在工业、金融、

---

[1] Jozefowicz R, Zaremba W, Sutskever I. An empirical exploration of recurrent network architectures[C]. International Conference on Machine Learning, 2015.

军事、医疗、保险、关键系统安全、机器人、多智能体、网络安全和物联网等多个领域具有极其重要的地位与意义[1]。斯坦福大学的 Melvin Gauci 等人将 1000 个智能体组成系统，通过模拟实验证明不加限制的单个短时异常会在群体内快速传播，最终导致系统的崩溃[2]，从而说明异常检测效果是诸多场景安全交互的核心。鉴于异常检测在实际应用中的重要意义，开发性能更优、速度更快、检测更精准的异常检测算法急迫且意义重大。

1. 面向大数据应用的异常检测

随着计算机和互联网信息技术的迅猛发展与普及应用，各行各业的数据均呈现爆炸式增长，巨大的数据资源被很多国家和企业视为战略资源，大数据已经成为目前互联网领域的研究热点之一，这也标志着全球已经进入大数据时代[3]。

数据挖掘是从海量异构的数据中挖掘出未知的、潜在的信息和知识的过程。数据规模大、数据多样性是大数据的基本特点。海量复杂的数据中可能存在一些数据对象，这些数据对象与普通数据的期望行为模式并不一致，被称为异常值或离群点。随着数据规模和数据多样性的不断增加，数据中异常值（或离群点）的个数也会不断增加，合理有效地处理和应用这些异常值对大数据挖掘具有重要的意义[4]。针对大数据中异常值的识别和挖掘称为异常检测。虽然数据中的异常值是不寻常的，但如果考虑的数据量多达数十亿，则可能性为"千分之一"的异常值也可能是百万量级，在大数据挖掘过程中，这些异常值是不能忽视的。因此，异常值检测在大数据挖掘中有着至关重要的作用[5]。

2. 面向车联网应用的异常检测

近年来，随着信息化时代的到来及社会经济的高速发展，人们对交通的需求日渐增长，致使车辆运输效率不断下降，能源消耗持续高涨，运输环境日益恶化，交通拥堵越发严重，交通事故愈发频繁，这些成为我国许多城市的普遍性问题。因此，智能交通系统（Intelligent Traffic System，ITS）应社会对交通发展的需求而产生。车联网（Internet of Vehicles，IoV）作为物联网（Internet of Things，IoT）在智能交通系统中的一个主要组成部分，其发展对于智能交通系统的发展具有推动作用。车联网将目前的新一代信息技术，如移动互联网、人工智能、物联网等相互融合，给传统汽车生产商带来了全新的变革，智能化和网络化已成为全球汽车与交通领域发展的主流趋势。预计 2020 年，全球将有超过 500 亿个智能设备接入物联网中，其中很大一部分便是车联网设备。车辆传感

---

[1] Subutai A, Scott P. Real-Time Anomaly Detection for Streaming Analytics[J]. Computer Science-AI,2016,1607:1-9.
[2] Szmit M, Szmit A. Usage of Modified Holt-Winters Method in the Anomaly Detection of Network Traffic: Case Studies[J]. Journal of Computer Networks and Communications,2012(8):1-5.
[3] 王玉杰. 面向大数据应用的情境感知异常检测算法研究[D]. 兰州：兰州大学,2018.
[4] Hu Y, Peng Q, Hu X. A time-aware and data sparsity tolerant approach for web service recommendation[C]. 2014 IEEE International Conference on Web Services. IEEE, 2014.
[5] 孙大为, 张广艳, 郑纬民. 大数据流式计算：关键技术及系统实例[J]. 软件学报, 2014, 25(4): 839-862.

器的联网率将由现在的 10%增加到 90%,中国将有超过 35%的汽车实现网络互联[1]。

然而,由于车联网的特殊性,即开放的无线传输介质、车辆节点的高速移动性、网络拓扑结构的频繁变化、易受环境影响及人为的信息干扰,使得传感器或传输线路可能出现故障,从而引起数据被篡改、失真或丢失。如果一个突发交通事故的数据在传送过程中混入了其他虚假杂乱的数据,那么可能会造成交通堵塞,更有甚者会威胁司机的生命安全。此外,异常数据的存在会影响数据分析的完整性和准确性[2]。2016 年,腾讯科恩实验室通过车辆之间的无线连接和蜂窝连接漏洞两次成功破解了特斯拉 MODEL S,其向汽车网络中发送恶意软件并将破解程序渗透到 CAN 总线,从而获得了刹车系统的远程操控权。这些远程控制车辆的案例说明外设人员篡改车辆数据成为可能,进而导致车联网中数据的安全性和可靠性受到严重的威胁。

因此,对车联网实时数据的异常检测及恢复迫在眉睫,它可以有效地提高数据质量,确保交通分析模型的准确性和智能交通系统的实用性,进而有效协助司机做出适当的驾车行为,合理调度交通资源,实时监测车辆故障并在必要时发出警告,避免发生交通事故,对交通安全、环境保护及人员健康都有着极其重要的作用和意义。

3. 面向工业应用的异常检测

近几年,传统工业控制系统和互联网、云平台逐渐连接起来,构成了工业互联网平台。工业互联网平台将现场设备、生产物料、网络系统连接成一个整体的系统,实现了工业数据的动态采集和实时分析,用智能控制替代了原来的人为操作,提高了工厂生产效率,是工业生产布局的新方向。工业互联网平台集海量数据采集和分析于一体,能够精准高效地对数据进行实时处理,推进了制造业发展的新征程[3]。

工业互联网在给工业控制系统带来便捷操作的同时,也引入了一系列的安全问题,各种入侵、攻击手段层出不穷,建设满足工业需求的安全体系是保障工业互联网平台正常运行的前提。各种网络入侵技术的发展已对工业互联网平台造成了严重的威胁,工业控制系统的现场设备、控制系统及网络设备都存在被攻击的风险,一旦这些设备出现异常,将会给工业带来不可估量的经济损失,影响生产进度,甚至危害人员的生命安全[4]。2010 年,在著名的"震网"病毒事件中,攻击者利用 4 个"0day"漏洞,致使伊朗核设施的离心机出现了故障,震惊了全球。因此,应对各种网络攻击已经成为保障国家关键基础设施安全的基本需求。

---

[1] 张倩. 车联网异常检测及数据恢复技术研究[D]. 西安:西安电子科技大学, 2018.
[2] Zheng Y, Rajasegarar S, Leckie C, et al. Smart car parking: Temporal clustering and anomaly detection in urban car parking[C]. IEEE Ninth International Conference on Intelligent Sensors, Sensor Networks and Information Processing, 2014.
[3] 龚晓菲. 工业互联网平台数据的异常检测研究[D]. 北京:北京邮电大学,2019.
[4] Jairo G, David U, Alvaro C, et al. A Survey of Physics-Based Attack Detection in Cyber-Physical Systems[J].ACM Computing Surveys, 2018, 51(4):1-36.

4.2 关联分析：实现全景化应用监控的基础

4.2.1 技术简介

应用运维智能化技术和相关软件系统是伴随应用系统复杂度、运维工作量和技术难度激增而出现的，因此，通过人工智能算法来代替人工融合和分析数据、推理、决策、处理问题是建设应用智能运维系统需要考虑的关键问题之一。

传统应用运维过程中常用的监控运维系统一般是针对特定场景、特定资源建设的。例如，日志分析平台采集分析应用日志；APM 监控代码链路和对全量用户请求的处理情况；网络性能管理（NPM）平台追踪网络中的交易情况和网络异常；IT 资源监控系统监控服务器、网络设备、云环境和应用运行依赖的中间件等。要做到智能化，首先要有运维数据治理平台的支撑，将离散、竖井式的监控系统关联打通，构建同构的、一致的全景化应用监控视图，这样才能为运维人员过滤冗余信息，提供精准的风险态势监控和定位决策支持。

4.2.2 深入浅出应用实践

关联分析是整合应用运行期生成的各层级全栈数据、关联打通竖井式监控系统的关键。目前可以用来关联应用运维数据的方法主要有如下几种。

（1）读取配置管理数据库（CMDB）信息。CMDB 是一个数据库，其中包含有关组织 IT 服务中使用的硬件和软件组件，以及这些组件之间关系的所有相关信息。信息系统的组件称为配置项（CI）。CI 可以是任何可以想象的 IT 组件，包括软件、硬件、文档和人员，以及它们之间的任意组合或依赖关系。应用运行期依赖物理 IT 基础设施设备、虚拟 IT 基础设施设备与应用之间的部署关系，网络拓扑关联关系可以从 CMDB 中定义的 CI 关联读取出来。一旦设备出现故障，这些关系可以用来辅助找出影响范围。

（2）监控分析网络流量。NPM 工具可以通过旁路镜像网络流量来监控网络上应用中的服务接口之间、应用与用户之间的交互关系，获取网络层的关联关系。利用深度网络包检测（Deep Packet Inspection，DPI）技术，甚至可以将网络报文中的业务交互信息解析出来，补充业务层的调用关系。

（3）追踪应用代码链路。APM 工具提供了对应用程序性能深入分析的能力，当用户向应用程序发出请求时，APM 工具可以通过探针看到分布式部署的应用系统中的接口调用关系、代码链路执行过程和方法调用关系，并且可以显示有关此请求发生的系统数据、参数和与数据库交互的 SQL 语句。应用白盒监控能力提供的关联关系，可以在排查代码缺陷导致的故障时，快速定位根源问题。

（4）利用人工智能算法计算关联关系。以上三种方法利用传统运维监控工具提供的数据关联和检索能力构建了覆盖物理部署、网络交互、接口交互与代码交互的关系图结构（见图 4-6），基于此视图可以实现在异常情况下的信息关联。但是，一旦出现未能直接监控的问题导致的应用故障，就需要用算法来辅助分析海量历史监控数据，发现数据中隐含的关系，并根据发现的问题及已知事件推理进行决策。常用的技术是查找时间序列指标数据波动之间的相似性、相关性等关联关系（主要方法有 Pearson、Granger Kendall、Spearman 等）。基于关联关系构建的因果推理分析模型，可以基于概率图模型（如 Bayesian Networks、Markov Random Fields 等）建模来实现因果关系发现和推理。

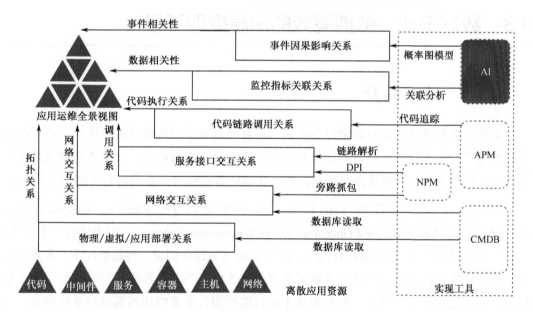

图 4-6　应用全景监控数据关联关系建模的策略

相关性是一种双变量分析，用于测量两个变量之间的关联强度和关系方向。就关联强度而言，相关系数的值在 +1 和 -1 之间变化，其值为 1 表示两个变量之间完全关联；值为 0 表示两个变量之间的关联较弱。关系方向由相关系数的符号指示："+"表示正关系；"-"表示负关系。通常，利用统计学方法可以计算以下几种相关性：皮尔森相关性（Pearson Correlation）、斯皮尔曼相关性（Spearman Correlation）和格兰杰因果关系检验（Granger Causality）。

皮尔森相关性是使用最广泛的相关统计，用于测量持续变化的变量之间的线性相关程度。例如，在股票市场中，如果想要测量两只股票之间的关系，那么就可以使用皮尔森相关性。

斯皮尔曼相关性评估两个连续变量之间的单调关系。在单调关系中，变量往往一起变化，但不一定以恒定速率变化。斯皮尔曼相关系数是基于每个变量的排名值而不是原始数据的。斯皮尔曼相关性通常用于评估正数变量的关系。

格兰杰因果关系检验是经典方法，在计量经济学的时间序列分析中有较多的应用。除此之外，还有收敛交叉映射（Convergent Cross Mapping，CCM）方法。格兰杰因果模型的前提假设是事件是完全随机的，但现实情况是很多事件是非线性、动态且非随机的，格兰杰因果模型对这类情况不适用。CCM方法则适用于这一类场景，其可在多组时间序列中构建因果网络。

4.3 数据统计：敏捷高效的信息提取手段

4.3.1 技术简介

虽然人工智能算法具有识别复杂模式、可替代人脑进行推理分析等优势，但目前由于缺少通用的人工智能平台，其计算复杂度和实施成本相对较高，在某些运维场景下并不适用，而某些统计学方法简单高效，与人工智能算法结合的效果很有可能出人意料。

Google 前 SRE 工程师 Tom Limoncelli 在编著的 *The Practice of Cloud System Administration: Designing and Operating Large Distributed Systems* 一书[1]中讲过一个故事："当有人问我建议平时都要监控什么时，我会开玩笑地跟他们说，理想情况下，我会首先要求他们删掉监控系统里的所有数据采集和告警策略，当再次发生故障时，想想什么指标可以预测这次故障的发生，然后把这个指标监控和告警策略加回到监控系统中来。如此不断积累，现在监控系统中只存在能够预测各种不同故障的指标和告警，从而当故障发生时，监控系统不会被大量告警信息淹没。"

还有一种更加简便的方法也能达到预期效果，但要有完整的历史数据支撑，即查看历史 30 天或半年的故障恢复记录，看哪些指标对发现并解决特定问题和特定故障有用。例如，如果我们发现一台 Web 服务器停止响应了，首先要查找的是发现这一现象的相关

---

[1] Thomas L, Strata R C, Christina J H. The Practice of Cloud System Administration: Designing and Operating Large Distributed Systems[M]. New York: Addison-Wesley, 2014.

指标数据，而且这些指标未必是从 Web 服务器本身采集的，例如：

（1）应用层：Web 页面加载时间持续增加；

（2）操作系统层：服务器内存使用率无波动，磁盘读写无波动；

（3）数据库层：数据库事务执行时间持续升高；

（4）网络层：负载均衡器挂载的活跃计算节点数量降低。

以上这些指标异常都有可能提前反映某些潜在的应用故障。对于之前发生过的每种故障类型，找到其对应的能提前反映异常的指标，定义告警策略。如果日常运维持续这个过程，积累经验数据，那么能提前发现的异常类型就会越来越多，由于应用故障导致直接影响用户的情况就会越来越少，运维体系的工作负荷就会越来越低。

使用平均值和标准差检测呈高斯分布的指标异常是行之有效的方法。但是，对于其他非高斯分布的指标，有可能达不到预期效果，一旦指标数据的概率分布不符合高斯钟形曲线，基于平均值和标准差来过滤异常数据的手段就不适用。例如，要监控某网站上每分钟下载特定文件次数这一用户行为，可定位下载次数异常增高的时间窗口，即过滤大于平均值 3 倍标准差下载量的时间段。在图 4-7 中，灰色柱形图展示了用户每分钟下载量的时间序列分布，上方黑色滑动窗口序列对应标识了下载量大于平均值 3 倍标准差的时间段，灰色未标识窗口对应的下载量则小于平均值 3 倍标准差。

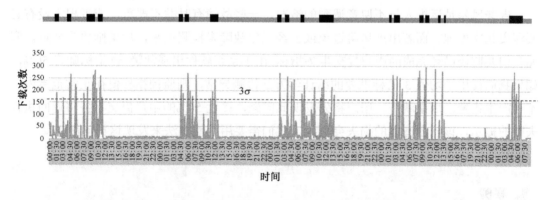

图 4-7　每分钟下载量指标使用平均值 3 倍标准差规则时过度警报的效果截图

从图中可以看出，如果用大于平均值 3 倍标准差策略生成告警，很明显的一个问题是，大多数时间段都需要产生告警。为了更明显地展示此问题，我们将该指标数据的概率分布可视化，如图 4-8 所示。图 4-8 中，横轴是指标可能出现的数值，纵轴是一段时间内该值出现的次数统计值。很明显，其并不是对称的高斯钟形曲线。通常情况下，文件下载频率都比较低，但高于平均值 3 倍标准差的下载任务，在时间轴上的分布规律性相对较强。

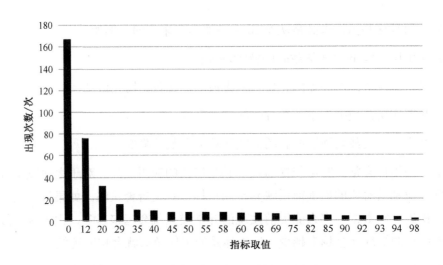

图4-8　每分钟下载量指标数据直方图

像这种非高斯分布的指标，在生产环境中并不是少数。对这种现象，*Simple Math for Anomaly Detection*[30]一书的作者 Toufic Boubez 博士认为，"在运维过程中，我们采集的很多指标数据满足'卡方（Chi Squared）'分布的概率分布。在这类指标上使用平均值 3 倍标准差做异常检测和告警，会导致告警风暴或干脆检测不出来"。她认为，"如果过滤小于平均值 3 倍标准差的数据，我们将得到负数，得到的结果很明显也没有什么意义"。

告警风暴是运维人员不愿意遇到的情况，一些故障有时并不严重，或者根本没有必要深夜起床处理。而若出现风险迹象或已经发生故障未检测出来，后果则更为严重。假如我们要监控已经完成的用户提交事务指标，由于系统软件出现故障，该指标陡降 50%，如果我们使用平均值 3 倍标准差的统计学方法检测异常，则监控指标值在正常范围内，不会产生告警。后果就是，用户将先发现此问题，接近 50%的用户提交事务将返回执行失败的提示，该问题造成的损失会更大。我们需要用其他方法来发现这类问题。

案例

Scryer 是 Netflix 开发的用来解决 Amazon AWS 云平台 Amazon Auto Scaling（AAS）功能缺陷、提升应用服务质量的工具。AAS 可以探测 AWS 云上的应用负载，自动增加或减少应用云上弹性集群的计算能力。Netflix 开发的 Scryer 在 AAS 功能的基础上，可以通过分析历史数据的趋势和规律对应用未来的负载进行预测，预先弹性控制集群规模，分配或回收资源。总的来说，Scryer 弥补了 AAS 以下三个不足。一是 AAS 对用户并发访问量突发峰值处理方面的不足。由于并发量突然增加，持续时间较短，而 AAS 处理采用弹性控制策略，创建、启动新 AWS EC2 计算节点的速度要持续几分钟甚至几十分钟时间。等集群节点创建完毕,也错过了并发访问量激增的时段。二是由于 AAS 判断策略简单,用户访问量的突然减少会使 AAS 消减过多的集群节点,以至于其不足以处理即将发生的用户访问。三是 AAS 不能从历史用户访问数据中找到趋势和规律来指导未来的容量规划。

Netflix 用户访问数据的概率分布并不符合高斯分布,但数据规律性较明显,每天分时段访问量、节假日和工作日的访问量都有明显的规律可循,因此可预测性较强。可通过使用多种异常检测策略监测突发的访问量激增,结合快速傅里叶变换(Fast Fourier Transform,FFT)、线性回归平滑处理数据,同时保留合理的有规律激增点。通过这些处理技术,Netflix 能够在处理并发访问量激增时预测趋势,获得一些提前量来增加资源(见图 4-9),从而保障用户体验流畅。在 Scryer 系统上线第一个月,Netflix 就监测到了明显的用户体验和服务质量的提升,AWS EC2 计算资源的使用成本也有所降低。

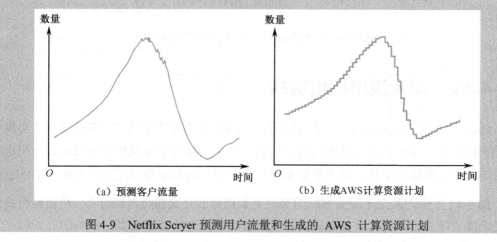

图 4-9　Netflix Scryer 预测用户流量和生成的 AWS 计算资源计划

对于规律性不是很明显的非高斯分布的时间序列指标数据的异常检测,常采用指定时间窗口平滑处理,即选定一个时间窗口,沿时间轴滑动,将每个点的监控值替换为时间窗口内所有点的平均值。这么处理可以将指标曲线波动剧烈的锯齿状波形平滑掉,突出曲线趋势和规律。图 4-10 所示为原始曲线和经过平滑处理的曲线的对比,灰色为原始数据曲线,黑色为经过 30 天时间窗口平滑处理后的曲线。

除了平滑处理,类似常用的处理方法还有 KS 检验(Kolmogorov-Smirnov Test,用于检测数据是否符合指定分布)、快速傅里叶变换(Fast Fourier Transforms)等。大多数和用户触发任务执行相关的指标都是存在规律性的,通过学习历史数据中每天、每周、每年的规律,就能够发现实时数据是否异常。例如,若周六晚上的用户成功交易量相比于历史同期下降了 50%,则有可能存在系统异常,导致用户请求执行缓慢或失败。

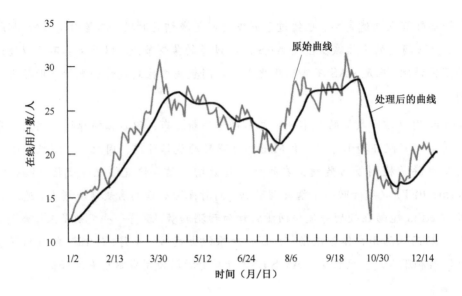

图 4-10　原始曲线和经过平滑处理的曲线对比

4.3.2　深入浅出应用实践

2014 年，在 Monitorama 公司，Toufic Boubez 博士介绍了使用 KS 检验方法实现异常检测的案例[1]。KS 检验方法在统计学中通常用于检验两个数据集的相似性，使用这种方法的常用运维监控工具有侧重数据采集与存储的 Graphite 和侧重分析展现的 Grafana。

图 4-11 所示为某电子商务网站的交易笔数指标的月交易量时间分布。从指标曲线变化趋势能直观看出，箭头所指处的交易量异常，并没有往常那么多。

如果使用平均值 3 倍标准差规则判断异常，将收到 2 次告警，周一交易量未恢复正常值的异常会被忽略掉。在理想情况下，若交易量与历史同期的平均值相差太大，我们也希望收到告警通知。Boubez 博士在 *Simple Math for Anomaly Detection* 一书中提到，"KS 检验方法对运维人员分析监控指标数据非常有帮助，因为其不需要预先判断分析的指标是否符合正态分布或其他概率分布，这对了解复杂系统的监控数据规律很关键，可以帮助运维人员找出周期性指标数据的周期波动变量"。

图 4-12 所示为通过 KS 检验方法处理交易笔数指标数据的效果。图中与时间轴平行的灰色时间序列代表处理后的正常状态，其中，黑色区域是检测出异常的时间窗口。目前有三个检出异常的黑色窗口，分别对应 1 次周二交易量增加、1 次周二交易量降低和 1 次周一交易量降低。这些异常是人眼观察不到的，用平均值 3 倍标准差规则也无法检测出来。如果这些异常是由系统运行异常导致的，接收到告警后，运维人员及时介入就有

---

[1] Toufic B. Simple math for anomaly detection[M]. Portland: Monitorama PDX, 2014.

可能降低影响范围，保障未来交易量不会受到更大的影响，从而提升用户数字体验。

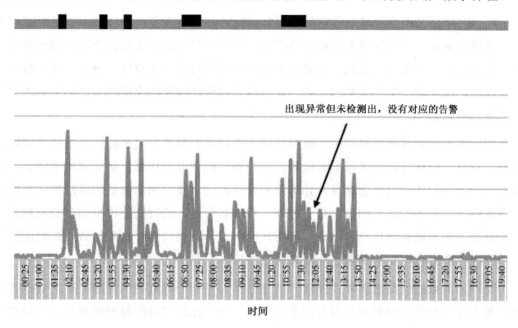

图 4-11　某电子商务网站的交易笔数指标的月交易量时间分布

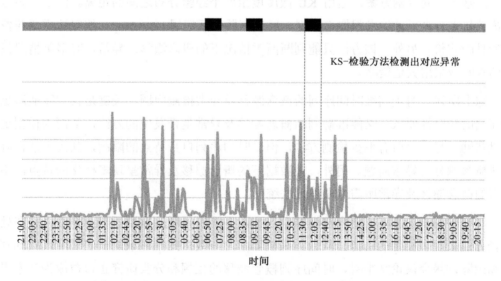

图 4-12　使用 KS 检验方法对交易笔数指标异常情况发出告警

时间序列数据异常检测中的一个重要问题是概念漂移，时间序列中的数据是流动的，有实时性且数据量庞大；随着时间变化，时间序列中数据的分布及标签可能发生变化，出现概念漂移及异常现象。针对概念漂移及异常问题，很多学者提出了解决方法。解决概念漂移及异常的方法大致可分为两类：①对概念漂移及异常进行检测，在检测到发生概念漂移及异常的位置调整学习策略，以适应新的数据；②实时动态调整学习器以适应新数据，不需要考虑是否发生了概念漂移及异常。

所谓时间序列概念漂移及异常是一种数据随时间而发生变化的现象。对于时间序列相关的挖掘来说，当发生概念漂移及异常时，已构建模型的性能指标会随时间而降低，甚至导致模型完全失效。因此，准确检测和判断是否发生概念漂移及异常，对于时间序列相关的挖掘来说是至关重要的一环，对于概念漂移及异常的检测成为近年来学术界研究的热点问题之一。

由于发生概念漂移及异常时，模型只能通过自我更新的方式来适应新的数据环境，因此，对概念漂移及异常进行实时检测，从而控制模型进行更新，是克服概念漂移及异常最好的方法。传统的概念漂移及异常检测往往通过对模型内部参数的监控来达到检测概念漂移及异常的目的。例如，对于时间序列分类问题，通过监控模型的分类准确率来判断是否发生了概念漂移及异常，这种方式的优点是实现简单、直观，缺点是检测往往由于受噪声的影响而发生误判，且具有滞后性。

高维监控数据的概念漂移及异常时间序列学习是一个很重要的课题，高维数据带来的维数灾难使得传统的机器学习方法不再适用。一个比较经典的检测概念漂移及异常的方法是由 Dasu 等人提出的一种用于检测高维时间序列的概念变化问题的信息理论方法。该方法基于空间分割方案，运用 KL 散度度量两个经验分布之间的距离。但是，该方法在离散化划分之后才能求得概率密度，经过离散化后运用 Bootstrap，使算法需要花费较大的时间代价。另外，该方法只能判断两类情况下的概念漂移及异常，对多类情况只能两两判断或采用其他策略。

综上所述，对于高维时间序列的概念漂移及异常检测问题，关键是找到既能满足时间序列的实时性要求，又能准确判断概念漂移及异常是否发生的方法，从而为模型更新提供帮助。尽管目前有不少检测方法，但受时间序列自身特点的限制，其尚无法很好地解决概念漂移及异常问题。另外，大数据下的概念漂移及异常呈现多样化的特点，不同类型的概念漂移及异常所需方法也无法统一。

时间序列概念漂移的研究在机器学习和数据挖掘领域的重要性与日俱增，并在处理途径方面呈现多样化的趋势，从近年来机器学习与数据挖掘领域的一些国际权威期刊论文和国际顶级会议论文来看，时间序列概念漂移的挖掘和分类研究正日益成为学术界关注的焦点，对数据流概念漂移的研究已经开始与转移学习、进化计算、特征选择、聚类、时间复杂度分析、社会计算等结合。因此，从趋势上来说，已有各种模式分类的理论和算法都可与概念漂移相结合，从而引出更多新的研究问题。

4.4 预测分析：使应用性能风险防患于未然

4.4.1 技术简介

面对智能、互联时代更广泛的用户群、更多类型的终端接入、更复杂的应用技术架构，采用数据驱动、机器分析决策代替人工运维方式建设运维系统、保障服务质量目标、提供应用运维服务已是大势所趋。下面介绍如何利用现有的开源、商业版工具分析监控数据，发现应用潜在风险，规避故障。分析手段涉及统计学方法、人工智能算法。

在用户受影响之前，预先发现问题并处理的能力对提供在线互联网服务的企业尤为重要。毕竟用户体验下降，甚至服务中断会直接影响企业营收。在互联网公司中，通过分析监控数据实现主动探伤、预防风险的公司已经非常普遍，Netflix（面向全球的在线视频服务提供商）就是其中之一。Netflix 依赖互联网在线平台向全球用户提供影音视频服务，非常重视这方面能力的建设，已经实现了一定范围的应用异常预警和预处理。由于需要面向海量终端用户提供在线服务，应用性能和用户数字体验直接决定企业营收，互联网行业对运维系统建设的重视程度相比于制造业、政府等要高。2015 年，Netflix 在线用户数达到 7500 万，年营业额达到 62 亿美元，其经营的首要目标是为用户提供极致用户体验的在线视频服务。为达到此目标，应用运维至关重要。Roy Rapoport 形象地将 Netflix 基于云平台的视频服务运维保障面临的挑战描述为"从一群长相和行为都相似的牛群中，找出最与众不同的那头牛"。如果应用系统包含上千个无状态的计算集群节点，所有节点都在运行同样的代码，分担相同规模的计算负载，那么从这些集群中选出异常节点并不容易。

4.4.2 深入浅出应用实践

为了解决上千节点运行期的海量监控数据筛选问题，Netflix 于 2012 年引入了异常检测算法。约克大学（University of York）的 Victoria J. Hodge 和 Jim Austin 将异常检测（Outlier Detection）定义为"检测导致明显性能下降的运行期异常事件，如自动检测飞机发动机运转过程中的异常的传感器指标数据"。Netflix 使用的方法类似，即首先利用算法识别节点反馈的监控指标正常运行的状态数据模式，然后过滤集群中监控指标状态数据模式类似的节点，将其识别为正常，剩下的就是疑似异常节点。

Netflix 已经能够在不需要人工定义什么是正常节点运行行为的情况下,自动找出异常状态节点。由于计算集群部署在云端,其实现了集群规模的可伸缩弹性控制功能。异常节点由系统自动清除处理,负载自动由新创建的或其他正常的节点接替。因此,不需要通知任何人干预处理。为了排查故障原因,自动处理过程和异常节点的状态数据会被保存并通知相关工程师。通过应用异常检测算法,计算集群中异常节点定位、故障排查和恢复的人工工作量大幅度降低了,服务质量也有了显著提升。Netflix 在利用异常检测算法检测监控数据方面的尝试验证了通过智能运维系统替代人工运维、实现大规模复杂应用运维管理的可行性。

分析指定时间范围内应用指标数据是否存在异常最简单的统计学方法是计算指标的平均值和标准差。通过这种方法,我们能很快发现持续采集的监控数据中指标波动异常的时间范围。例如,用户请求并发量的平均值环比显著升高,则应用有可能受到恶意攻击,需要定义告警策略并通知相关责任人。

当关键产品服务发生异常时,在凌晨或其他任何时间生成告警短信或电话以通知责任人都是有必要的。但是,当产生的告警并没有明确指出异常原因,或者根本就是错误告警时,就没有必要推送了。例如,某弹性组计算集群服务节点的 CPU 使用率升高,导致使用率升高的原因很多,且集群节点故障宕机并不影响应用业务正常运行,因此,基于此指标告警就意义不大。如开发运维一体化领导者、资深应用运维工程师 John Vincent 所说:"告警疲劳是我们现在唯一待解决的问题,我们需要让告警更智能,否则我们就得疯掉!"

从理论上说,好的告警需要有较高的信噪比,能指示关键 KPI 指标上实时产生的异常数据点,并能与明确有所指的告警信息匹配,引导责任人快速定位、修正问题。假如要监控某应用未授权用户尝试非法登录系统的行为,采集的指标数据的概率分布为高斯分布,概率密度函数如图 4-13 所示,其中,μ 为指标平均值,σ 为标准差。越靠近高斯分布钟形曲线边缘的取值,为异常数据的可能性越高。在运维数据分析场景下,这种方法最常用的场景是利用一段时间的监控数据,计算概率分布,并通过标准差设置告警阈值,然后计算实时采集的数据偏离平均值的程度来判断是否触发告警。例如,若监控的未授权登录量指标符合高斯分布,则可以设置告警策略为筛选未授权登录量比平均值 3 倍标准差大的时间。

对于统计学方法,要围绕实际场景,本着计算简单、结果有效的原则进行选择。因为我们面对的是几万甚至百万级别的指标,过于复杂的统计学方法会给监控系统带来巨大的负担,影响产生结果的时效性,我们也不可能对每个甚至每类指标都定义统计学方法。

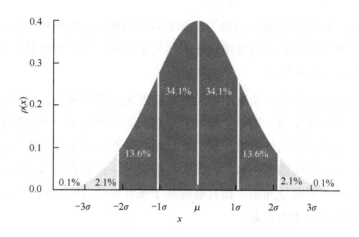

图 4-13 呈高斯分布的指标的概率密度函数

4.5 因果推理：专家经验辅助决策支持

4.5.1 技术简介

在实际运维场景下，很多应用故障的原因相当复杂，故障不能被直接监控到，或者不能靠设计确定性计算方法来分析现有监控数据，找到问题线索。在这种情况下，利用知识工程手段建设专家系统，利用非确定性计算方法积累专家经验，并基于经验推理来分析解决应用运维场景下的风险管理问题，是应对未来应用系统复杂度快速增长、运维成本增加的可行的技术手段。实现具备推理分析能力的应用智能运维系统，需要突破的技术难点主要有：①积累专家经验知识，形成专家系统知识库，为构建知识型人工智能运维系统提供基础支撑；②利用知识库中积累的知识，在出现异常时自动推理分析以找到最优解决方案。

寻找第一个难点的解决途径，需要首先从现有知识工程领域的研究成果下手。在人工智能领域，通过积累经验知识提升人工智能的水平已经不是一个新话题。早在 1977 年，美国斯坦福大学的计算机科学家、图灵奖获得者爱德华·费根鲍姆（Edward A. Feigenbaum）教授就提出，传统的人工智能忽略了具体的知识，人工智能必须引进知识。在第五届国际人工智能会议上，费根鲍姆教授第一次提出了知识工程的概念，并带领团队研发了第一代知识工程驱动的专家系统。如今盛行的知识图谱又将知识工程推向了一个新高度。

在 IT 运维领域，经验知识的积累主要体现在数据采集策略、指标告警策略、分析仪表盘、报表模板和 CMDB 方面。这些专家知识以结构化、半结构化的方式定义了针对不同类型的应用中间件和运行环境支撑设备如何采集指标、如何判断异常状态，以及如何管理应用部署配置等相关知识。

这些知识固化在运维软件系统中，对辅助运维人员监控应用、发现风险发挥了重要作用。但是，应对技术架构、拓扑结构较为复杂的互联网应用，微服务架构已经力不从心。要找出包含几十种中间件和数据库、对接公有云服务和私有云服务、连接手机和汽车等多种智能终端的应用的潜在风险，定位故障原因，需要更加智能的专家系统。这些专家系统不但要能积累海量知识，而且要能基于条件自动关联知识进行因果推理分析，替代人脑在海量知识中找出答案。

1. 具有应用运维经验知识的专家系统

专家系统作为早期人工智能的重要分支，是一种在特定领域解决问题的能力达到专家水平的程序系统。专家系统一般由两部分组成：知识库与推理引擎。它根据一个或多个专家提供的知识和经验，通过模拟专家的思维过程进行主动推理和判断，从而解决问题。第一个成功的专家系统 DENDRAL 于 1968 年问世。1977 年，费根鲍姆将其正式命名为知识工程。目前获得广泛关注的知识图谱技术是在当前技术的发展背景下，知识工程演进到新阶段的产物。

对于应用运维场景，知识图谱提供了一种定义运维领域的经验知识，以及应用实体及其相互间部署、交互、网络拓扑等关系的结构化方法。知识图谱对应用本身及其相关的实体范围内可以识别的客观对象和关系进行规范化描述，形成运维智能化支撑的知识库。知识图谱本质上是一种语义网络，其中的节点代表实体或概念，边代表实体/概念之间的各种语义关系。

2. 使用知识对非确定性问题进行因果推理分析

因果推理分析是 UCLA 教授、图灵奖获得者 Judea Pearl 在 *Probabilistic Reasoning in Intelligent Systems* 一书中提出的，其将人工智能领域处理非确定性问题的方法划分为三个学派：逻辑主义学派（Logicist）、新计算学派（Neo-Calculist）和新概率论（Neo-Probabilist）[1]。

逻辑主义学派试图用非数字技术来处理不确定性，主要运用非单调逻辑。新计算学派使用不确定性的数值表示不确定性，但认为概率积分（Probabilistic Calculus）不足以完成这项任务，因此，其发明了全新的微积分，如 Dempster-Shafer 理论、模糊逻辑和确定性因素。新概率论仍然存在于概率理论的传统框架中，同时试图用执行人工智能任务时所需的计算工具来支持其理论。处理不确定性的延伸方法（也称为生产系统、基于规则

---

[1] Judea P. Probabilistic Reasoning in Intelligent Systems[M].US LA: Cambridge University Press, 1988.

的系统和基于程序的系统）将不确定性视为附加到公式的广义真理值，并将任何公式的不确定性计算转化为其子公式的不确定性计算。在有意的方法（也称为声明性或基于模型的方法）中，不确定性与可能的世界状态或子集相连。

对于运维场景，推理任何现实问题总需要对目标场景进行一些抽象、对高维数据进行一些降维以简化计算。准备知识来支持推理的行为要求我们留下许多未知、未说或粗略的总结事实。例如，如果我们定义"HTTP-500错误代表服务器端页面ASP、JSP代码解析错误"或"应用可用性终端和服务端节点日志中同时出现Out of Memory异常，代表内存溢出导致的应用宕机"等规则来对知识和行为进行编码，那么将有许多我们无法列举的例外情况及规则适用条件。

要实现人工智能驱动的运维，知识是不可缺少的。在设计运维系统的智能化处理过程时，只采用过程性方法来定义风险是不够的。应对复杂策略，还必须使用说明性方法及积累的历史经验和领域知识。当解决问题时，单纯设计算法来实现高效率的求解，而不考虑由于数据维度的增加、条件组合数的无限增加而导致的搜索量增加，也是不切实际的。

网络表示不是人工智能系统外在的。大多数推理系统使用复杂的指针系统（将事实分组为结构，如框架、脚本、因果链和继承层次结构）的索引网络来编码相关性。这些结构虽然被纯粹的逻辑学家所回避，但在实践中已经证明是不可或缺的，因为它们将执行推理任务所需的信息放在接近任务所涉及的命题的位置。事实上，人类推理的许多模式只能用人类遵循这种网络所制定的途径的倾向来解释。

本书讨论的网络的特点是它们具有明确的语义。换句话说，它们不是为使推理更有效率而设计的辅助设备，而是知识库语义中不可或缺的一部分，它们的大部分功能甚至可以从知识库派生出来。

4.5.2 深入浅出应用实践

在特定场景下面向具体问题的应用实践中，对于不确定性推理，可按照是否采用数值描述不确定性来选择不同的方法：一种是数值方法，它是一种用数值对不确定性进行定量表示和处理的方法；另一种是非数值方法，它代表除数值方法以外的其他各种对不确定性进行表示和处理的方法。

对于数值方法，其又可以根据所依据的理论分为两种不同的类型：一种是基于概率论的有关理论发展起来的方法，如确定性理论、主观Bayes方法、证据理论和概率推理等；另一种是基于模糊逻辑理论发展起来的方法，如模糊推理，它可以用来对由于操作系统最大线程数限制，或者应用系统线程数过多导致的服务异常问题进行推理判断。如果采用传统的根据预定义条件判断的方法枚举这种操作系统配置导致的异常，那么前期需要配置的数据量将非常庞大。

考虑投入产出比，我们不可能为每种可能发生的异常情况和每个监控指标设计特定的数据采集策略与异常检测算法。因此，基于先验知识，使用由现象到本质的不确定性推理（Induction）来解决更为合适，这样虽然不能保证完全准确，但能在一定程度上替代运维专家辅助决策，给出解决问题的正确方向。

推理过程实质上是不断寻找和运用可用先验知识的过程。在应用运维场景下，可用先验知识是指根据经验积累的风险现象、应用配置前提条件，以及可与历史风险处理知识库匹配的知识。类似采用推理解决应用系统线程数过多的问题，针对运维过程中需要采用不确定性推理方法处理的场景，需要考虑的基本问题包括以下方面。

1. 不确定性的表示

不确定性的表示包括知识不确定性的表示和证据不确定性的表示。知识不确定性的表示通常需要考虑两方面的问题：如何能够比较准确地描述问题本身的不确定性，以及如何定义能便于推理过程中不确定性的计算。

知识的不确定性通常是用一个数值来描述的，该数值表示相应知识的确定性程度，也称为知识的静态强度。证据的不确定性表示推理中的证据有两种来源：第一种是应用出现故障后在求解问题的原因的过程中所提供的初始证据，如系统内存溢出问题、内存使用率超阈值等先验知识；第二种是推理过程中得出的中间结果。通常，证据的不确定性应该与知识的不确定性表示保持一致，以便推理过程能对不确定性进行统一处理。

2. 不确定性的匹配

推理过程实质上是不断寻找和运用可用知识的过程。可用知识是指其前提条件与综合数据库中的已知事实相匹配的知识。那么如何匹配呢？目前常用的解决方案是，设计一个用来计算匹配双方相似程度的算法，并给出一个相似的限度，如果匹配双方的相似程度落在规定的限度内，那么称双方是可匹配的。

3. 组合证据不确定性的计算

在不确定性系统中，知识的前提条件既可以是简单的单个条件，也可以是复杂的组合条件。匹配时，一个简单条件只对应一个单一的证据，一个组合条件将对应一组证据，而结论的不确定性是通过对证据和知识的不确定性进行某种运算得到的。所以，当知识的前提条件为组合条件时，需要有合适的算法来计算组合证据的不确定性。

4. 不确定性的更新

由于证据和知识都是不确定的,那么就存在两个问题:如何利用证据和知识的不确定性更新结论的不确定性;在推理过程中,如何把初始证据的不确定性传递给最终结论。

对于第一个问题,一般的做法是按照某种算法,由证据和知识的不确定性计算结论的不确定性。对于第二个问题,一般的做法是把当前推出的结论及其不确定性作为新的证据放入综合数据库。

目前已有一些解决此类问题的研究成果,如墨尔本大学CLOUDS实验室的Rajkumar Buyya等人[1]分析了以服务等级协议(SLA)感知方式解决计算资源分配问题的关键挑战,提出了基于计算风险管理的SLA感知推理资源分配策略。为利用云计算的资源动态分配能力,一些文献[2]分别介绍了集群系统及多层应用的资源的随需分配实现策略,详述了以SLA及QoS事件触发方式实现云计算资源动态调配的主要机制。

为实现服务质量感知的资源自适应配置,Amir Vahid等人[3]通过语义查找、分析和匹配用户需求,实现了多云环境下的QoS感知云服务选择;针对私有云环境中资源交付与调度的高效实现问题,我们提出了一种基于分裂聚类的云应用的资源交付与配置方法,优化了虚拟机与虚拟设备的资源配置[4];为了优化云应用在多种云环境下的部署策略,Grozev Nikolay等人针对多云联邦环境下部署的三层Web应用性能进行了性能建模,并给出了跨多云部署的三层Web应用运行期基于负载的资源动态响应是资源优化策略的结论[5]。现有文献研究成果[6]主要通过事件或人工触发被动调整资源配置的方式来实现资源与负载适配,存在响应不及时、调整效果不明显的问题。

所述目标应用场景如图4-14所示。由基础设施提供商(InP)提供的物理网络(SN)、虚拟网络(VN),以及由服务提供商(SP)通过部署云应用提供的服务之间的关系可抽象为相互依赖的三个层叠平面结构。其中,服务层实例由服务提供商以预定义模板的形式通过IaaS平台部署云应用来构建。在此过程中,云应用运行期所需的虚拟网络通过将模板中包含的依赖资源描述文件转换为虚拟网络来构建请求,然后由IaaS平台处理并创

---

[1] Rajkumar B, Chee S Y, Srikumar V, et al. Cloud Computing and Emerging IT Platforms: Vision, Hype, and Reality for Delivering Computing as the 5th Utility [J]. Future Generation Computer Systems, 2009, 25(6): 599-616.

[2] Marcos D d A, Alexandre d C, Rajkumar B. A Cost-Benefit Analysis of Using Cloud Computing to Extend the Capacity of Clusters [J]. Journal of Cluster Computing, 2010, 13(3): 335-347.
Luis M V, Luis R M, Rajkumar B. Dynamically Scaling Applications in the Cloud [J]. Computer Communication Review, 2011, 41(1): 45-52.
Wu L, Garg S K, Versteeg S, et al. SLA-based Resource Provisioning for Hosted Software as a Service Applications in Cloud Computing Environments [J]. IEEE Transactions on Services Computing, 2014, 7(3): 465-485.

[3] Amir V D, Saurabh K G, Omer F R, et al. CloudPick: A Framework for QoS-aware and Ontology-based Service Deployment Across Clouds[J]. Software: Practice and Experience, 2015, 45(2).

[4] 许力,周进刚,张霞,等. 云应用资源交付与分裂聚类调度方法[J]. 计算机工程,2011, 37(11):52-55.

[5] Grozev N, Buyya R, Performance Modelling and Simulation of Three-Tier Applications in Cloud and Multi-Cloud Environments [J]. The Computer Journal, 2018, 58(1): 1-22.

[6] Mukaddim P, Rajkumar B. Resource Discovery and Request-Redirection for Dynamic Load Sharing in Multi-Provider Peering Content Delivery Networks [J]. Journal of Network and Computer Applications, 2009, 24(1): 976-990.
Amir V D, Saurabh K G, Rajkumar B. QoS-aware Deployment of Network of Virtual Appliances across Multiple Clouds [C]. IEEE CloudCom 2011, IEEE, Athens, Greece, 2011.

建对应的虚拟网络实例。运行期间，服务提供商可根据业务目标调整预期的服务质量目标，云管理系统则定期根据服务质量目标和历史监控指标数据生成虚拟网络重配置请求，修正虚拟网络配置以规避风险。

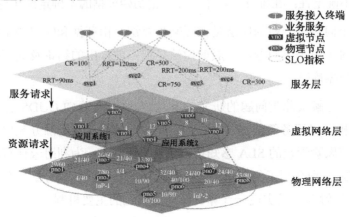

图 4-14　基于虚拟网络的服务部署逻辑层次映射

服务质量目标是服务提供商向其用户提供的请求响应时间、请求并发量等业务服务质量承诺。基础设施提供商以虚拟网络的形式向服务提供商交付所需资源。为了方便计算，所有网络资源量（网络带宽、计算资源）被抽象定义为整数。在图 4-14 中的物理网络层中，标注于物理网络节点和物理网络链路之上的以斜线分隔的数字分别代表可用资源和资源总量；在虚拟网络层中，标注于虚拟网络节点和虚拟网络链路之上的数字代表需要的资源量。

4.6　自治控制：应用运维过程的自动化管理

4.6.1　技术简介

基于自治控制的理念实现应用智能运维系统也是降低人工运维工作量的一种思路，对该课题的研究已存在一些行之有效的研究成果。其中，大多数成果集中在通过经典控制理论、自治计算和机器学习来实现集中式的资源管理方面。D.Ionescu 等人[1]提出了一种基于 IBM MAPE-K[2] 自治控制框架的虚拟环境管理平台设计方案，其能够通过集中控制节点实现资源的自交付（Self-Provisioning）及自优化（Self-Optimization）。自治计算的处

---

[1] Ionescu D, Solomon B, Litoiu M, et al. A Robust Autonomic Computing Architecture for Server Virtualization [C]. INES 2008, International Conference, 2008.
[2] http://www-03.ibm.com/autonomic/pdfs/ACBP2_2004-10-04.pdf.

理被视为一种具有持续线性参变不确定性的非线性不确定系统。P.T.Endo 等人[1]设计了面向云计算基础设施的自治云管理系统，该系统能够对云基础设施的资源使用率做持续优化，并降低运维管理成本。为了研究云计算服务自治管理的可观测性和可控制性，L.Checiu 等人[2]提出了基于自治计算模型的输入－状态－输出（Input-State-Output）数学模型。通过预定义策略实现自治管理是一种简洁有效的手段，M. Sedaghat 等人[3]基于这种理念提出了基于策略的自治云环境管理方案。该方案利用更高层次的管理系统监控整个云计算环境与其中部署的服务的状态，当发现服务状态不能满足业务目标时，则调整底层资源控制策略来适应变化。Wenjie Liu[4]则利用不同类型的应用（如计算密集型应用、存储密集型应用）对不同类型的资源的消耗程度存在差异的特点，将不同类型的应用系统自动调配部署，从而提高了资源使用率和提升了应用可用性，达到了云计算环境下自治管理云计算资源的目标。

自治管理是为了降低日益复杂的数据中心环境中人工干预管理的复杂度，通过自动化的监控、管理和控制手段来代替传统人工手动处理异常、管理配置等的过程。当前常用的自治管理技术是 IBM 提出的 MAPE-K 自治计算框架（Autonomic Computing Framework）。MAPE-K 是 Monitor、Analysis、Plan、Execution and Knowledge Base 的缩写，其主要设计理念是以知识库为核心构建集监控、分析、计划和控制于一体的闭环自动控制系统，从而实现能够自配置（Self-Configuration）、自恢复（Self-Healing）、自优化（Self-Optimization）和自保护（Self-Protection）的自治控制系统。自治计算的层次可分为以下两种。

（1）自治元素（Autonomic Elements）：自治元素是组成自治系统的基本元素，如具有自治功能的服务器、路由器等设备。

（2）自治系统（Autonomic Systems）：自治系统给自治元素提供一个相互合作、通信的环境，并且提供人机界面。

每个自治元素拥有一个 MAPE-K 闭环自动控制系统。在结构上，自治元素包含传感器、执行器及知识库（Knowledge Base）三部分。传感器负责感知周围环境，执行器通过推理分析得到需要执行的动作集合以调整和控制外部环境。推理和分析过程是依靠知识库中记录的数据来完成的。在一个自治计算环境中，新加入的元素将被自动设置，不同的自治元素间相互合作完成一个任务，这个任务可能由管理员通过所谓的政策来指定，但这个

---

[1] Endo P T, Sadok D, Kelner J. Autonomic Cloud Computing: giving intelligence to simpleton nodes[C]. Cloud Computing Technology and Science (CloudCom), 2011 IEEE Third International Conference, 2011.
[2] Checiu L, Solomon B, Ionescu D, et al. Observability and Controllability of Autonomic Computing Systems for Composed Web Services[C]. Applied Computational Intelligence and Informatics (SACI), 2011 6th IEEE International Symposium, 2011.
[3] Sedaghat M, Hernandez F, Elmroth E. Unifying Cloud Management towards Overall Governance of Business Level Objectives[C]. Cluster, Cloud and Grid Computing (CCGrid), 2011 11th IEEE/ACM International Symposium, 2011.
[4] Liu W J, Li Z H. Research and Design of Autonomic Computing System Model in Cloud Computing Environment[C]. 2011 International Conference on Multimedia Technology (ICMT), 2011.

政策的定义是用高层语言编写的。各自治元素通过项目合作、谐调、优化来完成任务。

4.6.2 深入浅出应用实践

通常，部署在云环境下的互联网应用所面临的环境是开放的、动态的，云与云应用之间应能按多种静态链接和动态合作方式，在开放的网络环境下实现互联、互通、协作和联邦。这就要求建立能够支撑云环境下服务交互的云服务管理框架，采用面向服务的方式动态组织应用系统之间的服务交互，并且能够面向特定的应用场景，基于语义知识自主地做出交互服务决策。这种具有自适应服务交互特性的运行支撑框架涉及的研究内容包括以下几方面。

（1）自适应组合服务技术。对于公共云服务，用户的业务目标通常需要通过多个服务的组合来实现，这就需要建立一种被调用者和调用者一对多的关联关系，并提供相应的组合策略。这一过程涉及的需要突破的关键技术有面向服务的业务目标分解技术、聚合服务技术和多目标服务组合技术。

（2）云协同服务技术。公共云服务是一个复杂的需求形态，需要跨机构、跨领域的服务协同才能完成。因此，运行支撑框架，需要研究能支持服务需求特征提取，业务流程编排，跨域服务交互，协同运行监控，实现跨组织、跨地域、多应用系统协同服务的技术，从而满足云计算复杂应用系统的业务敏捷化的需要。

（3）服务动态演化技术。服务的动态演化是支持云计算多变环境下自适应特征的一个良好体现。互联网的开放、动态和多变，以及用户使用方式的个性化要求，决定了云应用下的服务构件在发布之后，会在长时间内持续不断地演化；不同服务之间的运行、调整和演化并不是独立的，需要相互协作。服务的动态演化包含了服务构件本身的演化及聚合服务的动态演化，主要需要解决两方面的技术问题：服务调用的透明性技术和服务状态转换技术。

在典型的能够支撑多个云应用运行的多主机集群云计算环境下，基于集中部署的管理系统提供了对负载及资源使用率都在动态变化的云应用的性能和稳定性的保障能力。同时，提升主机、网络设备的资源使用率需要考虑很多动态变化的不确定因素，采用集中控制逻辑实现会非常困难。基于多智能体系统，利用多智能体协作方式解决此类问题，能够有效降低集中控制策略的复杂度和系统实现的工作量，被业界广泛采纳。

多智能体技术是实现软件系统自治的一个主流技术，也是解决复杂应用运维行之有效的技术方案。软件智能体能够系统化地开发可以适应随机的、动态的变化环境和情况的复杂应用。智能体的主要特征可归纳为封装、面向目标、反应性、自治性、主动性、交互性和持久性[1]。与对象相比，智能体间的交互更像请求服务而不是方法调用。关键是，与智能体交互相比，面向对象的方法缺少能够灵活控制方法双向调用通信的概念和机制。面向对象的构件的元素都是在设计期预定义好的、静态的；而在面向智能体的软件工程中，元素是动态创建的，因此，智能体比传统构件显示了更多的行为和灵活性。智能体间的交互需要一个智能体平台，智能体的通信通常采用智能体通信语言（ACL）。随着智能体理论和技术研究的不断深入，许多学者将智能体的概念、理论和技术引入软件工程领域，出现了面向智能体的软件工程。近年来，面向智能体的软件工程受到了学术界和工业界的高度关注与重视。至今，人们已经提出了许多面向智能体的开发方法学、程序设计语言，以及 CASE 工具和集成开发环境。研究人员正试图从更广的范围系统地开展面向智能体软件工程方面的研究，包括面向智能体的软件复用、项目管理、形式化规范、系统验证和模型检测。领域内也涌现出一批面向智能体软件系统的专业化公司及产品，如 Agent Oriented Software Ltd。IBM、Microsoft、Fujitsu 和 Toshiba 等著名软件产品生产商也纷纷加强在该领域的技术和产品研发。OMG 和 FIPA 等国际标准化组织也开始致力于智能体技术的标准化工作，并推出了一系列关键的智能体技术规范和标准，如 FIPA 提出了智能体通信语言。如今，面向智能体的软件工程正与其他计算机技术进行着更加紧密的结合，如面向服务的计算、语义 Web、对等计算、普适计算、网格计算和自治计算等[2]。一些开源的智能体平台产品，如 JADE、Tryllian 智能体软件开发包、KATO 也逐渐获得了业界的广泛应用。

案例

虚拟化技术的快速发展使得应用与基础设施环境解耦，为实现更灵活的资源配置交付奠定了基础。云计算使得将虚拟化的计算、存储、网络资源以随需即取的服务形式交付给目标用户成为可能。这种商业模式使企业用户能够以更低的成本灵活、快速地开发和部署应用系统。借助云服务，应用部署人员能以更加敏捷的方式配置和部署具有随需动态伸缩、迁移能力的云应用。当前，基础设施即服务（Infrastructure as a Service，IaaS）平台已被广泛应用，云应用开发平台即服务（Platform as a Service，PaaS）服务平台及直接面向终端用户的软件即服务（Software as a Service，SaaS）也逐渐成熟。然而，由于不同云平台在相同配置下存在计算、存储、网络性能的差异，且云应用负载和资源使用率随时间动态变化，如何实现云应用运行期资源的自适应配置，在保障预定义应用服务质量目标的前提下支撑云应用资源分配策略随负载动态衍化以提升资源使用率，是目前该领域需要攻克的关键难题之一。

---

[1] 黎建兴，毛新军，束尧. 软件 Agent 的一种面向对象设计模型[J]. 软件学报，2007，18(3): 582-591.
[2] http://kato.sourceforge.net/kato.html.

为了实现云应用资源的自适应配置，首先要能够实时探查云应用的运行期状态，通过分析历史指标数据推理判断云应用资源是否处于资源超配或资源配置不足的状态，之后生成对应的任务，自动调整资源配置。为实现目标效果，需要构建具备运行期监控指标采集、监控数据存储分析和管理控制能力的跨平台监管系统。

云计算环境将物理设备和应用解耦，应用运行直接依赖云计算环境，间接依赖物理设备。云计算环境为多应用提供运行期支撑服务，物理设备不再被一个应用独占。当物理设备、云计算环境中的虚拟设备或应用本身发生资源配置风险时，将影响应用的直接运行。为了有效监管云应用与云计算环境的运行状态，自动发现并处理资源配置风险，本书提出了如图4-15所示的云应用运行期管理系统模型。该模型分为应用层风险分析子系统和环境层管理子系统，两个子系统通过消息通信来交换监控指标数据集和风险处理任务。

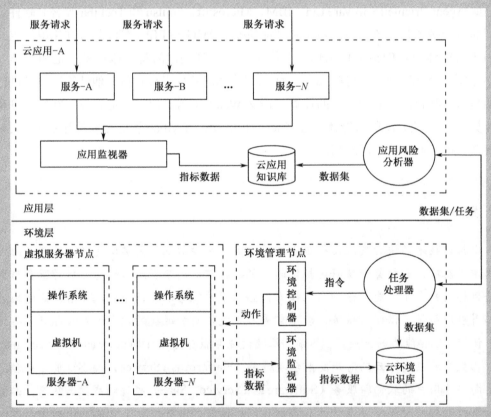

图 4-15　云应用运行期管理系统模型

环境层管理子系统包含的关键组件如下。

环境监视器：部署在云计算环境中的环境管理节点（可以是物理服务器或虚拟服务器），定期采集环境中各资源（物理主机、虚拟主机、网络、操作系统等）运行期的监控指标并将指标数据保存在云环境知识库中,以便供应用处理器查询。

环境控制器:部署在云计算环境中的环境管理节点,接收任务处理器发送的环境控制指令(如迁移虚拟机、提高虚拟机 CPU 的配额、重启虚拟机等),将指令转换成可直接执行的程序,并通过接口调用执行动作。

任务处理器:部署在云计算环境中的环境管理节点,与云应用中的应用风险分析器通信,向其发送指定资源运行期的指标数据集;接收应用风险分析器发送的环境控制任务。

应用层风险分析子系统包含的关键组件如下。

应用监视器:部署在云应用中,定期采集云应用中各服务运行期的监控指标,并将指标数据保存在云应用知识库中,供应用风险分析器查询。

应用知识库:部署在云应用中,存储应用监视器定期采集的指标数据。

应用风险分析器:部署在云应用中,负责维护云应用运行期监控指标的关联推理模型,定期读取云应用知识库中的监控指标数据集和环境层管理子系统从云应用运行支撑的云环境中采集的监控指标数据集,以便更新模型属性;定期执行告警判断策略,并在告警触发时执行风险自动处理,推理任务执行策略,然后向环境层管理子系统中的任务处理器发送任务。应用风险分析器由如图 4-16 所示的三个核心模块组成。

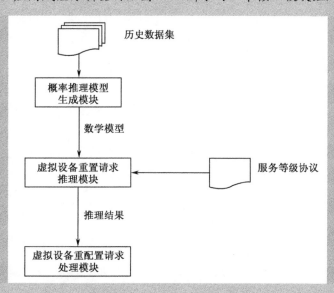

图 4-16 应用风险分析器的组成

概率推理模型生成模块:通过分析定期采集的包含虚拟设备指标历史数据及服务质量指标历史数据的历史数据集,生成基于贝叶斯网络的概率推理模型。

虚拟设备重置请求推理模块:部署在云应用中,存储应用监视器定期采集的指标数据;基于服务等级协议中的服务质量目标定义,利用随机本地搜索算法搜索给定的数学模型，查找资源超配与资源不足概率最大的虚拟节点及虚拟链路，同时通过计算找到各虚拟节点及虚拟链路需要追加或释放的资源量。

虚拟设备重配置请求处理模块：基于推理结果对指定虚拟设备进行重配置。

 本章小结

应用智能运维系统能够在降低应用运维系统日常工作压力的同时，赋予运维人员、应用开发人员在发现、处理更复杂的应用系统故障或优化系统性能和稳定性过程中更准确的判断能力。本章深入浅出地介绍了一些常用的应用智能运维技术与实践案例，分别从技术原理和技术应用落地的角度做了介绍，希望能为企业规划应用智能运维系统的前期技术预研提供参考。

第 5 章
应用智能运维工具图谱

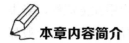 **本章内容简介**

建设适用于互联网、物联网、微服务等复杂架构应用的智能运维系统，实现应用端到端全链路的监控和海量运维数据的存储、分析、可视化，往往需要用到大量的开源、商业化工具。本章从实战出发，从典型应用运维场景下使用的开源工具和功能相对完整的商业化产品两个角度，综述企业在建设应用智能运维系统的过程中可能用到的相关工具和产品。

应用运维与监控的目标应用和场景共同进化，随着大数据、云计算、容器、微服务等新技术的应用，以及智能网联汽车、智能家居等应用场景的多样化，系统复杂程度快速升高。已经没有哪家企业能够脱离开源或商业化的工具和平台而自研一套完整的应用运维系统，并实现智能化改造。围绕企业目标场景和关切的主要问题，基于开源社区已有的资源和工具，结合商业化软件成熟的产品积累和实施经验来建设应用智能运维系统，是成功概率较大、投入产出比相对较高的技术路线。

选择好的工具往往事半功倍。经过几十年的积累，建设应用运维系统依赖的应用可用性数据采集、应用请求链路追踪、时间序列指标数据存储等关键技术和功能都有了丰富的开源工具积累。这些解决的问题域相似的工具虽然核心能力接近，但设计思路、优势能力和成熟度不尽相同。在具体项目中，要结合场景需求，深入了解各工具、产品的优劣并进行评估。本章总结了笔者在以往项目建设过程中评估过的和使用过的优秀开源工具与商业化产品，希望能为企业建设、规划自己的应用智能运维系统提供帮助。

5.1 开源工具

5.1.1 业务流程巡检拨测

应用运维系统的首要能力是在应用业务流程处理出现宕机、假死、错误或运行缓慢等异常状态时，先于用户发现，并及时通知相关责任人。其主要技术手段是采用软件程序主动模拟用户的操作过程，设置自动化巡检策略，定时主动拨测应用业务流程，采集相关指标。应用运维巡检拨测场景用到的工具和自动化测试工具一样，这类工具一般都支持这两个场景。常用的工具有 Blackbox、Apache JMeter、Selenium、Postman 等。

5.1.1.1 Blackbox

1. 简介

Blackbox 是在开源指标数据采集、存储平台 Prometheus[1] 框架下使用的应用运行状态主动检测工具。其所有代码和功能都在 Prometheus Exporter 数据采集框架下开发实现，因此 Blackbox 默认只提供与 Prometheus 的对接。在使用过程中，可以在近用户端的网络环境下部署独立的 Blackbox 拨测节点，然后通过配置定时策略实现对目标应用服务端状态的主动检测。

2. 主要功能

Blackbox 功能简单实用[2]，主要用来部署在与目标应用的用户端网络环境配置相似且临近真实用户的仿真环境下，模拟用户端以主动对应用关键服务接口和网络连通状态进行检测。其对目标应用的拨测地址、认证和周期等策略都以 YAML 格式的配置文件的形式定义。在运行过程中，对于拨测策略改变导致的配置文件修改，Blackbox 支持在运行期重加载，不需要重启。

Blackbox 能够对应用 HTTP/HTTPS 协议的 Web 页面、RESTful API 接口、Web Service API 接口，以及网络 TCP 连接、DNS 状态和 ICMP（IPv4、IPv6）发起主动拨测。在运行状态，Blackbox 会按策略配置对指定应用页面、接口或网络进行主动拨测扫描。所有探测到的数据指标按照 Prometheus 的指标命名规则命名。监控数据在 Exporter 框架下以

---

[1] https://prometheus.io/.
[2] https://github.com/prometheus/blackbox_exporter.

如下格式定义，并通过 HTTP 提供 Prometheus 拉取。

```
# HELP probe_dns_lookup_time_seconds Returns the time taken for probe dns lookup in seconds
# TYPE probe_dns_lookup_time_seconds gauge
probe_dns_lookup_time_seconds 0.011633673
# HELP probe_duration_seconds Returns how long the probe took to complete in seconds
# TYPE probe_duration_seconds gauge
probe_duration_seconds 0.117332275
# HELP probe_failed_due_to_regex Indicates if probe failed due to regex
# TYPE probe_failed_due_to_regex gauge
probe_failed_due_to_regex 0
# HELP probe_http_content_length Length of http content response
# TYPE probe_http_content_length gauge
probe_http_content_length 81
# HELP probe_http_duration_seconds Duration of http request by phase, summed over all redirects
# TYPE probe_http_duration_seconds gauge
probe_http_duration_seconds{phase="connect"} 0.055551141
probe_http_duration_seconds{phase="processing"} 0.049736019
probe_http_duration_seconds{phase="resolve"} 0.011633673
probe_http_duration_seconds{phase="tls"} 0
probe_http_duration_seconds{phase="transfer"} 3.8919e-05
# HELP probe_http_redirects The number of redirects
# TYPE probe_http_redirects gauge
probe_http_redirects 0
# HELP probe_http_ssl Indicates if SSL was used for the final redirect
# TYPE probe_http_ssl gauge
probe_http_ssl 0
# HELP probe_http_status_code Response HTTP status code
# TYPE probe_http_status_code gauge
probe_http_status_code 200
# HELP probe_http_version Returns the version of HTTP of the probe response
# TYPE probe_http_version gauge
probe_http_version 1.1
# HELP probe_ip_protocol Specifies whether probe ip protocol is IP4 or IP6
# TYPE probe_ip_protocol gauge
probe_ip_protocol 4
```

```
# HELP probe_success Displays whether or not the probe was a success
# TYPE probe_success gauge
probe_success 1
```

Blackbox 扫描后采集的样本数据提供了对应用指定业务流程对应的 Web 页面/API 接口地址的 DNS 解析时间、发送请求响应时间、HTTP 请求返回状态码、请求重定向次数等指标的访问。通过这些指标，应用运维人员可以及时发现应用指定业务流程的异常状态。

5.1.1.2 Apache JMeter

1. 简介

Apache JMeter 是由 Java 语言编写的、独立部署运行的轻量级应用性能主动测试工具[1]，可用于模拟用户端行为，主动生成用于负载压力测试的 Web 应用程序的性能。它可用于模拟服务器、服务器组、网络或对象的重负载，以测试其强度或分析不同负载类型下的总体性能。Apache JMeter 的主要目标应用场景是性能测试。其在软件测试阶段的应用非常广泛，如测试应用并发量、吞吐量和高负荷状态下的稳定性。在对业务流程巡检拨测时，其可以作为主动拨测请求的发送节点，结合被动的应用性能监控工具，如 APM 工具、NPM 工具来监控应用的可用性和性能波动情况。

2. 主要功能

Apache JMeter 主要应用在开发期，用于模拟和定义测试计划，生成负载对应用系统性能的压力测试。在应用运行期，Apache JMeter 可以模拟用户访问操作或第三方系统调用接口，支持应用运维自定义逻辑来拨测目标应用系统。Apache JMeter 可以通过自定义逻辑对几十种类型的协议、中间件和接口进行主动拨测，其中包括：①Web-HTTP、HTTPS（Java、Node.js、PHP、ASP.NET 等）；②SOAP/REST Web 服务；③FTP；④JDBC 连接数据库；⑤LDAP；⑥通过 JMS 面向消息的中间件（MOM）；⑦SMTP、POP3 和 IMAP；⑧本机命令或 shell 脚本；⑨TCP；⑩Java 对象。

除此之外，Apache JMeter 还允许通过 IDE 界面快速定义测试计划（来自浏览器或本机应用程序），支持 CLI 命令行模式，可从任何 Java 兼容操作系统（Linux、Windows、Mac OSX 等）加载测试。Apache JMeter 能够提供完整的多线程框架，允许多个线程并发采样，以及通过单独的线程组同时对不同函数进行采样，支持生成并提供完整且随时可以呈现的动态 HTML 报告。Apache JMeter 还能够缓存和离线分析/重播测试结果。

---

[1] https://jmeter.apache.org/.

5.1.1.3 Selenium

1. 简介

Selenium 是最广泛使用的开源 Web 应用自动化测试工具集[1]，包括一系列工具。Selenium 起初是由 Jason Huggins 开发的用来在 ThoughtWorks 公司内部使用的工具。其设计目标是代替人来主动测试 Web 应用，对 Web 应用发起自动化测试。Selenium 直接运行在浏览器中，模拟真正的用户操作来拨测目标应用。除了测试场景，Selenium 还可以用在应用运维过程中来对指定应用业务流程进行主动拨测。由于支持更灵活的操作流程定义，相比于 Blackbox、Apache JMeter 这类工具，Selenium 可以对应用中操作流程比较复杂的业务流程进行拨测。

2. 主要功能

Selenium 内部集成了设计简洁、使用简单的编程接口 WebDriver 来驱动浏览器对应用界面进行操作。它支持大多数常用的浏览器类型，包括 IE（7、8、9、10、11）、Firefox、Safari、Chrome、Opera 等。它支持的用来模拟应用操作的测试流程或拨测流程的编程语言包括 Java、Python、C#、Ruby、JavaScript 和 Kotlin。例如，模拟 Firefox 访问 URL 地址 https://google.com/ncr 的页面上的指定控件，整个业务操作流程的 Java 语言代码样例如下所示。

```java
import org.openqa.selenium.By
import org.openqa.selenium.Keys
import org.openqa.selenium.WebDriver
import org.openqa.selenium.WebElement
import org.openqa.selenium.firefox.FirefoxDriver
import org.openqa.selenium.support.ui.WebDriverWait
import static org.openqa.selenium.support.ui.ExpectedConditions.presenceOfElementLocated
class HelloSelenium {
    public main(args: Array<String>) {
        val driver = new FirefoxDriver()
        val wait = new WebDriverWait(driver, 10)
        try {
            driver.get("https://google.com/ncr")
            driver.findElement(By.name("q")).sendKeys("cheese" + Keys.ENTER)
            val firstResult = wait.until(presenceOfElementLocated(By.cssSelector("h3>div")))
            System.out.println(firstResult.getAttribute("textContent"))
        } finally {
```

---

[1] http://www.selenium.org.cn/.

```
                    driver.quit()
                }
            }
        }
```

总的来说，Selenium 在模拟用户操作以进行主动巡检拨测的场景下的功能主要有以下几个。

（1）其可模拟应用指定业务流程的操作全过程，拨测业务流程的可用性，主动发现应用服务器假死、死锁等难以监控的异常状态。

（2）其可针对特定输入获取指定操作的返回结果，验证页面或接口返回结果的正确性，发现业务逻辑错误、代码缺陷等问题。

（3）其可定期模拟多个用户的并发操作，压力测试应用的并发处理能力和通量，精确探查应用并发处理的瓶颈，并为配置优化和容量规划采集指导数据。

5.1.2 应用请求链路追踪

5.1.2.1 Pinpoint

1. 简介

应用请求链路数据是辅助运维人员发现应用深层代码问题、支撑实现应用运维智能化的关键数据。Pinpoint 是目前使用较广泛的应用请求链路数据获取工具。其研发团队来自运营韩国搜索引擎门户网站的 Naver 公司。Pinpoint 从 2012 年开始研发，于 2015 年发布成为开源项目，主要用来实现对由 Java、PHP 语言编写的 n 层 B/S 架构应用的请求链路追踪监控，能够对分布部署的应用请求调用链路的完整路径进行监控，捕获过程中调用的接口、方法和数据库查询语句，关联生成树型结构的追踪树（Trace Tree）。

Pinpoint 参考的技术原理来自 Google 发表的对 Dapper 大规模分布式系统追踪的论文。其基本实现思路是将追踪树中的每个节点定义为一个处理过程中的基本处理单元 Span，并设置 64 位整数型的 Span ID。Span 之前根据相互调用关系，以 Parent ID 相互关联，其中，没有父节点的 Span 为根节点。所有属于一次特定追踪的 Span 共享一个 Trace ID。图 5-1 所示为一棵追踪树的示例。

在部署方式方面，Pinpoint 采用 JavaAgent 方式随应用一同启动，不需要对应用本身做侵入式代码埋点，对应用本身性能的损耗相对较小，一般在 3%左右。在应用各分布节点部署探针之后，在各节点执行的链路通过预先插入的 ID 拼接成一个完整的链路，方便运维人员定位和分析代码问题。拼接过程示意如图 5-2 所示。

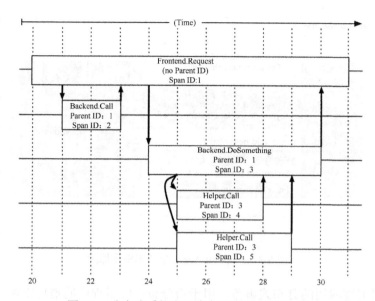

图 5-1 分布式系统应用请求链路的追踪树示例

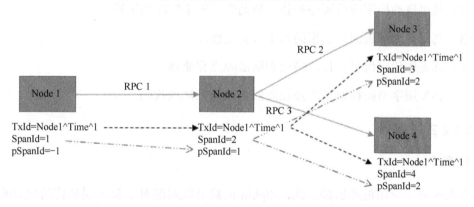

图 5-2 分布式系统应用请求链路各节点链路的拼接过程示意

在每个应用节点运行的 Pinpoint Agent 会在应用运行过程中，实时监听 Java 等解释型应用代码从字节码到机器码的转译过程。如图 5-3 所示，一旦发现指定类或方法，Pinpoint Agent 会利用 Javassist 或字节码操作框架 ASM 修改实时执行的程序代码，实现 Span ID 插入等动作。

2. 主要功能

相比于传统的 APM 产品，Pinpoint 的优势是能够对 n 层架构的分布部署的、服务节点众多的 SOA 和微服务应用实现链路追踪和代码级别的监控。对于 Java 语言 J2EE 框架下的采用 B/S 架构的容器，Pinpoint 的支持较为全面，其支持主流的 Tomcat、WebLogic、WebSphere、JBoss、GlassFish 等几十个版本的应用容器。其在应用运维场景下常用的功能如下。

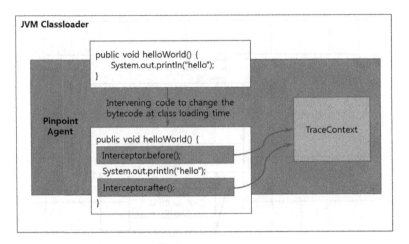

图 5-3　Pinpoint Agent 字节码操作原理

（1）其可追踪应用的分布式事务，用于跨分布式应用程序的消息跟踪。

（2）其可自动检测应用程序拓扑，帮助确定应用程序的配置。

（3）其支持大规模服务器组的水平可扩展性。

（4）其提供代码级可见性，轻松识别故障点和瓶颈。

（5）其使用字节码检测技术添加监测点，无须修改代码。

5.1.2.2　Zipkin

1. 简介

作为分布式应用链路追踪工具，Zipkin 同样可以实现对复杂 n 层架构的应用的代码链路追踪[1]。与 Pinpoint 不同的是，应用程序需要代码埋点"Instrumented"才能向 Zipkin 报告跟踪数据。这种方式就需要开发人员来修改代码，在应用中植入 Zipkin 提供的追踪器（Tracer）或检测库。尽管存在许多其他选项，如 Apache ActiveMQ、gRPC 和 RabbitMQ，但向 Zipkin 报告数据最流行的方式是通过 HTTP 或 Kafka。提供给 UI 的数据存储在内存中，或者使用支持的后端（如 Apache Cassandra 或弹性搜索）持久存储。

在技术原理上，Zipkin 利用追踪器记录用户对应用目标业务流程操作的执行时间和元数据信息。与 Pinpoint 一样，Zipkin 也是基于 Google Dapper 技术开发的，其将采集数据的最小单位定义为 Span，由 Trace 关联组织成树型结构。所有采集数据由置入应用侧的一个称为报告组件（Reporter）的模块发送给 Zipkin 的数据采集端 Collector 并存入数据库。用户通过 Web 界面直接与数据库交互并查询监控数据，以便查看当前状态。Zipkin 系统的整体部署结构如图 5-4 所示。

---

[1] https://zipkin.io/.

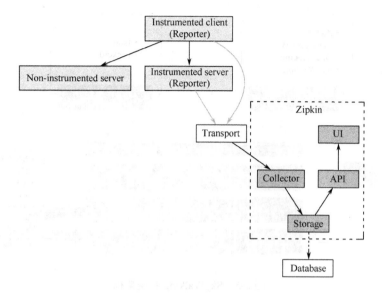

图 5-4　Zipkin 系统的整体部署结构

2. 主要功能

Pinpoint 采用的通过监控代码执行链路采集数据的方式需要向应用植入基于字节码注入的完整可用的 JavaAgent 探针，而 Zipkin 的 Brave 框架仅提供了获取应用层面的监控数据的 API 和对应的 SDK。字节码注入在 Java 中间语言翻译为机器语言的过程中拦截注入代码，因此理论上可追踪任何代码执行过程。而 Zipkin 的 Brave 框架需要应用的底层框架提供驱动支持，对于不提供 Interceptor 方法的中间件无能为力，因此某些场景限制了 Zipkin 的功能。但是，在系统的通用型和可扩展性方面，Zipkin 支持大多数语言，如 C#、C++、Go、Java、JavaScript、Ruby、Scala、PHP 等编写的应用。

5.1.2.3　SkyWalking

1. 简介

SkyWalking 是由中国开发者于 2015 年开发的一款应用性能管理工具，是近几年发展较快的分布式系统的应用程序性能监视工具之一，目前已经进入 Apache 孵化阶段。它支持对传统 B/S 架构、微服务架构、云原生架构的应用进行应用代码级监控，以及分布式链路追踪、基于 Istio 服务网格（Service Mesh）[1]的微服务应用指标数据采集和拓扑结构探测。通过开放框架对接第三方数据源，SkyWalking 可以接收其他有合规来源的数据，如 Zipkin 格式的跟踪数据，这些数据可以来自 Jaeger 或 OpenCensus。SkyWalking 的系统架构如图 5-5 所示，系统架构逻辑上可划分为四部分：数据采集器、后端服务、存储和界面 UI。

---

[1] https://istio.io/.

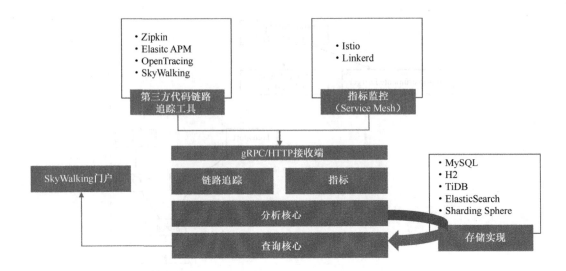

图 5-5 SkyWalking 系统架构

（1）数据采集器：支持两种类型的数据采集，即分布式应用代码链路（Trace）采集和 Istio 服务网络采集。

（2）后端服务：为所有支持 SkyWalking 的分布式应用代码链路、指标和拓扑结构数据提供 gRPC 及 RESTful HTTP 类型的数据上报接口与服务，所有数据由服务节点采集入库，并面向界面 UI 提供检索、分析接口。

（3）存储：不同于 Pinpoint 只能用 HBase 存储数据，SkyWalking 支持多种可选的存储实现，如 MySQL 集群的弹性搜索（ElasticSearch）、H2 数据库、MySQL、Sharding Sphere 和 TiDB。

（4）界面 UI：SkyWalking 的内置 UI 集成了 GraphQL 便捷高效的数据查询能力，可实现直观、自定义的监控数据检索。

2. 主要功能

在功能规划和应用场景定位方面，SkyWalking 的功能与 Pinpoint 大致相当，差别在于，相比于 Pinpoint，SkyWalking 在打造面向微服务架构、云原生架构和基于容器（Docker、Kubernetes、Mesos）架构的应用方面具有差异化能力。相比于传统架构的应用，基于微服务、云原生、容器架构构建的应用更需要应用性能管理和分布式链路追踪监控能力。在支持的应用类型方面，SkyWalking 相比于 Pinpoint 优势明显，SkyWalking 支持的应用语言类型更丰富，除了 Java，它还对 C#、PHP、Node.js、Go 提供支持。

5.1.2.4　Elastic APM

1. 简介

Elastic APM 是 Elastic 公司开源的应用性能管理平台项目[1]。除了 APM，Elastic 公司的产品还有 Logs、Metrics、SIEM 等。Elastic APM 的关键能力是采集应用的分布式链路追踪数据，以补充日志和指标数据源，生成完整的运维视图。Elastic APM 的数据可视化效果如图 5-6 所示。

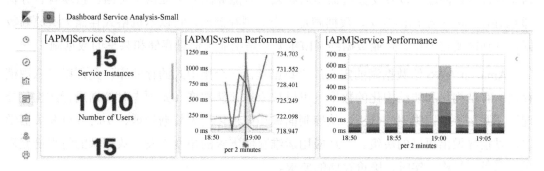

图 5-6　Elastic APM 的数据可视化效果

2. 主要功能

Elastic APM 除了具备 APM 产品的应用链路分析、代码级监控等核心功能，结合 Elastic 主打的 ElasticSearch 数据存储检索平台和 Kibana 数据可视化工具，Elastic APM 还能够将指标、用户体验、代码链路、日志和网络包等不同类型的应用运行状态监控数据整合，并对接 Kibana 图表以实现可视化仪表盘和报表。在数据分析方面，Elastic APM 已经逐渐融入了基于机器学习和人工智能算法的异常及离群值检测能力，正在向一个功能完整的应用智能运维平台演进。

Elastic APM 的技术原理与 Pinpoint 类似，即采用字节码注入方式拦截应用关键类和方法以获取监控数据。探针在运行期部署，Java 应用以 JavaAgent 方式随应用一同启动，探针对应用的侵入性弱。除了 Java，Elastic APM 支持 Go、Node.js、Python、Ruby 和 Real User Monitoring（JavaScript）。相比于 Pinpoint 和 SkyWalking，它支持的应用类型范围更广。

5.1.3　存储海量监控数据

通过不同技术手段采集的应用全链路监控数据具有数据类型多、数据量大、实时性要求高的特点。传统以关系数据库存储海量监控运维数据的方式成本太高，而 RRD 数据

---

[1] https://www.elastic.co/apm/.

库、键值对数据库、时间序列数据库（Time Series Data Base，TSDB）等能力单一，只用其一无法存储从用户终端、网络、服务端、应用内部代码链路和日志文本采集的各类数据，因此，建设面向采集侧存储海量异构监控数据，面向分析侧提供海量监控数据治理、索引、检索和分析能力的运维监控大数据存储平台（又称为"数据湖"），需要融合多类型的数据库。

大数据厂商提出的数据湖建设思路为解决传统多源异构监控运维数据存储、异构数据库联合查询问题，以及支撑机器学习和人工智能算法分析提供了思路。按埃森哲分析师 Carlos Maroto 给出的定义，数据湖是一个大型存储库，它以本机格式存储大量原始数据，直到需要它为止。企业数据湖（EDL）只是企业级信息存储和共享的数据湖。

Amazon AWS 给数据湖的定义："数据湖是一个集中式的存储库，允许以任意规模存储所有结构化和非结构化的数据。可以按原样存储数据（无须先对数据进行结构化处理），并运行不同类型的分析，从控制面板和可视化到大数据处理、实时分析和机器学习，以指导做出更好的决策。"从应用运维存储需求的角度出发，数据湖的特点恰好满足了海量、异构、实时、廉价存储的要求。

2017 年 2 月 3 日，Facebook 宣布开源其高性能时间序列数据存储引擎 Beringei。Beringei 是用来解决其内部监控数据存储和查询需求的数据库，其特点是读写速度快，属于内存数据库的一种。

运维大规模的分布式服务，通常需要对内部系统的运行状况和性能指标进行实时且精确的监控，以便在第一时间发现、诊断、处理出现的问题。

Facebook 使用 TSDB 跟踪和存储系统度量指标，如产品的统计信息（每分钟发送多少消息）、服务的统计信息（命中缓存层与 MySQL 层的查询速率），以及系统的统计信息（CPU、内存和网络的使用情况）等，基于这些数据，运维人员可以看到基础设施上的实时负载情况，并制定策略来决定如何分配资源。

Facebook 的每个系统和服务每秒需要向存储引擎写入成百上千个数据指标，负责进行数据分析的工程师可以实时查询这些数据。

2013 年年初，随着公司和系统的不断发展，Facebook 的存储引擎监控团队发现 HBase 使用的 TSDB 无法灵活扩展，导致未来可能无法处理高并发的读取负载。如果分析少量数据，平均读取时延可以接受，但如果实时处理大批量数据的需求无法满足，用户的体验会很差。大批量数据查询可能需要数秒，这对于可能发出数百个或数千个查询来执行分析的自动化工具来说是不可接受的。几千个时间序列的查询请求要花几十秒来执行，且针对稀疏数据集执行的查询可能会超时，这是因为 HBase 数据存储经过调整后，策略改为优先处理写入操作。

由于查询性能太差，监控系统无法实时处理大规模的分析。在评估和否决了几款基于磁盘的解决方案和现有的内存缓存解决方案后，存储引擎开发团队将注意力转移到自行编写内存 TSDB 方案上，以便支持 Facebook 的运行状况和性能监控系统。该团队在 VLDB2015 大会上发表了一篇名为《Gorilla：一种快速、可扩展的内存时间序列数据库》的文章[1]，Beringei 正是基于这项工作成果进一步发展的结果。

1. Beringei 的设计思路

Beringei 基于 BSD 协议，不同于其他的内存系统（如 Memcached），Beringei 通过优化，支持存储专门用于运行状况和性能监控的时间序列数据。设计 Beringei 的初衷是获得更高的写入速率和更低的读取时延，同时尽可能高效地使用内存来存储时间序列数据。Facebook 团队创建了一种系统，该系统可以存储最近 24 小时在 Facebook 生成的所有性能和监控数据，以便 Facebook 在生产环境中遇到问题后，可以极快地探究并调试系统和服务。

数据压缩对于降低存储开销必不可少。Facebook 考虑了现有的压缩方案，否决了仅适用于整数数据的方法、使用近似技术的方法，以及需要对整个数据集进行操作的方法。Beringei 使用一种无损耗数据流压缩算法来压缩时间序列中的数据点，不进行跨时间序列的额外压缩。每个数据点是一对 64 位值，表示当时计数器的时间戳和值。时间戳和值使用前一个值的信息单独压缩。时间戳压缩使用 delta-of-dalta 编码方式，通过采用规则的时间序列在较小的内存中存储时间戳。

Facebook 团队在分析了存储的性能监控系统中的数据后发现，大多数时间序列中的值与相邻数据点的值相比并没有显著的变化。此外，许多数据源只存储整数（尽管系统支持浮点值）。因此，只要使用 XOR 将当前值与先前值进行比较，然后存储发生变化的比特即可。最终，该算法将整个数据集压缩了至少 90%。

Facebook 团队设计的 Beringei 的应用场景主要有以下两种。

（1）创建一个简单的共享服务和用户端。Beringei 提供了可以独立部署、响应存储和处理时间序列查询请求的服务端及用户端的可实现。

（2）处理高效存储时间序列数据的底层细节。Beringei 可用作嵌入库，以这种方式使用 Beringei，其类似于 RocksDB，有望成为支持其他性能监控解决方案的高性能存储系统。

Beringei 作为嵌入库使用，具有下列特点。

（1）支持速度非常快的内存存储，并由硬盘保证数据的持久性。存储引擎的查询总在内存中处理，因此可以提供极好的查询性能。除非需要到磁盘查询，否则 Beringei 一般

---

[1] Tuomas P, Scott F, Justin T, et. al.Gorilla: A Fast, Scalable, In-Memory Time Series Database[J]. Proceedings of the VLDB Endowment, 2015, 8(12).

不进行磁盘操作,所以,可以在停机时间极短、数据没有丢失的情况下重启或迁移进程。

(2)极其高效的数据流压缩算法。采用的数据流压缩算法能够将实际的时间序列数据压缩90%以上。Beringei 使用的 delta-of-delta 编码算法很高效,单个机器每秒就能压缩150多万个数据点。

虽然将 Beringei 直接嵌入另一个 TSDB 也是一种方案,但 Facebook 更加推荐采用一体化实现方案。这种一体化实现提供了可扩展的分片(Sharded)服务,并且支持以下功能。

(1)提供完整的服务端和用户端封装。Beringei 项目同时包括时间序列存储数据库和相关的用户端实现。

(2)对接可视化仪表盘。Beringei 提供了一种 HTTP 服务实现,能够直接与 Grafana 集成,并且易于横向扩展。

Beringei 需要部署在 Ubuntu 16.10(其余系统未做测试)中,其对外部代码的依赖较多,导致部署环境不太容易,需要依赖 fbthrift、folly、wangle、proxygen、gtest、gflags。

2. Beringei 在 Facebook 的应用

Beringei 目前是 Facebook 监控基础设施的一部分,它可以针对监控系统提供实时响应机制。Beringei 收到请求后,可以立即提供查询服务,数据写入 Beringei 与可供使用之间的时延大约是 300μs,Facebook 的 p95 服务器响应读取请求的时间大约是 65μs。相比于 Facebook 原本基于磁盘的旧引擎设计方案,Beringei 的内存系统在读取性能方面和写入性能方面都高出几个数量级。此外,Beringei 支持与 Facebook 的自动检测系统配合使用,该系统会观察数百万个时间序列,以便检测异常、发出告警。

Beringei 目前存储多达 100 亿个唯一的时间序列,每分钟可处理 1800 万次查询,为 Facebook 的大部分性能和运行状况监控任务提供支持,同时让工程师和分析员能够借助准确的实时数据快速做出决策。

3. Gorilla:Beringei 的原型系统

Gorilla 是一种快速、可扩展的内存时间序列数据库,是开源的 Beringei 的原型系统。作为监控系统,它重点关注数据集分析,并且认为在发现、诊断正在发生的问题时,最近的数据点的价值要大于旧的数据点,传统的 ACID 不是核心内容。Gorilla 主要针对高可用的读写做了优化,当发生故障时,允许丢失少量写数据。Gorilla 将数据保存至多个数据中心,但不保证数据的一致性。

为了改善效率,其时间戳压缩使用了 delta-of-delta 编码算法,采用 XOR 压缩数据值,从而使存储容量压缩了近 10 倍。Gorilla 将数据置于内存中,与基于 HBase 的传统数据库存储时间序列数据的方式相比,其查询时延缩短为原来的 1/73,吞吐量提高了 14 倍。

Gorilla 实际上是一套混合存储解决方案：In-Memory 解决快速写入的问题，提供对近期数据的快速读取；In-SSD 提供星期级别的监控数据读取；In-SATA 提供历史数据的永久归档。

5.1.4 机器数据检索分析

对于从代码链路、日志和网络抓取的半结构化、无结构的机器数据，需要在传统的基于实时数据流规则匹配的监控告警能力的基础上，增加海量数据的检索能力，用于支撑风险发生后，应用开发及运维相关责任人回溯分析与定位故障原因。在时间序列数据库、键值对存储、关系模型数据库存储的基础上，实现对文本类型的机器数据的检索分析不太现实，常用的解决方案是利用基于 Lucene 的 ElasticSearch 或 Apache Solr 构建数据索引引擎集群。可以将 Apache HBase、Hadoop HDFS 等大数据存储平台或 JanusGraph 等数据库引擎与之对接，利用其优秀的文本检索、统计分析能力筛选采集到的文本类型的应用监控数据中的有用信息。

1. 简介

ElasticSearch 是 Elastic 公司推出的一款基于 Lucene 的开源机器数据索引引擎。它基于 RESTful Web 接口，提供了一个具有分布式多用户能力的全文搜索引擎。ElasticSearch 是用 Java 语言开发的，并作为 Apache 许可条款下的开放源码发布，是一种流行的企业级搜索引擎。ElasticSearch 用于云计算中，具有实时搜索、稳定、可靠、快速、安装使用方便的特点。其官方用户端在 Java、.NET（C#）、PHP、Python、Apache Groovy、Ruby 和许多其他语言中都是可用的。根据 DB-Engines 的排名显示，ElasticSearch 是最受欢迎的企业搜索引擎，其次是 Apache Solr，它也是基于 Lucene 的。

2. 主要功能

ElasticSearch 可用于搜索各种文档。它提供可扩展的搜索，具有近乎实时的搜索，并支持多租户。ElasticSearch 是分布式集群部署的，这意味着索引可以划分为分片，每个分片具有零个或多个副本。每个 ElasticSearch 节点都承载一个或多个分片，并充当将操作委派给正确分片的协调员，节点间自动完成重新平衡和路由。相关数据通常存储在同一索引中，该索引由一个或多个主分片和零个或多个副本分片组成。创建索引后，无法更改主分片的数量。

ElasticSearch 可以与名为 Logstash 的日志数据采集分析模块、名为 Kibana 的自助式数据可视化探索平台及名为 Beats 的轻量级数据采集器协同工作。这四种产品可以根据需要搭配组合，提供定制化解决方案，通常被称为"弹性堆栈"（前身为"ELK 堆栈"）。

ElasticSearch 底层使用 Lucene，并通过 JSON 和 Java API 向上层应用与第三方系统提供服务。它支持分面和渗透，可用于通知新文档是否与已注册的查询匹配。ElasticSearch 提供被称为"网关"的高可用能力，用于处理索引的持久性问题。例如，在发生服务器崩溃时，ElasticSearch 可以从网关恢复索引。ElasticSearch 支持实时 GET 请求，这使得它适合作为 NoSQL 数据存储，但它缺少分布式事务。

5.1.5 人工智能算法支撑平台

实现智能化运维，在很大程度上需要用算法代替人脑来筛选和处理海量数据，甚至进行推理判断以辅助决策。人工智能算法支撑平台就是为面向不同场景设计的算法模型训练和生产环境运行提供必要工具支撑及运行环境的平台。对于运维场景来说，可以用算法解决的问题有：应用运行期的潜在风险检测、未来应用负载的趋势预测、应用资源的分配规划、风险根源问题的定位分析和风险处理方案的生成。对应场景下需要用到的算法类别主要集中在时间序列数据异常检测、高维指标数据降维、时间序列指标波动相关性分析、因果关系发现和因果推理分析方面。常用的算法框架有很多，下面介绍三个适用于应用智能运维场景的算法支撑平台，分别是 Intel Analytics Zoo、AMIDST Toolbox 和腾讯织云。

5.1.5.1 Analytics Zoo

1. 简介

Analytics Zoo 是 Intel 开源社区提供的大数据分析+AI 平台[1]，它无缝地将 Spark、TensorFlow、Keras 和 BigDL 程序集成到一个整合的流水线中，可以透明地扩展到大型 Apache Hadoop/Spark 集群，用于分布式训练或预测。对于时间序列数据的异常检测，Analytics Zoo 默认提供了基于 LSTM 的时间序列异常检测算法，可以直接对接应用运行状态监控数据，检测可能的异常状态，以供后续进一步筛选和识别风险。Intel Analytics Zoo 架构如图 5-7 所示。

Analytics Zoo 将 TensorFlow、Keras、PyTorch、Spark、Flink 和 Ray 程序无缝地整合到一个集成管道中，该流水线可以透明地从笔记本电脑扩展到大型集群，以便大规模处理生产数据。在功能方面，其提供的主要功能包括以下几方面。

（1）其具有集成的分析和人工智能流水线，可轻松进行原型设计和部署端到端的人工智能应用程序。

① 其使用 Spark 代码编写 TensorFlow 或 PyTorch，用于分布式训练和推理。

---

[1] https://github.com/intel-analytics/analytics-zoo/.

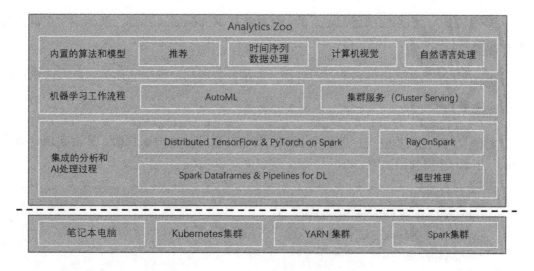

图 5-7 Intel Analytics Zoo 架构[1]

② 其支持 Spark ML 流水线中的本机深度学习（TensorFlow/Keras/PyTorch/BigDL）。

③ 其通过 RayOnSpark 在大数据集群上直接运行 Ray 程序。

④ 其具有纯 Java/Python API（TensorFlow/PyTorch/BigDL/OpenVINO）模型推理。

（2）其具有高级的/高层抽象的机器学习工作流（ML Workflow），可自动构建大型机器学习应用程序的 AI 模型训练过程。

① 其具有使用简单的 Pub/Sub API，支持分布式的集群服务功能（用于 TensorFlow/PyTorch/Caffe/BigDL/OpenVINO 等工具生成的模型）。

② 其具有用于时间序列预测的可扩展的自动机器学习（AutoML，如自动生成特征、选择模型和调整超参数）。

（3）其具有用于推荐、时间序列数据处理、计算机视觉和自然语言处理等应用的内置算法及模型。

2. 优势

Analytics Zoo 的优势如下。

（1）其将 AI 模型生成工具软件库（如 TensorFlow、Keras、PyTorch、BigDL、OpenVINO 等）使用过程中的整个端到端的流水线原型，可方便地应用于生产线上的大数据处理过程。

（2）其透明地将 AI 应用程序从便携式计算机扩展到大型集群，而并不需要做任何的代码改动。

---

[1] 图片来源：https://github.com/intel-analytics/analytics-zoo。

(3)其将 AI 流水线部署到现有的 YARN 或 Kubernetes 集群,而无须对集群进行任何修改。

(4)其自动执行应用机器学习的过程(如超参数调优、模型选择和分布式推理)。

3. 主要功能

(1)在 Analytics Zoo 中,可在 Spark 代码中加入 TensorFlow 代码,从而实现分布式 TensorFlow,样例代码如下。

```
#pyspark code
train_rdd = spark.hadoopFile(…).map(…)
dataset = TFDataset.from_rdd(train_rdd, …)
#tensorflow code
import tensorflow as tf
slim = tf.contrib.slim
images, labels = dataset.tensors
with slim.arg_scope(lenet.lenet_arg_scope()):
    logits, end_points = lenet.lenet(images, …)
loss = tf.reduce_mean( \
    tf.losses.sparse_softmax_cross_entropy( \
    logits=logits, labels=labels))

#distributed training on Spark
optimizer = TFOptimizer.from_loss(loss, Adam(…))
optimizer.optimize(end_trigger=MaxEpoch(5))
```

注:可以参见开源社区,获得更多关于分布式 TensorFlow、Keras、PyTorch 等的样例。

(2)Analytics Zoo 支持深度学习的 Spark DataFrame 和 ML 流水线,样例代码如下。

```
##Spark dataframe transformations
parquetfile = spark.read.parquet(…)
train_df = parquetfile.withColumn(…)
#Keras API
model = Sequential()
        .add(Convolution2D(32, 3, 3, activation='relu', input_shape=…)) \
        .add(MaxPooling2D(pool_size=(2, 2))) \
        .add(Flatten()).add(Dense(10, activation='softmax')))


#Spark ML pipelie
Estimater = NNEstimater(model, CrossEntropyCriterion()) \
```

```
                    .setLearningRate(0.003).setBatchSize(40).setMaxEpoch(5) \
                    .setFeaturesCol("image")
nnModel = estimater.fit(train_df)
```

（3）Analytics Zoo 以集群服务便捷地实现分布式推理。

Analytics Zoo 集群服务是一种轻量级的分布式实时服务解决方案，支持广泛的深度学习模型（如 TensorFlow、PyTorch、Caffe、BigDL 和 OpenVINO 模型）。它提供了一个简单的 Pub / Sub API，以便用户可以轻松地将其推理请求发送到输入队列（使用简单的 Python API）；然后，集群服务将自动管理网络对面的横向扩展后的大型集群，以自动实现实时模型推理（使用诸如 Apache Spark Streaming、Apache Flink 等分布式流框架）。

Analytics Zoo 服务集群搭建方案的总体架构如图 5-8 所示。

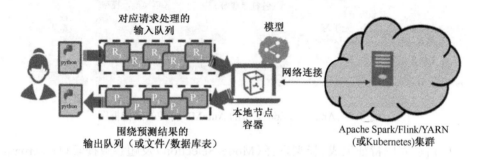

图 5-8　Analytics Zoo 服务集群搭建方案的总体架构[1]

（4）Analytics Zoo 中可扩展的 AutoML 支持时间序列预测。

时间序列是按时间顺序观察到的一组数据。时间序列预测将先前时间步长的观测值作为输入，并预测未来时间的值。经典的时间序列预测方法通常采用统计模型，通过对以前的数据进行推断来预测。这种方法通常需要对基本分布进行假设，然后将时间序列分解为如季节性、趋势和噪声之类的成分。新的机器学习方法对数据的假设越来越少。特别是，神经网络模型通常将时间序列预测视为序列建模问题，并且已成功地用于时间序列预测。

但是，构建用于时间序列预测的机器学习应用程序可能是一个费力且知识密集的过程。为了提供易于使用的时间序列预测工具包，我们将 AutoML 应用于时间序列预测。特别是，我们使特征生成、模型选择和超参数调整的过程自动化。该工具包建立在 Ray 之上。Ray 是由加州大学伯克利分校的 RISELab 开放源代码的高级 AI 应用程序的分布式框架，并已成为 Analytics Zoo 的一部分。对于本书中应用 Analytics Zoo 进行运维的具体案例，其提供者已经或将要使用 AutoML 对方案的实际效果进行自动化的持续提高。

---

[1] 至本书定稿之时，图像分类是集群服务可支持的场景。更多场景支持在持续开发中。

在加州大学伯克利分校的 RISELab 网站搜索 Analytics Zoo，可以了解英特尔如何利用 Ray Tune 和 RayOnSpark 实现可扩展的 AutoML 框架及自动时间序列预测。

Analytics Zoo 支持的 AutoML 特性的结构框图如图 5-9 所示。

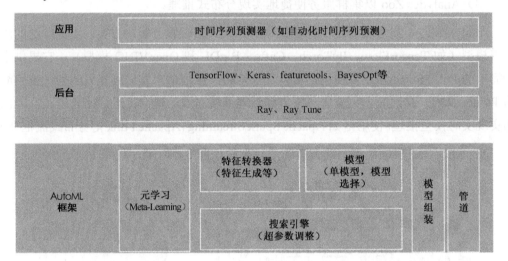

图 5-9　Analytics Zoo 支持的 AutoML 特性的结构框图

其中，自动完成特征生成、模型选择（Model Selection）及超参数搜索（Hyperparameter Search）是本书定稿时 Analytics Zoo 成熟且已经广泛应用的特性。

（5）Analytics Zoo 具有面向电信运营商运维场景的智慧网络（Intelligent Network）。

电信行业既有本行业特有的业务需求，又面临行业特有的挑战，如处理的数据体量大、关键业务多、新业务多、网络复杂度不断增加、运维成本不断上升。将人工智能算法引入电信运营商的运维环节已是趋势。Analytics Zoo 有针对电信运营商的智能运维的实践案例。可参考后面韩国电信的案例来了解更多 Analytics Zoo 在电信行业的应用。

5.1.5.2　AMIDST Toolbox

1. 简介

AMIDST Toolbox[1]是在欧盟 FP7 框架资助下，由丹麦奥尔堡大学、西班牙阿尔梅里亚大学、挪威科技大学等欧洲高校和科研机构联合研发的开源概率机器学习计算框架。AMIDST Toolbox 的优势是支持对海量流数据进行实时分析处理，能够为分析大量流数据提供一个通用框架，其特别之处是支持基于概率图模型构建的用于预测分析、异常检测和推理分析的模型。

AMIDST Toolbox 利用贝叶斯方法处理建模不确定性，将模型与数据配合，应用概率

---

[1] http://www.amidsttoolbox.com.

理论来导航许多相互依赖的变量,其在金融领域的债务和收入的信用评级、钻井作业的石油预测、基于速度和距离的两车碰撞的风险分析及智能运维领域的异常检测场景中都有独特的应用价值。

2. 优势

AMIDST Toolbox 基于 Java 语言实现,基于灵活且可扩展的消息传递算法,能够应对海量流数据分析场景,提供可定制的并行处理能力。AMIDST Toolbox 支持流数据的贝叶斯参数学习的分布式(由 Flink 或 Spark 提供支持)实现,能够生成并持续更新贝叶斯网络,发现指标间的相关性信息。图 5-10 所示为 AMIDST Toolbox 基于概率图模型的信息提取过程。其除了可以自动发现海量数据中隐藏的关系,还可以基于人工经验和先验知识修正模型,结合机器从数据中发现的模式和经验来大幅度提升算法的有效性。

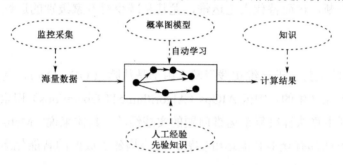

图 5-10　AMIDST Toolbox 基于概率图模型的信息提取过程

为了支持其他常用的机器学习算法,满足大多数算法驱动的知识提取场景的需要,AMIDST Toolbox 能够对接 Hugin Expert、MOA、Weka 和 R 算法库,实现机器学习算法的统一平台化集成应用。总的来说,AMIDST Toolbox 的优势可以归纳为以下几点。

(1)支持概率图模型:使用具有潜在变量和时间依赖关系的概率图模型,支持自动搜索各变量间的关系,生成贝叶斯网络结构和每个变量对映的条件概率表,提供利用隐含变量自动检测概念漂移导致模型失效的机制,能够在一定程度上保障生成模型的有效性。

(2)可扩展推理:使用强大的近似算法和可扩展算法对概率图模型执行推理。

(3)可处理数据流:在新数据可用时更新模型,这使得其工具箱可从海量数据流中进行学习。

(4)可处理大规模数据:可使用定义的模型和 Apache Flink 或 Apache Spark 来处理分布式计算机集群中的海量数据集。

(5)具有可扩展:在 AMIDST Toolbox 中,可编写模型或算法代码,并扩展工具箱的功能,灵活的工具箱可供研究人员在机器学习中执行实验。

(6)具有互操作性:通过连接到其他软件工具(如 Hugin、MOA、Weka、R 等)来利用现有的功能和算法。

5.1.5.3 腾讯织云

1. 简介

腾讯织云（Metis）全称为腾讯智能一体化运维平台[1]，是腾讯落地实践的智能运维场景的集合。Metis围绕智能化运维场景，基于分类、聚类、回归、降维等算法，可对运维数据进行分析、决策，从而实现自动化运维。Metis具备的核心能力有智能监控、智能分析、智能决策等。目前，Metis的这些核心能力已在多种运维场景中落地实践。

Metis目前已经对外开源，是腾讯在智能运维领域的首个开源产品。智能运维主张通过算法从海量的运维数据中学习、发现潜在模式和信息，然后通过机器处理数据，实现对信息的推理判断，进而替代人工运维，尤其是减少对专家级别的运维工程师的依赖。

2. 优势

Metis最大的优势在于运维实践经验，由于是从腾讯QQ、Qzone等海量业务的一体化运维体系中孵化产生的，织云AIOps（Algorithmic IT Operations）积累了在互联网应用运维场景下，利用算法解决复杂运维问题的实战经验。具体来说，Metis在运维质量、效率、成本三个方面都有众多智能运维实践，逐步构建了成熟的智能化运维场景，具体表现在6个方面。

（1）质量保障。其利用机器学习技术进行异常检测、故障定位、瓶颈分析等，从而在无人工干预的情况下，智能地保障业务稳定运行，如无阈值智能监控、DLP生死指标监控、多维根因分析。

（2）效率提升。其基于自然语言处理、机器学习技术进行智能问答、智能变更、智能决策，可显著提高运维效率，如Metis的智能咨询机器人、舆情监控、集群智能负载均衡、数据库参数调优、容量预测。

（3）成本管理。其基于大数据智能分析技术进行资源（设备、带宽、存储）管理，可迅速分析资源使用的明细，并通过横向大数据对比来识别可优化点，如硬盘生命周期预测。

（4）智能检测。不需要运维人员设置监控阈值，模型就能对异常情况做智能判决，并直观告知检测结果是正常还是异常。通常的阈值监控包含最值、同比、环比等维度的设置，此检测方案在检测初期效果较好，但随着业务发展和规模壮大，就会需要付出较高的人力成本去维护合适的阈值范围的情况，这对于大规模发展性业务得不偿失。智能检测方案则基于统计判决、无监督学习和有监督学习对时间序列数据进行联合检测，其

---

[1] https://github.com/Tencent/Metis/.

通过统计方法和无监督算法进行首轮判断，输出疑似异常，然后进行有监督模型判决，得到最终的检测结果。这个过程摒弃了阈值监控方式带来的问题。

（5）通用模型。智能检测模型由 Metis 多元化的海量业务样本训练而成，比较适合复用在互联网行业的时间序列检测中。有监督的检测效果取决于标注样本的准确性和种类的丰富性，通过样本库管理功能可积累大量的正/负样本，并分为测试集和训练集。通用模型是经过海量训练集的样本数据训练得到的，涵盖了较全面的样本分类。通用模型可以帮助一些用户避免缺乏训练数据所带来的难点，用户可直接加载通用模型进行检测。

（6）规则学习。实践过程中会遇到较个性的业务场景，千人千面，不同的用户对异常的判断标准也不尽相同。因此，Metis 支持标注反馈功能，用户可根据标注信息进行训练，生成新的检测模型，进而掌握新的业务规则。

Metis 无阈值智能监控学件在腾讯内部已承担了超过 240 万个业务指标的异常检测任务，它经过海量监控数据的打磨，在异常检测和运维监控领域具有广泛的适用性，可取代传统的阈值监控方式，实现对时间序列数据异常的智能检测，还能结合业务策略对异常数据进行告警推送。

秉承腾讯开源的理念，Metis 计划打造一个开放的学件平台，陆续开源时间序列指标预测、主机异常智能分析、MySQL 异常智能分析、硬盘生命周期预测等智能运维学件，集合广大用户在智能运维领域的建设经验和实践，丰富完善针对质量、效率、成本三个方面的 AI 学件，搭建完备的运维场景，并在未来兼容其他监控领域的开源产品，如 ZABBIX、Nagios、Open-Falcon 等。

近年来，腾讯在开源社区越发活跃，自 2010 年起，腾讯对内采取"开放、共享、合力开发"的研发模式；对外实现自主开源，并积极参与社区工作，相继加入 Hyperledger、LF Networking 和开放网络基金会，成为 LF 深度学习基金会首要创始成员及 Linux 基金会白金会员。Metis 开源，于腾讯，是其开放战略在技术领域的又一实践；于行业，则填补了智能运维领域的开源空白，并汇聚众力，促进运维技术的突破与发展。

Metis 在智能化方面的优势如下。

（1）Metis 用智能分析决策取代了繁琐重复的人工诊断。在日常运维过程中，运维人员积累了大量的人工经验，同时大部分故障是重复的、需要人工定位的。重复性的分析会损耗人力，而且人工确认存在滞后性。Metis 可以把丰富的运维经验固化下来，对常见问题实现分钟级的自动诊断，可直接给出故障定位的结果信息。

Metis 能够综合故障数据和人工经验来自动提取故障特征，以故障特征库的形式自动匹配和定位故障。对于未知场景，Metis 可根据故障特征推算可能的原因，并在人工确认后将其加入故障特征库。

（2）Metis 用智能精准预测取代了人工粗略预估。为了保障产品正常运营，容量预留过多或过少都会存在一些问题。传统基于运维经验的容量预测手段不太有效，而 Metis 可根据业务目标的需求，结合服务数据，整合业务运维人员的业务经验，建立精准的容量规划模型，从而精确地预测各业务的容量，让资源使用率达到最优。时间序列异常检测是 Metis 的组成部分之一，承载了海量业务的监控告警功能。

5.1.6 应用监控数据可视化

在智能化无法做到闭环的全自动风险管理前提下，应用运维系统采集的数据、智能算法分析出的信息需要高效传输到人脑才能发挥价值。高效的人机交互界面可以让机器智能与人脑更紧密地连接，达到事半功倍的效果。数据可视化是提高人机信息交互效率的主要手段，尤其是在随时面临海量数据分析、筛选的复杂应用系统运维场景下，应用服务质量目标和关键 KPI 可通过易于理解的图表以实时监控仪表盘大屏或报表的形式展现。应用运维人员通过观察仪表盘数据可以随时掌控应用全局的健康状态；利用生成的数据可视化图表，运维主管能够更快理解应用的历史运行情况和未来趋势。

目前，用于运营数据分析场景的数据可视化工具已经非常普遍，如 Tableau、Qlik 等。在运维监控数据可视化场景下，也有专用的工具和平台来对接运维监控平台或运维数据存储常用的时间序列数据库，比较有代表性的是 Grafana、Kibana 和 RealSight APM 应用智能运维平台。

5.1.6.1 Grafana

1.简介

Grafana 是一款专门面向监控运维场景的优秀的运维数据可视化软件[1]。Grafana 项目由 Torkel Ödegaard 于 2014 年启动，在过去几年中已成为 GitHub 上最受欢迎的开源项目之一。它支持通过图形化界面自助式查询数据，支持定义可视化仪表盘，并支持对接指标数据、告警数据和日志数据。Grafana 具有可插拔的数据源模型，支持对接 Graphite、Prometheus、InfluxDB、ElasticSearch 等十余种监控工具和监控数据存储数据库。无论指标存储在何处，Grafana 提供查询、可视化、提醒和理解指标的功能。用户可创建、浏览仪表板并与团队共享仪表板，实现数据驱动的运维模式。Grafana 还为云监控供应商（如 Google Stack 驱动程序、亚马逊云表、微软 Azure、MySQL 和 Postgres）提供了内置支持。

2. 主要功能

Grafana 专注于运维监控场景下的数据可视化、分析和风险告警展现，主要特点是可

---

[1] https://grafana.com。

以将来自众多位置的数据合并到单个仪表板。其提供的主要功能包括以下几项。

（1）运维数据可视化。

Grafana 提供快速灵活的用户端图表，并提供多种选项供用户自定义配置展示风格，支持用于可视化指标和日志的多种不同方式的面板插件。Grafana 支持使用模板变量创建动态和可重用仪表板，这些变量在仪表板顶部显示为下拉列表，如图 5-11 所示。

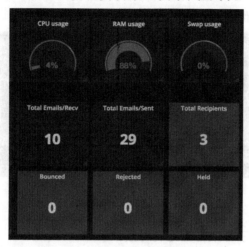

图 5-11　Grafana 监控仪表板效果

（2）探索指标浏览日志。

Grafana 使用了标签筛选器，支持运行期从指标快速切换到日志。利用 Grafana 提供的交互式界面，用户能够快速搜索所有日志或实时流式传输日志。Grafana 提供了 Loki 日志聚合系统，它是在 Grafana 平台做日志浏览的首选数据源，但很快 Grafana 会支持更多类型的日志数据。

（3）对接第三方平台及仪表盘。

为及时将发现的风险通知责任人，Grafana 支持对接多种第三方平台及仪表盘以发送告警数据。一旦配置为对接第三方平台，Grafana 将持续监测并推送通知到第三方系统（如 Slack、PagerDuty、VictorOps、OpsGenie 等）。为方便配置，Grafana 支持将定义好对接规则的数据可视化仪表盘或全屏面板共享，仪表盘中自动包括当前的时间范围和变量，支持创建公共快照或内部快照。

（4）支持多源混合数据源。

新版的 Grafana 支持在同一图表中混合不同的数据源数据，并支持基于每个查询指定数据源。我们甚至可以通过 Grafana 的扩展插件对接自定义类型的数据源数据，结合 Grafana 现有数据源数据融合展现，并直观显示在一个可视化图表中，如图 5-11 所示。

通过 Grafana 提供的数据临时查询和动态向下钻取能力，我们可以随需浏览底层原始指标数据，拆分视图来并排比较不同的时间范围数据，以便发现数据中隐藏的潜在风险。

（5）基于仪表盘模板库的经验知识分享。

Grafana 提供了大量根据经验定义的可视化仪表盘模板，模板库如图 5-12 所示。利用类 SQL 查询语句，Grafana 将常用指标聚合、统计和展现策略固化为可下载的模板，并通过开源社区的方式供全球用户下载或分享自己的仪表盘。

图 5-12　Grafana 模板库

（6）插件机制的第三方数据源定制对接。

Grafana 具有可扩展插件机制，支持对接第三方的监控数据源，其中包括自定义数据源或 ZABBIX、ElasticSearch、Prometheus 等常用监控系统数据源。对接之后，Grafana 支持在仪表盘中直接配置对应的查询语句来过滤、统计、聚合数据，如图 5-13 所示。这种插件机制为企业规划的建设应用智能运维系统提供了一种不需要同构底层存储即可统一展现多源、异构数据的运维可视化策略。

图 5-13　自定义指标数据检索、统计策略

5.1.6.2　Elastic Kibana

1. 简介

Kibana 是 Elastic 公司提供的一系列运维工具套件中的数据可视化模块[1]，可以直接

---

[1] https://www.elastic.co/kibana/.

对接 ElasticSearch 来实现仪表盘和报表的可视化配置。通过 Kibana，用户可以对自己的 ElasticSearch 进行可视化，还可以在 Elastic Stack 中进行导航，如图 5-14 所示。

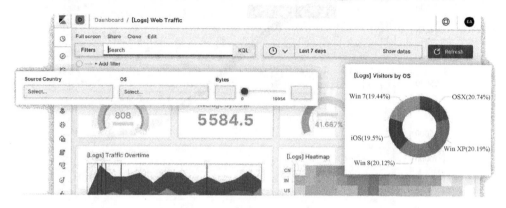

图 5-14　Kibana 数据可视化图表效果

2. 主要功能

Kibana 的核心功能是实现监控运维数据的可视化。Kibana 应用流量监控仪表盘如图 5-15 所示，其默认支持一批经典图表，如柱状图、线状图、饼状图、旭日图等。当然，我们还可以基于 Kibana 与底层 ElasticSearch 数据存储索引平台交互，搜索自己的所有文档。在日常运维过程中，我们可能希望跟踪自己网站的运行状态，或者希望查看分布式痕迹，通过 Kibana 内置应用，如 Logs、Infrastructure、APM、Uptime 及其他应用，无须离开 Kibana，便能轻松完成这一切。

（1）结合位置数据分析应用监控数据。

借助 Elastic Maps，Kibana 支持分析采集到的位置相关数据。结合地图类图表，其可以对定制图层和矢量形状进行可视化，并进行交互式数据探索、过滤和定位。

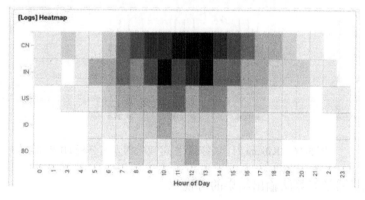

（a）热力图

图 5-15　Kibana 应用流量监控仪表盘

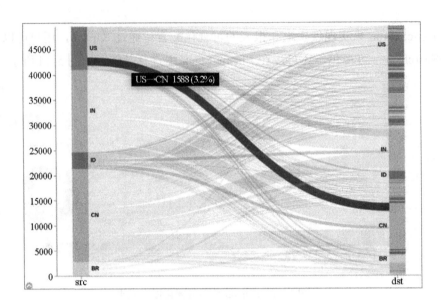

(b)桑基图

图 5-15　Kibana 应用流量监控仪表盘（续）

（2）实现时间序列监控数据的可视化。

借助 Kibana 的时间序列数据可视化探索与分析 UI 界面，可对 ElasticSearch 中的数据执行高级时间序列分析，如图 5-16 所示。可以利用功能强大、简单易学的表达式来描述查询、转换和可视化。有了 Kibana，命令行不再是管理安全设置、监测堆栈、采集和汇总数据或配置其他 Elastic Stack 功能的唯一途径。与此同时，得益于出色的 API，用户可以通过可视化 UI 轻松地管理 Elastic Stack 并确保其安全性，这种方式更加直观，也能让更多的人上手使用。

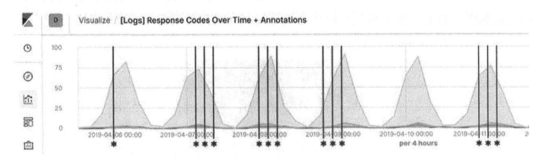

图 5-16　Kibana 时间序列数据可视化探索与分析 UI 界面

（3）实现机器学习算法输出结果的可视化

Kibana 支持借助非监督型机器学习功能来检测隐藏在 ElasticSearch 数据中的异常情况，并探索那些对它们有显著影响的属性，如图 5-17 所示。

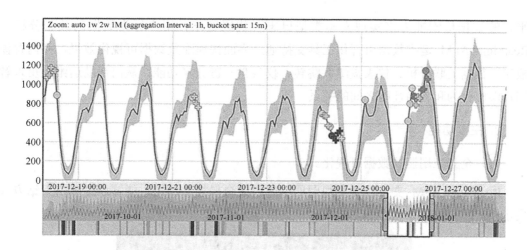

图 5-17　用机器学习算法处理时间序列数据的结果界面

凭借搜索引擎的相关性功能，结合 Graph 关联分析，Kibana 可以分析发现 ElasticSearch 数据中常见的数据关系，如图 5-18 所示。

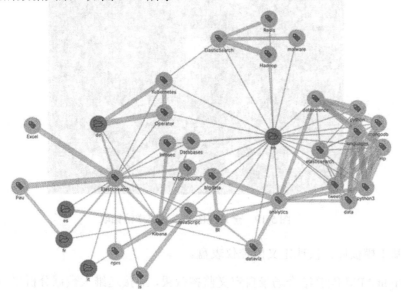

图 5-18　数据关系可视化效果

5.1.6.3　RealSight APM

1. 简介

东软 RealSight APM 应用智能运维平台的定位是功能完整的应用智能运维平台，其中包括独立可部署的运维数据可视化工具。通过此工具，应用运维人员可配置对接 Prometheus、ZABBIX 等类型的遗留监控系统，或者通过对接 Apache Solr 数据存储索引平台的数据检索能力来实现文本类型日志、代码链路、用户行为数据的关联分析。RealSight APM 运维数据可视化工具支持通过界面快速配置数据可视化效果，并内置模板库、数据关联分析、仪表盘级联跳转、仪表盘一键分享功能，从而帮助运维人员理解用户操作行为和应用性能之间的关系。

2. 主要功能

（1）全景应用监控数据可视化。

RealSight APM 支持以全景视图展示应用的全局拓扑结构，能够通过单击下钻方式展示当前节点的异常状态和影响范围，如图 5-19 所示。

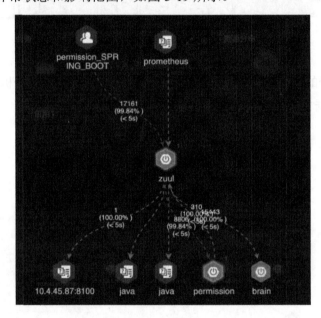

图 5-19　全景视图异常链路详情钻取

（2）基于模板库，快速定义监控仪表盘。

RealSight APM 能够结合场景自定义监控效果，对接运维大数据分析平台，快速生成监控可视化界面。利用 RealSight APM 可视化门户，用户可以浏览系统预存的默认模板及自定义创建的模板，模板库列表包含模板名称、模板描述等相关信息，模板库中提供的默认模板不可删除，可通过单击来导入模板。单击 RealSight APM 界面快捷菜单中的"+"按钮，同样可以进入模板库，以便于在运行期操作。

（3）秒级海量数据分析，故障现场快速回溯。

RealSight APM 能够在发现风险后快速回溯历史数据，查找线索并支持定位根源问题。当在仪表盘中回溯海量数据时，可以在数据可视化界面直接操作实现。仪表盘能够在同一图表展现多指标数据，使用户结合发生时间来实现风险的定位和分析，如图 5-20 所示。

图 5-20 多指标结合来定位和分析风险

（4）自定义监控类图表库，满足多场景的监控需要。

仪表盘可以随时编辑，如增、减指标或修改展现方式。界面编辑栏提供了时间序列、拓扑、告警等多类别、上百种的监控专用图表（见图 5-21），可满足不同应用运维场景的监控需要。

图 5-21 自定义数据展现图表库

（5）支持定义层级结构仪表盘，实现根源问题的快速定位。

RealSight APM 支持多级仪表盘关联，同时满足集中监控和故障时数据下钻分析的需要，如图 5-22 所示。通过从应用到运行环境基础设施自上而下地级联仪表盘，RealSight APM 可以实现如图 5-23 所示的以应用为核心的运维全栈数据层级钻取效果。运维人员一旦发现应用监控全景视图中出现风险，可以逐层钻取下层数据，从而定位问题根源。

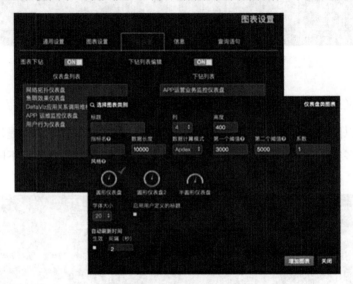

图 5-22　仪表盘下钻配置栏

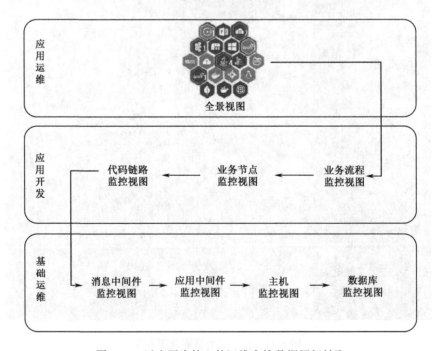

图 5-23　以应用为核心的运维全栈数据层级钻取

（6）灵活配置数据分析策略，零编码修改图表。

RealSight APM 支持通过配置公式一键实现海量运维数据的自助探索、钻取、钻透、切片和联动分析。在创建图表的过程中，用户可以自定义图表长、宽及图表名，如图 5-24 所示。其中，列表示图表的宽度，仪表盘默认总宽度为 12；高度的单位为像素。

图 5-24　自定义仪表盘图表配置

图表创建后，用户可修改图表长、宽和图表名等基本信息。在设置栏中开启编辑，单击图表右上角的配置按钮，用户就可以在通用设置栏对已定义的图表进行基本信息的修改。此外，用户可以快速修改图表长、宽以达到自己想要的效果。

当仪表盘中的数据显示异常时，运维人员可能需要其他人员协助来定位风险根源。此时，运维人员可以一键生成共享链接，从而方便地在讨论群、邮件、微信中分享问题数据，协作完成问题排查，实现基于仪表盘的运维团队合作。

在日常工作过程中，运维人员不可能一直盯着屏幕查看系统状态，因此，支持手机端接入应用智能运维系统显得非常必要。RealSight APM 支持无缝对接手机端，运维人员可以通过手机实时接收告警，利用手机浏览器打开监控仪表盘来查看用户数字体验、应用状态、告警信息等数据（见图 5-25）。

RealSight APM 可实现运维数据可视化，自助定义监控视图：自助提取监控数据，定义可视化监控仪表盘视图，设置仪表盘间的跳转关系，从而让海量运维数据更易理解、风险监控更直观。

5.1.7　告警及风险智能管理

在识别出故障或检测出潜在风险之后，我们需要工具辅助来及时处理告警及风险，处理过程包括管理记录，过滤无效告警，合并重复告警，用邮件、微信、短信通知相关责任人和自动处理告警。管理风险是监控最核心的任务，几乎所有监控类工具都有告警及风险管理能力，但对于面向复杂互联网应用的智能运维系统，其需要融合多种监控运维系统能力，这就需要有能够对接多种监控告警、集中管理告警及风险的专业平台的支持。在需求的推动下，这类工具也在快速地发展演进，有些工具已能对接几百种监控系统，并具备了代替人工判断的智能化告警处理能力。目前，市场上常用的这类工具有

PagerDuty 和 Opsgenie。

图 5-25 手机端兼容的数据可视化界面

5.1.7.1 PagerDuty

1. 简介

PagerDuty 是一个专注于以 SaaS 在线云服务形式为企业 IT 部门提供风险告警、变更事件通知等事件响应服务的平台，能够通过机器学习自动化地提醒用户注意中断和异常[1]。该平台作为独立服务运行，可以与企业现有的开源监控系统（如 Nagios、ZABBIX 等）和第三方商业化监控平台（如 NewRelic、Dynatrace 等）无缝对接，或者可以通过开放 API 定制开发，集成到定制开发的 IT 运维系统中。目前，PagerDuty 已经有了相当广泛的业务群，典型用户包括通用电气、沃达丰、Box.com、三叶草网络和美国鹰装店等。

2. 主要功能

PagerDuty 位于企业运维技术生态系统的顶层，面向用户整合所有来源的风险告警和实践，分析来自几乎所有软件系统的数字信号。其帮助用户智能地查明停机等问题，并利用机会使运维团队能够采取正确的实时行动。

PagerDuty 与 Slack、ServiceNow、AWS、Zendesk、Atlassian 等数百种应用程序无缝集成。总的来说，PagerDuty 的主要功能如下。

（1）其可连接到任何系统，分析机器和人工数据。

（2）其通过机器学习实时识别事件和机会。

（3）其通知并授权责任人及时采取正确的行动。

（4）其从智能和分析中学习，使系统和团队不断改进。

5.1.7.2 Opsgenie

1. 简介

Opsgenie 是 Atlassian 公司推出的告警及风险管理产品[2]。将 Opsgenie 与企业运维过程中使用的工具整合集成，可以把运维人员和运维系统关联成一个完整的闭环。目前，Opsgenie 支持与业界 200 多种运维流程管理平台，ITSM、APM、NPM 等监控平台，ChatOps 平台和协作平台对接。与灵活的规则引擎流程编排工具集成，Opsgenie 能够自动执行将告警通知对应的责任人、呼叫通讯录中的责任人等工作，使他们及时获取告警信息，并采取行动。

2. 主要功能

总的来说，Opsgenie 的核心功能可以总结为以下几点。

（1）其提供对应到行动且可靠的告警。Opsgenie 确保运维团队永远不会错过严重告警，通过深度集成到监控、票务和聊天工具中，Opsgenie 会对告警进行分组，过滤噪声，并使用多个通道通知责任人，为责任人的团队提供立即开始解决问题的必要信息。

（2）其具有待命管理和上报功能。Opsgenie 使待命管理变得简单，可在一个接口中

---

[1] https://www.pagerduty.com/.
[2] https://www.atlassian.com/software/opsgenie.

生成和修改计划并定义上报规则。运维团队将始终知道在事件中谁随时待命并负责，并确保关键告警始终得到确认。

（3）其具有高级报告和分析功能。Opsgenie 跟踪与告警和事件相关的一切，它使用强大的报告和分析功能来揭示大多数告警的来源、团队在确认和解析告警方面的表现，以及待命工作负载的分布方式。

（4）其提供服务感知事件管理。Opsgenie 了解问题如何影响业务服务，并主动向所有利益相关者传达中断。运维团队可以提前计划服务中断，并在事件发生时让 Opsgenie 发送消息、创建状态页和会议桥。Opsgenie 可使运维团队将注意力集中在解决方案上。

（5）其具有自动化的沟通协作功能。有效的沟通和协作是快速响应的关键，Opsgenie 提供与当今最流行的聊天工具的深度集成，因此运维团队可以轻松地采取行动和协作。如果风险需要多团队协作解决，运维团队可以基于 Opsgenie 创建虚拟作战室以协调多个团队之间的响应，并使用 Opsgenie 的大规模通知功能使利益相关者保持最新状态。

5.2 商业化产品

虽然我们不可能购买或实施一款具备智能运维能力的应用监控管理平台就能解决企业面临的所有应用运维问题，但基于商业化产品，我们能够借助第三方公司成熟的技术和案例来降低对开源软件学习、人才培养和技术预研的成本，并借助第三方公司的经验绕过建设过程中可能遇到的"坑"，从而提高应用监控管理平台建设成功的概率，缩短建设的周期。

5.2.1 Dynatrace：软件智能平台

5.2.1.1 产品简介

Dynatrace 起初的定位是一款面向 Java 应用的性能管理软件。经过十几年的发展，Dynatrace 已经演进成一个以智能化为核心、功能全面的软件智能平台。该产品重新定义了当今数字信息系统的应用监控方式，支持应用的完整堆栈监控和自动化的解决方案；通过引入基于算法的智能运维理念，将数据转化为信息，而不只是实现数据采集、告警和可视化。Dynatrace 通过统一的门户界面管理应用全栈监控数据和信息，基于对每个用户、每个事务、每个应用程序的深刻洞察来理解态势，管理应用运行期的风险。其面向企业内部和互联网应用的不同场景提供 On-Premis 线下及 SaaS 线上多租户的服务方式。

目前已有近 8000 家用户使用 Dynatrace 来优化用户数字体验、加快创新并实现 IT 运营和运维的数字化。

5.2.1.2 关键特性

（1）应用性能管理：Dynatrace 提供对应用运行状态的白盒监控，提供代码级的监控能力；利用预部署探针可以实现对部署在公有云、私有云、混合云环境，基于微服务架构开发的应用全链路进行监控；支持从移动端到数据库和基础设施的全链路的应用运行期数据采集。

（2）云基础设施监控：Dynatrace 覆盖主机、虚拟机、容器、网络和日志的一体化应用运行环境监控方案，支持 Kubernetes、OpenShift、Docker 和 Cloud Foundry 等 PaaS、IaaS 平台；基于 AI 算法实现了告警及辅助定位和分析根源问题的功能。

（3）人工智能辅助运维：Dynatrace 推出了 AI 智能运维引擎 Davis，辅助人工自动修复和编排智能运维流程，解决云中的运维问题；目前，Davis 支持风险根源分析、异常检测和关联关系发现等功能。

（4）用户数字体验管理：Dynatrace 优化所有应用程序的用户体验，了解每个数字体验的业务影响；从所有设备和浏览器中，从每个移动应用程序和 Web 应用程序获得用户所有活动的操作视图；基于 AI 的实时用户数据分析评估满意度、检测难题并主动修复问题，避免对用户产生负面影响；支持主动模拟用户端拨测应用性能和数字体验，实现用户访问的 Session 回放，辅助运维人员排查故障根源。

（5）数字业务流程分析：Dynatrace 将全栈监控数据与业务指标联系起来，获得有关转化、收入影响、发布验证、用户细分等的实时、精确的答案，从而快速修复问题并推动获得更好的业务成果；将来自事务的用户体验和应用程序的性能数据关联起来，以完成完整的业务上下文；提供精确的分析结果，从而提升用户体验和提高转化率。

5.2.2 AppDynamics：思科的战略新方向

5.2.2.1 产品简介

AppDynamics 公司是一家专注于应用性能管理的公司，在被思科收购后，其监控愿景进一步扩展——希望通过对其产品套件（称为 AppDynamics）进行多项增强，将监控范围覆盖应用的整个业务。

借助 AppDynamics，企业能够实时了解应用程序性能、用户性能和业务性能，从而在日益复杂的软件驱动世界中更快地移动。AppDynamics 公司的集成应用程序套件构建在其创新的企业级 App iQ 平台上，使用户能够更快地做出决策，从而增强自定义。

5.2.2.2 关键特性

AppDynamics 除了具备传统 APM 的链路追踪、应用代码级监控、风险识别和告警能力，也在重点建设运维智能化能力，借助算法来提升运维自动化能力和对风险精确识别及决策处理的能力，其主要功能如下。

（1）应用云迁移过程保障：AppDynamics 的应用程序智能平台提供对应用程序性能问题、资源依赖性和迁移成功的实时自动见解，以便企业可以放心地迁移到云；根据当前应用程序的资源评估云服务器的需求，AppDynamics 支持快速识别和解决任何性能问题，从而辅助运维人员了解整个环境及其所有依赖项，以便成功迁移。

（2）检测最终用户体验中的问题：AppDynamics 使用企业级统一的应用程序性能监视平台，并利用先进的机器学习来确保更好的最终用户体验，避免出现影响业务的问题。

（3）用户体验问题探测发现：AppDynamics 通过 AppDynamics 流程图全面了解每个应用程序和依赖项（包括 SAP 和大型机）的性能；支持监控应用业务事务执行过程、应用运行依赖的本地数据中心和云（AWS、Azure、OpenShift 或 PCF 环境），主动捕获 Web、移动端、IoT 应用程序中或整个业务流程中的关键的用户访问过程。

（4）混合云应用根源定位和分析：相比于单纯云环境或本地数据中心，混合云复杂度更高，AppDynamics 提供的认知引擎模块提供 AI 根本原因分析和异常检测，这意味着风险告警识别和处理可以实现部分自动化，无须人工耗时地配置告警策略及定位问题根源。

（5）应用容量规划决策：AppDynamics 监控的每个应用程序、最终用户体验和关键基础架构指标都是动态基线的，这样可辅助应用运维人员在做容量的过程中洞察应用性能特征，从而指导应用后续部署优化、应用模块部署优先级划分和云基础架构规模调整。

（6）云应用智能弹性控制：AppDynamics 根据业务性能、用户体验或应用程序时延信息向上和向下扩展弹性应用程序；支持与思科工作负载优化管理器（Turbonomic）和思科云中心无缝集成，这意味着云资源分配始终符合用户体验的需求。

（7）验证应用云迁移后的效果：AppDynamics iQ 允许进行快速的云迁移前和迁移后的比较分析，从而轻松显示迁移到云的技术和业务成功，这意味着可以通过数据驱动的方式推动进一步的创新。

5.2.3　NewRelic：让应用运维随需即取

5.2.3.1　产品简介

NewRelic 是主要面向互联网环境实现应用监控运维的软件分析和应用程序性能管理

的解决方案，为用户提供深入的数据可见性和分析，目前只提供线上 SaaS 多租户方式的服务接入方式。NewRelic 通过直接提供代码、日志、运行环境指标和终端数据采集方案的方式，使用户能够全面掌握应用运行期的状态，从而开发更快和更稳定的软件，构建改进的产品，并保障用户数字体验顺畅。面向不同的应用运维和运营场景，NewRelic 提供了有针对性的特色服务，如面向复杂应用系统管理的日志分析服务 NewRelic Logs、指标和代码白盒监控服务 NewRelic Metrics & Traces、无服务框架应用监控 NewRelic Serverless、主动风险检测和定位服务 NewRelic AI、浏览器终端用户体验监控服务 NewRelic Browser 等。

5.2.3.2 关键特性

（1）全栈应用监控数据采集。NewRelic 提供从 iOS 移动端、Andorid 移动端、Web 浏览器端到应用服务端的日志、服务器、云环境、微服务和容器的全套监控解决方案。NewRelic 除了提供监控探针，还支持对接第三方开源和商业化监控系统工具来收集指标和跟踪数据，并将该信息与管理的所有其他系统和服务数据融合在一起分析、可视化。

（2）在开发期植入监控 SDK。将 NewRelic 开源的监控 SDK 在开发期植入应用，可以实现应用监控能力的快速启动和运行。此 SDK 被设计为易于在开发期植入应用程序内部的程序采集监控库和面向监控服务端提供数据的用户端接口，用于接收应用运行期收集的指标和跟踪数据。本地部署的代理程序通过指标采集 API 和链路追踪 API 将应用性能数据转发至 NewRelic。

（3）自助式运维数据探索分析。为了在当今业务中取得成功，企业需要系统地操作推动业务的数据，然后利用这些信息来加速开发流程和决策。NewRelic 提供了互联网在线接入的运维数据探索分析服务 NewRelic Insight，它支持连接至 NewRelic 平台中的其他数据采集服务，可以流式传输和跟踪来自应用运行期本身、浏览器、移动端、基础设施和合成数据的数据。利用 NewRelic Insight 中提供的类 SQL 语言 NRQL（NewRelic Query Language）和数据探索界面，可以对海量应用性能数据进行更深入的分析、分段和筛选。

（4）应用运维数据自助可视化。NewRelic 提供自助式监控仪表盘、报表定义工具，用户可通过可视化搜索界面直观地浏览数据，在数秒内创建图表和分析。NewRelic 通过扫描、识别单个事件样本及列名称和属性进行后续分析，用户可通过页面工具检索 NewRelic 中捕获的数据类型。NewRelic 支持根据配置自动生成 NRQL，提供通过具备语法导航能力的页面快速复制和修改 NRQL 语句，这在一定程度上提升了应用性能数据自助分析的人机交互体验。

5.2.4 RealSight APM：全景化应用智能管理

5.2.4.1 产品简介

RealSight APM 是东软基于 20 年的企业应用开发、运维经验研发的全新一代企业应用性能管理平台。该平台致力于为企业一站式解决应用性能管理问题。其面向企业级应用和互联网应用，提供 360 度全方位、全栈的监管能力；内置自主研发并拥有多项专利技术的预测分析引擎（Predictive Analytics Engine，PAEngine），能够通过分析运维数据来提前发现潜在问题及风险，将传统被动响应式的风险处理方式变为主动式的防御方式，从而规避应用性能问题给企业带来的损失。

RealSight APM 致力于打造主动防御型应用性能管理体系，使企业能够提前发现应用在某些场景下的风险，从而达到防患未然的效果。为了应对高并发、大规模集群应用运行期的海量监控数据处理问题，RealSight APM 借助 Intel® DAAL（Data Analytics Acceleration Library）实现数据分析全流程加速，这使得 RealSight APM 能够快速分析处理海量数据，并从中提取隐含的有用信息，实现大数据驱动的智能运维，帮助企业构建具备风险主动防御能力的智能运维平台，降低应用性能管理成本，加速企业数字化转型。

5.2.4.2 关键特性

1. 应用全栈集中监管，全方位掌控应用运行状态

RealSight APM 提供对应用的 360 度全方位、全栈监管能力，不仅能够对应用进行请求、事务、线程及代码级的深入分析，而且支持对应用依赖的应用服务器、数据库、虚拟化环境、云环境及主机、网络、存储等基础设施进行监管，帮助用户了解并掌控应用性能、健康状态、风险及用户体验。

2. 聚合监控指标数据，简化日常应用性能管理工作

为简化监管海量监控指标的工作，RealSight APM 以聚合指标指示关键的应用性能指标，通过指标聚合，将海量应用性能指标转换为容易理解和管理的应用健康状态、用户体验等指数，并通过仪表盘实时更新。这些指数反映了应用运行的全局状态，避免了人工筛查指标数据时定义的大量、复杂的告警策略，从而提高了管理效率。

3. 管理用户体验，追踪用户实时及历史在线状态

保障良好的用户体验是应用性能管理的最终目标。RealSight APM 支持实时监控 APDEX，帮助用户掌控应用用户体验的变化情况。为实现更高效的敏捷管理，RealSight APM 以用户体验保障为核心，提供能够追踪用户实时及历史在线状态、请求响应时间、请求异常状态等关键指标的驾驶舱式的集中监管仪表盘。

4. 智能分析运行缓慢的业务流程

应用系统支撑企业运营的各环节，每个业务流程都对应众多的服务及功能调用，一旦某业务运行缓慢，会直接导致企业运转效率下降，甚至运转停滞。因此，在出现问题时，定位瓶颈所在并解决问题的及时性直接关系企业的营收指标。RealSight APM 能够通过分析海量运维数据，查找指定时间段内运行缓慢的业务请求及对应的应用执行线程，快速定位应用性能的瓶颈所在，提高解决业务响应缓慢问题的工作效率。

5. 深度分析应用性能风险根源问题

在应用系统性能异常时，RealSight APM 能够通过自上而下、逐层钻取应用堆栈的方式分析根源问题，生成指定时间段内的详细性能分析报告。该报告中涵盖应用行为、性能指标、异常日志、内存用量分析等几乎所有应用运行期的关键运维数据，从而帮助用户快速排查、分析应用性能异常的原因。

6. 变被动处理为主动防御，提前规避应用性能风险

要从根本上扭转当前企业面临的应用性能管理被动，甚至有时近乎失控的局面，首先需要变被动解决风险告警为主动发现潜在问题及风险。有别于其他 APM 产品，RealSight APM 致力于打造主动防御型应用性能管理体系，使企业能够提前发现风险，防患未然。它内置的 PAEngine 使 RealSight APM 能够分析处理海量数据，并通过自主研发的运维数据深度学习技术，从应用性能历史数据中分析最小粒度的指标，计算运维数据间的复杂概率分布，并基于数据自动生成关联关系、影响程度等信息，从而生成用于预测分析的数学模型。利用此模型，RealSight APM 能够在给定时间范围或预期负载条件下发现潜在的问题及风险，提升用户体验，降低由应用稳定性、性能问题带来的经济损失。

7. 预测应用性能的变化趋势，优化应用资源配置

通过分析运维数据，生成可对应用性能、负载及容量的未来变化趋势进行预测分析的模型，RealSight APM 能够帮助企业提前发现应用资源配置存在的问题，定位如 CPU、物理内存、Java 内存、物理磁盘、网络等资源存在的资源超配或资源配置不足的问题。除此以外，RealSight APM 能够借助预测分析模型，计算提升或降低某种资源配置对应用关键性能指标（如请求响应时间、APDEX 等）的影响程度，从而帮助运维人员找到最优资源配置方案，在保障应用性能的同时提高资源使用率，节约成本。

5.2.5 Datadog：深度分析应用性能

5.2.5.1 产品简介

Datadog 起初的定位是监控全栈基础设施的运维工具，监控范围覆盖云、服务器、应

用、服务等。与NewRelic类似，Datadog也是基于多租户SaaS服务形式提供线上应用智能运维能力的平台[1]。Datadog具备面向应用代码，以及应用运行依赖的服务器、数据库、中间件和第三方服务的监控能力。Datadog提供交互式数据探索分析及可视化工具，这些工具包括可针对团队特定需求进行自定义的实时交互式仪表板、指标和事件的全文搜索功能、共享和讨论工具。运维团队可以通过Datadog提供的SaaS门户使用这些工具，并在平台上进行交互协作。

Datadog还提供与各种第三方公有云、企业软件套件和开发工具之间的集成，提供开箱即用的能力，因此在对接Datadog服务时，已建立的团队工作流可以在很大程度上保持不变且不间断。企业运维团队可以将Datadog构建成一个云基础结构监视服务，实现仪表板、告警和指标可视化功能。随着云平台使用率的提高，Datadog发展迅速，其产品支持范围也在逐渐扩大，涵盖包括亚马逊云服务（AWS）、微软Azure、Google云平台、红帽OpenShift和OpenStack在内的主流服务提供商。

5.2.5.2 关键特性

1. 洞察分布式应用代码的性能

Datadog支持辅助定位风险源在应用程序中的位置，并可在几秒内轻松找到缓慢的SQL查询、代码Bug和运行低效的代码。通过端到端的跟踪页面、代码时延的拆解和显示请求级详细信息的火焰图，Datadog能帮助运维人员实时监控服务映射和相关代码的执行情况，定位服务级别性能问题并及时报警，赋予企业运维人员全面了解应用程序代码性能的能力。

2. 保障用户体验和用户满意度

Datadog应用分析功能支持在数秒内查找来自任何用户的指定请求的执行情况，实现在单个用户和多用户统计级别对用户数字体验的快速分析。通过主动排查潜在风险的功能，运维人员可以在用户数字体验受影响之前发现性能问题。

3. 保障应用业务的连续性

通过Datadog提供的仪表盘报告、自维护主动浏览器测试和主动应用性能风险分析能力，运维人员可轻松验证服务是否保持高可用性，从而保障企业以更安全的方式将新代码部署到生产环境中。Datadog支持350多种第三方运维工具和平台能力的集成，包括E-mail、PagerDuty和Slack。

---

[1] https://www.datadoghq.com.

4. 优化团队间的协作过程

Datadog 为开发、测试、运维团队提供工具支撑，辅助实现通过应用内屏幕截图和工作流集成（如 Slack 和 PagerDuty）来让不同团队快速沟通性能问题，并通过将事件叠加到时间同步的图形上，轻松测试假设。Datadog 仅接收重要的和消除误报的问题的告警，可设置针对每日、每周和季节性波动的异常及异常值的告警。Datadog 通过预测指标异常来主动防止中断和错误。Datadog 支持基于布尔逻辑创建复合告警，以减少响应虚假告警所花费的时间。Datadog 提供 Watchdog 机制以自动检测意外异常值、异常和错误。

5. 保障物联网应用性能的可用性

在 IoT 场景下，具有大型分布式 IoT 设备的公司必须应对来自单个设备的大量遥测数据，这些设备通常在全球分散，并且构建在多个软件和硬件平台上。在这些环境中，来自任何一个源的数据流的中断可能表示设备故障、应用程序级性能问题或区域网络问题。为了可靠地操作 IoT 队列，公司需要全面了解设备的运行状况，以及具备向下钻取以排除特定区域、设备类型、软件版本或单个设备故障的能力。Datadog 为设备队列提供自上而下的 IoT 监视，能够按任何维度和任何粒度级别聚合性能指标。公司可以在单个窗格中监控 IoT 的软件性能、设备硬件指标、应用程序日志、网络性能等数据。

5.2.6 BigPanda：AIOps 算法驱动应用自动化运维

5.2.6.1 产品简介

BigPanda 是专注于以 AIOps 算法分析监控数据、实现运维过程自动化的开放平台[1]，它通过预置算法实现告警关联、无效告警过滤、数千种变化和不断变化的拓扑关联，以及风险根源定位等功能。当今快速演进的 IT 技术堆栈对 IT 运维团队、网络运维中心（Network Operations Center；NOC）和 DevOps 团队来说是一场噩梦。BigPanda 的自主运营平台可以为企业提供这些场景下的自动数据采集、存储和分析能力。它能捕获来自所有工具的告警、更改和拓扑数据，然后使用机器学习实时检测问题并识别其根本原因。通过 BigPanda，企业可保障为用户提供更稳定的数字服务、更好的性能及更好的用户数字体验。

5.2.6.2 关键特性

1. 将 IT 噪声降低 95%或更多

BigPanda 能聚合、丰富和关联来自当下主流与旧版监控工具的告警，之后利用

---

[1] https://www.bigpanda.io/our-product/.

OpenBox 机器学习模块将 IT 噪声降低 95%或更多，从而实时检测事件和中断，消除误报，识别可能的根本原因，并将事件路由到 IT 运维团队、NOC 和 DevOps 团队，以便其立即采取行动。

2. 开箱即用的风险根源定位

BigPanda 能够定位导致应用故障的超过 85%的风险告警。面对复杂多变的应用运行环境，IT 运维团队、NOC 和 DevOps 团队每天都会看到数千个变化，一旦出现问题，将有大量人工投放在试图找出违规的更改、错误的配置和代码缺陷上。BigPanda 能针对这些问题自动分析在 CI/CD 过程中收集的信息并将其与监控告警的 AIOps 解决方案相匹配，这样可辅助人工快速识别风险根源问题，从而指导运维团队快速解决。

3. 开放的 AIOps 智能运维算法

AIOps 使 IT 运维能够处理更多的监控数据，管理更复杂的应用系统，不受人类能力的限制。这是满足当今混合 IT 环境下应用运维管理需求的唯一方法。这些混合 IT 环境融合了快速移动的云原生技术和传统系统。BigPanda 支持监控混合 IT 环境下的应用运行，并具备一定程度的 AIOps 能力。

5.2.7 Numenta NuPIC：类脑计算践行异常检测

5.2.7.1 产品简介

Numenta 智能计算平台（NuPIC）是一个实现 HTM（Hierarchical Temporary Memory，分层级临时记忆）学习算法的机器智能平台[1]。HTM 是新皮质的详细计算理论。HTM 的核心是基于时间的连续学习算法，用于存储和调用空间及时间模式。NuPIC 适用于各种问题，尤其是流数据源的异常检测和预测。

HTM 是基于新皮质生物学，支撑实现面向未来的、具有预测能力的机器智能的基础技术。由于 Numenta 致力于使每个人都能使用这项技术，因此所有 HTM 软件和正在进行的研究都是开源的。开源策略允许用户更便捷地使用 Numenta 的技术学习相关理论、深入了解源代码或基于开源工程构建自己的应用。Numenta 的一些社区成员已经用其他语言和平台编写了自己的 HTM 系统版本。还有一些人创建了详细的实验和应用程序。新皮质是一个逻辑系统，HTM 理论反映了 Numenta 目前对新皮质工作原理的理解，而 HTM 代码将该理论简化为实践。随着 Numenta 对大脑的更多了解，HTM 不断更新。Numenta 相信，HTM 将在创造真正智能的机器方面发挥关键作用。

---

[1] https://numenta.com.

5.2.7.2 关键特性

Numenta通过神经科学研究人脑新皮质层的工作原理,设计层级临时存储算法HTM,实现对时间序列指标数据的异常检测。基于丰富的神经科学证据,Numenta创建了HTM。该技术不只是从生物学上激发的,因为它在生物学上是受约束的。当应用于计算机时,HTM算法非常适合预测趋势、检测异常和处理传感器采集的数据。

HTM算法的核心是存储、学习、推断和调用高阶序列。与大多数其他机器学习方法不同,HTM算法连续学习未标记数据中的基于时间的模式。HTM算法对噪声处理相对稳定可靠,容量也高,这意味着HTM算法可以同时学习多种时间序列中的数据波动模式。

HTM算法最适用于满足以下特征的数据:①流式处理数据而非批处理数据;②具有基于时间的模式的数据;③许多单独的数据源,其中手工制作单独的模型是不切实际的;④人类无法一直看到的微妙模式;⑤阈值等简单技术产生大量误报和假阴性的数据。

Numenta 的技术已在软件中经过测试和实施,所有这些软件都是采用最佳实践开发的,因此 Numenta 适合在商业应用中部署。

 本章小结

本章从建设应用智能运维系统需要用到的工具的角度介绍了现有的开源工具和商业化产品,从应用场景的角度总结了在应用运维典型场景下,建设智能运维系统会用到的开源工具及其用法,并对市场上功能较全面的应用智能运维产品的特点和能力做了介绍。

第 6 章
立足实际需求，规划系统落地方案

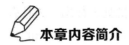 **本章内容简介**

前面介绍了应用智能运维发展和演进的历史，以及应用智能运维系统建设需要用到的相关技术和开源及商业化的工具。本章将立足实际需求，介绍企业如何使用现有技术和工具进行应用智能运维系统的落地方案规划，从企业前期准备、规划设计和概念验证三个阶段分别阐述方案规划的详细过程。

建设企业应用智能运维系统，不是应用运维部独立规划设计就可以完成的，它需要业务、产品、开发、基础设施运维多部门协同才能顺利实施。与 IT 基础设施运维建设项目相比，应用智能运维建设项目对建设团队人员的能力要求更高。为实施成功，从需求侧的调研分析，到开发实施侧的设计、验证、落地，企业都要做好充足、缜密的规划设计。

对应用系统核心业务流程的操作过程理解不够详细，或者各部门对服务质量目标的计算方法理解不一致，都有可能导致大面积返工甚至项目失败。例如，产品部门和运维部门针对某应用制定应用整体健康状态指标计算规则：定义指标取值范围为 0~100，100 代表应用一切正常，所有指标都在正常范围；80~99 代表应用出现少量请求访问缓慢、网络时延增加、资源使用率偏高等非关键异常；60~79 代表部分关键指标有超告警阈值的趋势，或者部分非关键指标告警；0~59 代表应用出现故障，需要立即干预，大部分业务流程访问异常，并发量大、资源不足导致系统响应缓慢。

对于运维部门，保障应用实时运行状态正常是最关键的，因此应用整体健康状态指标应该反映当前时刻应用的运行状态；而对于产品部门，其希望知道一段时间范围内，如一天内应用健康状态指标的平均值，以判断应用整体的稳定性，以及是否存在代码错误导致瞬间部分请求处理异常。如果前期沟通不充分，运维部门实时计算应用健康状态指标并展示，仪表盘上的时间窗口过滤对实时指标并不生效，此时产品部门按自己的理解进行判断就会出现问题。避免这类事件发生的有效手段，是应用运维团队在前期准备阶段和其他团队做充分的沟通讨论。运维团队需要对目标应用的技术架构和部署架构、应用升级频率、应用服务的目标用户的特点和使用习惯、应用历史运维过程中的风险处理的典型场景有充分的了解，并且就服务质量目标及需要提供给其他团队参考的监控指标、分析报告等与其他团队达成一致。

6.1 前期准备

在智能、互联场景下，除了应用运维部门，应用智能运维系统需要为开发部门、产品部门、数字营销部门提供数据支撑和决策支持。在项目启动的初期阶段，部门间围绕场景和实际需求的沟通非常关键。我们需要权衡实际收益和成本，考虑实现周期、技术难度、人员能力等风险，为接下来的规划设计提供足够的信息支撑。

考虑实际可操作性，前期准备过程中需要详细地调研，并讨论以下四个需要完成的内容：需求准备、应用准备、人员准备和技术准备。需求准备指在项目规划前期，首先要完成对企业现有运维状况的理解，对要实现智能运维的目标应用系统进行画像，了解应用的部署架构、服务目标用户的特点、应用场景，并定义建设愿景。应用准备要求对应用所处的生命周期阶段、服务目标用户群、用户接入方式和系统架构进行调研，通过定性和定量的分析方法找到应用特点，制定与其匹配的运维智能化策略。人员准备指实施应用智能运维，需要在传统应用运维团队的基础上补充具备系统工程师经验和代码开发能力的开发运维工程师，以及具备统计学背景、能够熟练使用机器学习算法的数据科学家和应用性能分析专家。技术准备要求团队熟练掌握分布式链路追踪、网络包分析、日志分析、时间序列数据分析、异常检测等技术和相关工具的原理及使用。在充分考虑企业现状、总结需求重点的基础上，根据其他企业的应用智能运维系统的建设经验，针对性地储备解决问题的人员和技术，能够大幅度提高项目成功的概率。

6.1.1 需求准备：理解企业现有的应用运维过程

需求准备阶段核心的工作内容是理解企业现有的应用运维过程，定义应用运维场景，并基于实际需求规划建设目标。开展这项工作，首先需要应用运维团队和企业内部负责应用系统开发的产品/项目团队沟通，了解当前应用系统的现状，对应用画像。

一般信息化成熟度比较高的企业应用运维会由独立的运维团队负责，也有一些企业将应用运维与基础设施运维统一合并，由 IT 运维团队负责。在大中型企业中，每个上线运营的核心应用系统的开发团队中通常会安排一个运维主管的岗位，以便单独负责指定应用的服务质量目标保障等运维工作。应用运维的用户场景如图6-1所示。

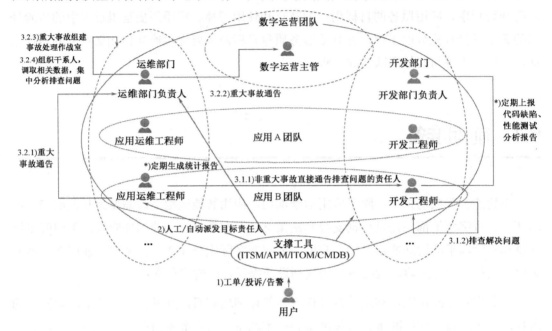

图6-1 应用运维的用户场景

在前期沟通工作中，最关键的是对目标用户场景进行梳理，从中找出用户的关键需求点。梳理用户场景对后续产品的策划的设计非常重要，疏忽用户的使用细节或出现理解偏差，可能导致后续大量产品设计的无效投入或返工，用"失之毫厘，谬以千里"来形容毫不夸张。因此，对需求调研人员能力的基本要求是，具备对用户场景的抽象总结能力，能够抓住用户痛点和场景关键点。

用户场景梳理的产出物应该完整定义现有运维参与的角色和过程，描绘清楚主要参与部门对应的角色职责、角色之间协作的交互过程和当前已经建设的工具起到的作用。

其中，参与运维工作的主要角色包括以下几个。

（1）运维部门负责人：统筹管理所有运维工作。其主要职责包括：保障全年无重大事故，核心系统宕机时间不超标，关键系统服务质量的周、月、年统计数据达标。

（2）应用运维工程师：负责某个应用的日常运维工作。其提供三线运维能力支持，主要职责包括：负责的应用全年无重大事故，负责的应用高效、稳定运行，投诉率低，对IT事故响应及时、研判准确、处理及时，负责的系统服务质量的周、月、年统计数据达标。

（3）开发部门负责人：统筹管理所有业务系统和应用的开发。其主要职责包括：所有上线运行的应用代码质量达标，系统性能工程设计达标，能够支撑标准负载的设计。

（4）开发工程师。其主要职责包括：确保所负责的上线运营的应用代码质量达标，对软件缺陷导致的事故响应及时、研判准确、处理及时，所负责的应用系统（软件模块）性能指标达标，能够支撑标准负载的设计。

（5）数字运营主管：统筹管理线上系统运营、数字化营销工作。其主要职责包括：保障用户转化率，制定与监控服务质量目标。

日常运维的主要过程包括如下方面。

（1）用户通过工单管理平台提交工单/投诉问题，或者生产环境出现风险，或者APM、ITOM等监控系统告警。

（2）人工/自动派发目标责任人以处理问题。

（3）定位解决相关问题：

① 非重大事故直接通告排查问题的责任人；

② 问题责任人排查解决问题；

③ 重大事故通告运维部门主管；

④ 重大事故通告运营部门主管；

⑤ 协调多团队组建事故处理作战室；

⑥ 组织干系人，调取相关数据，集中分析排查问题。

另外，需求调研人员要对对标产品有足够深入的理解，能够透彻地分析优势和劣势，并总结目标场景。所有用户场景定义都要指导后续产品的策划和功能设计，这要求需求调研人员有足够的工程设计能力和一定的产品技术背景，能够熟练使用统一建模语言（UML）来定义UML用例视图，总结关键工作流程图，绘制用户与产品的交互模型，并具备良好的语言表达能力，能够与用户、产品设计人员和研发人员有效沟通，总结要点，传达设计意图，以及指导后续的开发设计。

做好用户场景梳理工作，首先要对产品设计的目标用户场景的现状和痛点非常熟悉。在确定目标市场、目标用户群之后，需要先对用户做尽可能详细的画像和现有工作流程梳理及现场的调研。现有场景下，用户工作流程是怎样的？产品对现有工作流程有什么改变？产品能给用户带来哪些有益效果？产品是否足以激发用户的购买欲望？产品是否存在弊端及是否会导致新的麻烦？这些问题都是在用户场景梳理工作中要回答的。

对于应用智能运维，需求准备首先要找对目标用户，如要定位金融领域的用户，首先锁定银行的应用运维部门，调研具有典型性的标杆用户的日常运维工作流程，搞清楚其日常工作需要接触哪些人、做哪些事情、哪些工作耗时费工。接下来结合产品愿景，规划设计优化后的工作流程，形成初步方案，与用户沟通是否能解决现实问题并提高工作效率。如果可能，在用户现场验证环境下实施概念验证，验证设想场景的可行性，试探用户的真实反馈，这样最终形成的用户场景定义会比拍脑袋想出来的更容易落地。场景导向的产品/项目策划思路如图6-2所示。

图6-2　场景导向的产品/项目策划思路

需求准备最后产出的成果物的有效性，要体现在对后续解决方案设计和系统功能设计的指导作用上。奉行用户场景导向的策划思路，要比从技术或产品/工具角度找合适的应用场景更容易聚焦用户痛点，确定功能开发的优先级。首先，从用户场景可以梳理出需要解决哪些问题及改进哪些工作流程；其次，可以考虑哪些环节能用自动化、智能化手段代理，从而减少工时；最后，可以找出利用现有可行技术能改进的点，从而创造价值。

有了定义优先级的问题和改进点之后，需要规划对应的解决方案，再从方案映射需要实现的对应系统的功能。考虑实现难度和周期，优先级往往要根据问题重要性、紧迫性进行调整。

在调研需求、梳理用户场景时，用户无疑是关键的。了解应用智能运维系统相关用户角色的需求是首先要完成的工作。图6-3中总结了企业内部典型的用户角色对系统的需求，其中主要涉及的用户岗位和其对应用智能运维系统的主要需求如下。

（1）应用开发：对于发布上线的代码，需要映射到每笔交易，一旦出现异常，系统能够快速定位相关的代码链路。

（2）DevOps和运维：无论是在传统IT运维框架下，还是在DevOps框架下，系统都能够根据需要自助分析所有运维数据，定位风险根源或预测趋势，从而使相关人员全面掌控数字空间。

（3）用户服务：接到工单后，系统能进行智能决策支持及匹配合适的解决方案，或找到解决问题的责任人。

（4）产品管理：产品管理人员更关注发布上线的产品的被使用状态，若系统能提供自定义的业务访问频率统计，将很有帮助。

（5）市场营销：用户转化率是市场营销人员关注的关键KPI，若系统能将应用性能指标映射到影响转化率的关键业务和功能上,将使应用运维更有针对性。

(6)企业主管:系统能关注整体 ROI 和进行运维效率统计,支持报表统计导出,为容量规划过程的改进提供决策支撑。

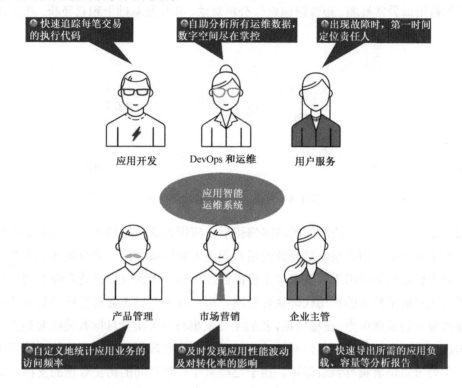

图 6-3 典型用户角色需求总结

6.1.2 应用准备:为目标应用的运行状态准确画像

在对企业当前运维现状和主要用户角色需求进行总结之后,接下来要做的是对运维目标应用的运行状态进行画像;对应用所处的生命周期阶段、服务目标用户群、用户接入方式和系统架构进行调研;通过定性和定量分析方法找到应用特点,制定与其匹配的运维智能化策略。

1. 应用生命周期阶段划分

除了标准化形态部署的软件产品,企业定制开发的应用系统开发上线,通常会经历以下几个典型的生命周期阶段(见图 6-4)。

(1)振荡期。在开发阶段,即使应用设计开发工作做得再充足,也无法保证充分考虑了所有应用运行期可能遇到的功能使用的组合,以及修正了所有缺陷。应用上线初期,难免会有大量遗留的缺陷集中爆发，运维工单系统中的工单数量相对较高。随着开发团队不断修正缺陷，工单数量振荡下降。处于这个阶段的应用发布版本的频率高、稳定性差，因此需要更全面密集的监控策略。由于缺少历史数据的支撑，在这个阶段，开发团队多采用通用型异常检测、根源问题定位分析算法，并在此基础上积累经验，迭代优化。

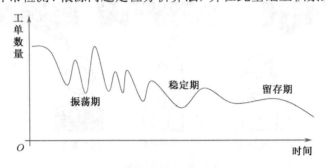

图 6-4　应用运行期的稳定性统计

（2）稳定期。经过一段时间的缺陷修正后，应用系统日趋稳定，发布版本的频率降低。在工单系统中，因系统缺陷导致的用户问题大幅度减少，工单数量通常不会有剧烈波动。处于稳定期的应用不需要采集太多的监控指标，因为监控也是有成本的，全量采集日活跃用户数量较大的应用代码执行链路、用户行为、日志会对监控及监控数据分析系统带来很大的负载压力。在稳定期，我们主要采集与服务质量目标有关联关系的指标，对代码执行链路实施监控，并针对性地选择采样策略来降低数据采集与处理的成本。选择几个主要节点部署集群系统即可。由于已经有了一段时间的历史数据的支撑，潜在风险发现、探伤和预测类算法可以逐渐发挥作用。

（3）留存期。当应用系统到了生命周期的尾声，有新系统代替之后，其用户数量逐渐减少。某些系统由于留存大量的历史数据，短期不能下线。只要不出现运行环境变更或访问量激增的情况，这些系统的稳定性和性能都不存在太大问题，对监控和运维保障的需求降低。通常系统只采用基本的稳定性、性能监测手段。

如图 6-5 所示，随上线时间变化，应用系统价值通常呈抛物线型变化，振荡期应用缺陷较多，更新频繁，应用价值不能完全体现出来。随着系统和场景磨合稳定，稳定期系统的价值达到最高点。之后随着业务场景变化和技术迭代演进，系统价值缓慢下降。进入留存期，系统成为企业遗留的系统，将被替换或重构。

在振荡期，应用工单数量抖动剧烈，新版本、新功能上线会对已经趋于平稳的系统状态造成影响，引入新缺陷。随后的缺陷修正动作又会降低系统的稳定性，增加系统缺陷和工单数量，如图 6-5 所示。

对企业应用逐个画像，定义其生命周期所处的阶段，结合其发布版本的频率和缺陷修正的速度，可以指导每个应用、每次版本升级之后的运维策略的选择，从而设计有针对性的风险监控手段和智能运维算法。

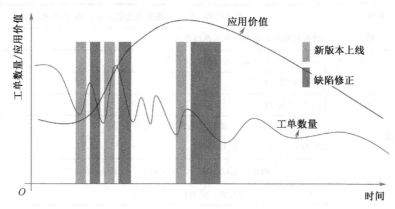

图 6-5　工单数量与应用价值随上线时间的变化

2. 目标用户群定义

判断应用目标用户群的特点，对后续服务质量保障目标的制定、风险探查解决策略的制定有指导作用。比较常用的用户群划分方法是将用户群定义为企业外部用户和企业内部用户。企业外部用户包括用户、合作伙伴、经销商等，一般通过互联网接入应用系统，并发访问量较大，服务中断将直接影响企业运营。企业内部用户指内部销售、开发、财务等部门的人员，一般通过局域网或专线接入，并发访问量较小，服务中断会间接影响企业运营。对服务于企业外部用户的应用，其用户数字体验保障和稳定性保障要求高、难度大。服务于企业内部用户的应用依赖的网络环境和日常负载相对可控，稳定性保障难度相对较小，但需要管理其对关键业务系统的间接影响关系，据此判断所需的可靠性保障等级。

3. 应用系统架构调研

对每个纳入应用智能运维系统管理范围的应用，都要了解其技术架构和部署架构，以指导后续详细的指标采集和系统部署技术方案的制定。技术架构需要清楚地定义应用使用的中间件类型及版本、功能技术的实现策略、数据流向及请求处理相关的信息；部署架构包含网络拓扑、应用与运行环境的依赖关系、监控系统与目标应用之间是否有防火墙、网闸等详细信息。

可通过用邮件给各应用开发团队发送调研表并汇总的方式进行调研。常用的调研表格式和需要包含的主要信息如表 6-1 所示。

表 6-1　目标应用系统架构调研表

序号	类别	具体内容（□处如果有对应的类型，请用√替换□）
1	应用系统名称	请在此枚举要监控的应用系统名称
6	系统标准和安全要求	请在此填写系统建设的标准和安全要求
10	是否有网闸	请填写"是"或"否"
11	网络是否多网段	请填写"是"或"否"
12	服务器数量	应用服务器数量：　　数据库数量：　　硬件数量： 路由器数量：　　交换机数量：
13	开发语言类型	□Java　□PHP　□.NET　□JavaScript　□Objective-C □C　□C++　□其他，请写出具体类型：
14	中间件类型	□Tomcat　□WebLogic　□WebSphere　□Jetty　□JBoss □GlassFish　□Apache　□其他，请写出具体类型：
15	操作系统类型	□Linux　□UNIX　□Windows　□AIX　□Solaris　□其他，请写出具体类型：
16	数据库类型	□MySQL　□DB2　□Oracle　□SQLServer　□PostgreSQL □DMDB　□GBase　□OracleRAC　□神通数据库　□其他，请写出具体类型：
17	NoSQL 库类型	□Redis　□MongoDB　□其他，请写出具体类型：
18	硬件类型	□DELL　□浪潮　□HP　□IBM　□华为　□其他，请写出具体类型：
19	存储类型	□HP（3P AR）　□HP　□EMC　□其他，请写出具体类型：
20	路由器类型	□迪普　□思科　□华为　□华三　□其他，请写出具体类型：
21	交换机类型	□迪普　□思科　□华为　□华三　□其他，请写出具体类型：
22	其他特殊说明	请在此填写特殊说明

附：提供应用系统技术架构图及部署架构图

6.1.3　人员准备：组建技术和管理专家团队

如图 6-6 所示，在通常情况下，制定应用智能运维系统建设的验收目标，需要进行需求调研的目标团队主要有：应用运维团队，其主要关注日常应用的稳定性、性能保障；产品/项目团队，其主要对上线系统的代码问题进行定位分析；数字运营团队，其关注应用的稳定性、性能对数字营销效果和用户转化率的影响。主导实施系统建设落地的主要是应用运维团队，实施过程需要三个团队紧密配合，同时补充具备应用全链路监控数据采集、数据统计分析和人工智能/机器学习专业技能的人员，组建应用智能运维专业技术团队和管理团队。

应用智能运维系统建设团队人员主要来自应用运维团队、产品/项目团队和数字运营团队，人员角色需要包含以下几种。

（1）应用运维工程师：提供建设需求，主导日常应用运维工作，理解企业当前的应用运维流程，主导规划和设计应用智能运维系统、服务质量目标及对应的服务质量指标（Service Level Indicator，SLI）[1]。

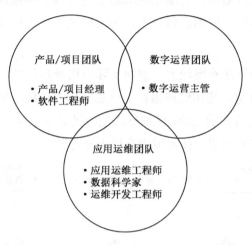

图 6-6　应用智能运维系统建设团队的人员角色

（2）数据科学家：具备数据统计分析、人工智能和机器学习算法研发的专业能力，能为特定场景设计、实现智能化的运维算法，需要尤其擅长时间序列数据的统计分析技术。

（3）运维开发工程师：具备应用运维和软件开发经验，有系统工程和软件工程的知识背景，能够对接数据科学家产出的算法和现有运维系统。

（4）产品/项目经理：负责产品/项目策划，管理研发过程，基于软件性能工程方法学参与应用画像，以及性能和稳定性等运维保障目标的设计，参与制定服务质量目标。

（5）软件工程师：即代码开发人员，应具备软件工程的知识背景，参与具体性能、稳定性指标的设计和业务流程监控埋点、代码链路追踪等应用探针的安装部署。

（6）数字运营主管：从运营角度定义用户数字体验的监控需求、应用业务流程的监控需求，参与制定服务质量目标。

6.1.4　技术准备：储备运维智能化的关键技术

以往基础设施运维管理（ITOM）、配置管理数据库、网络性能监控系统和应用性能监控系统的建设有相对标准化的产品作为基础，也有方法学作为参考。相比之下，应用智能运维系统更贴近企业多样化的应用系统、业务流程和用户场景，没有开箱即用的工具平台和普遍适用的方法学参考。因此，其对扩展性和可定制化能力的要求较高，往往

---

[1] https://www.abbreviationfinder.org/cn/acronyms/slo_service-level-objectives.html.

需要针对特定场景定制智能化算法，对团队的技术能力要求较高。

应用智能运维是在现有的应用性能管理系统、日志分析系统等的基础上，围绕用户场景和业务目标自动融合数据、智能化提取信息的过程。其通过规则积累指定应用运维经验，通过算法替代运维专家的逻辑思考，为发现风险、定位风险和处理风险提供了决策支持。

落地智能化的运维算法难度较大，解决实际应用场景问题，要求应用运维团队不但要有应用性能工程、APM、应用链路追踪、日志分析等传统运维技术，还要有大数据存储、索引、清洗、统计等方面的经验，能够熟练使用机器学习和人工智能算法。如图 6-7 所示，企业需要在建设前期积累的技术能力有以下三部分。

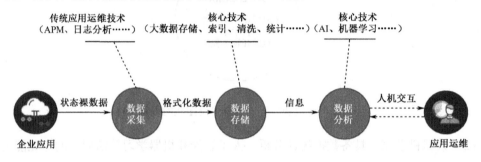

图 6-7　应用智能运维的关键技术

1. 数据采集

数据是实现精准预测、异常检测和根源问题定位分析算法的基础，没有覆盖全面、高质量、高精度的监控数据，再精妙的算法也很难发挥作用。围绕业务部门对服务质量目标保障的需求，要覆盖应用全链路的监控数据，就需要更丰富的监控数据采集手段。如图 6-8 所示，要达到监控范围涵盖应用从用户端到服务端的运行期状态、数据采集能力支持从基础设施到上层应用全栈软硬件的效果，需要解决用户数字体验与终端设备监控、业务流程及系统可用性检测、网络状态监控、代码执行链路追踪、日志分析及标准化协议/接口对接等技术问题。目前，常用的覆盖从用户端到服务端的软件及基础设施的数据采集技术主要有以下几种。

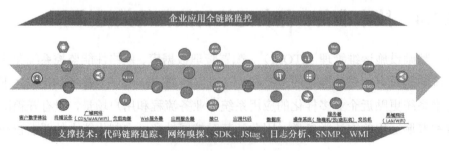

图 6-8　应用全链路监控覆盖范围

（1）用户数字体验与终端设备监控。采集 B/S 架构下的应用 Web 页面与用户交互的用户数字体验指标数据，主要利用页面植入 JavaScript 探针技术实现。对于移动终端应用，需要在开发阶段通过 SDK 代码埋点的方式，在关键代码执行链路上插入监控代码，监控用户的使用习惯和指定业务流程。目前，主流的 APM 产品和工具均能提供这种能力。

（2）业务流程及系统可用性检测。通过配置脚本定时或随机拨测关键业务流程、页面和接口的方式来主动检测应用的可用性。在系统没有用户使用或系统上线初期，这样做能够主动发现服务假死、应用或独立部署的服务节点意外宕机、接口调用性能异常等问题。常用工具有用于模拟用户操作以检测业务流程可用性的 Selenium、拨测页面和接口的 SaaS 云服务"site 24x7"[1]、开源项目 Blackbox 等。

（3）网络状态监控。这是一种基于旁路镜像网络流量、通过探针被动侦听网络包原理分析应用在网络层交互动作的监控方式。其通过拆包分析网络数据包，可以获得网络交互性能、网络协议类型和应用业务操作过程等信息。由于是被动侦听，当遇到应用异常或网络信道加密时，其很难拿到有用信息。这类工具和产品统称为网络性能管理工具。

（4）代码执行链路追踪。获取分布式事务执行过程和应用服务器的代码执行链路数据是 APM 平台的核心能力，其主要原理是采用独立于程序外的代理（Agent）来监听程序执行过程。对分布式系统的代码执行链路追踪监控的原理，来自 Google 大规模分布式系统的跟踪系统 Dapper[2]。

（5）日志分析。应用运行期日志是定位分析故障的重要信息来源相比之下，监听分析日志文件中的数据是获取应用运行期状态更简单、直接的方式。近几年，Splunk、Elastic、Sumologic 等用于日志提取、分析的产品/服务厂商推动了海量日志采集、存储、分析及可视化技术的快速发展。

（6）标准先协议/接口对接。通过标准化协议/接口采集监控数据是最基本的监控数据获取方式，常用协议有面向 Windows 操作系统的 WMI 和 JMX Java 虚拟机的运行状态监控管理协议、简单网络管理协议（SNMP），以及网络监测导出协议 sFlow、NetFlow 等。

2. 数据存储

常用的监控数据分析技术处理的数据量较小，类型单一。例如，对于时间序列指标数据，常用 RRD 数据库或时间序列数据库对数据进行统计计算。计算类型大多是求最大值、最小值，求平均，找标准差及多指标聚合等。

---

[1] https:// www.site24x7.com.
[2] Benjamin H S, Luiz A B, Mike B, et al. Dapper, a Large-Scale Distributed Systems Tracing Infrastructure[R]. Google Technical Report dapper-2010-1, 2010.

对于日志、用户操作行为等半结构化的文本数据，可以用 ElasticSearch 等文本索引工具对海量文本数据进行索引，利用类 SQL 语句提取关键信息字段。

对于代码调用链路，尤其是分布式事务处理的代码链路，需要对海量数据按预先注入的 TraceID、SpanID 进行关联，由于链路层级深度不确定，用关系数据库连接处理就是灾难。采用 Apache Solr、ElasticSearch 这类文本索引检索引擎，需要占用大量的内存来创建索引，对计算和内存的压力将非常大，也不合适。最适合的数据库是 HBase、Cassandra 等，其能够由指定 ID 快速检索出相关数据，并拼接出完整的链路。

不同数据存储方式的实现原理不同，核心能力也有差别。为了支撑上层多样化数据的统计分析、检索，需要综合利用各数据库的优势。

3. 数据分析

海量运维大数据分析是实现应用智能运维的关键。如果把监控数据比作石油，数据分析就是从石油中提炼适用于不同应用场景的汽油、柴油、重油、沥青、润滑油的过程。需求不同，对石油提炼的过程和工艺大相径庭。同样，监控数据采集上来，未经加工，本着发现风险和异常的原则来看，这些数据大部分都是正常状态的无用数据，价值密度很低，可读性很差，因此称为"状态裸数据"。

数据采集层通过数据预处理和格式转换（通常预定义为 XML Schema、JSON Schema 等元数据格式）将这些数据转化为格式化数据，推送到数据存储平台存储。

集中存储的监控大数据经过清洗、过滤、预处理等操作进一步提升了价值密度，转换成信息输入数据，用于统计分析。常用的数据分析技术包括异常检测、指标关联分析、趋势预测、因果分析等，用这些技术对信息进行深度加工，可找出支持运维和运营决策及采取下一步动作的信息。

> **案例**
>
> 用户背景：某银行（用户）已经建设了相对完善的基础设施监控，拥有基于 NPM 的网络流量和业务流程监控系统，为了应对由于开设了手机银行、网上银行业务导致的运维新问题，现考虑升级现有运维系统，实现部分核心互联网化业务应用的智能运维。
>
> 前期准备阶段完成的需求准备、人员准备和技术准备工作的基本产出情况如下（由于涉及过多敏感信息，下面对应用准备工作不做介绍）。
>
> **1. 需求准备**
>
> 首先对用户现已建设的运维监控系统和场景进行了梳理，总结了场景中的关键角色

的职责,并将银行的业务用户划分为决策层、管理层和操作层。系统服务的最终目标是要把合适的信息以最高效的人机交互方式实时地提供给合适的人。系统主要对如下用户角色提供服务。

(1) 总行行长。

关注:关注全局运营战略;研究公司的发展愿景,决定战略方向并监控战略的执行情况。

需求:网上银行、手机银行的全国使用情况分布图,资源用量、业务故障的统计指标图表,历史风险总结及风险预测。

(2) 中层管理人员和分析人员。

关注:关注本业务线的绩效,管控业务,落实公司的战略目标。

需求:本业务线的相关服务的运行状态、正常/异常运行时长明细。

(3) 开发、运维人员。

关注:在操作层面,以实时运行的经营信息为依据,提高业务控制水平和管理能力。

需求:应用系统的整体健康状态、用户体验的变化情况、潜在风险预警和风险根源定位决策支持。

2. 人员准备

银行现有负责运维的基础设施和应用运维工程师、负责核心软件开发的软件工程师和线上系统运营人员。部分业务系统的开发、运维采用外包方式由第三方公司提供服务和能力支撑。目前,银行缺少数据科学家和运维开发人员,现考虑在建设周期内从内部招聘一名有管理能力的数据科学家,而前期采用外包方式由第三方公司提供专业人员协助。

3. 技术准备

在现有的监控运维系统建设过程中,银行已经对应用运行指标采集、网络包流量镜像拆包分析、日志数据采集分析等技术有了前期积累,欠缺用户数字体验监控、主动拨测检测应用可用性、数据统计分析和人工智能机器学习算法研究等技术,需要储备相关技能,短期内可依赖第三方公司提供能力支撑。

前期准备工作完成后,就能够根据已经掌握的信息,按场景导向的策划思路,绘制如图6-9所示的目标场景用户问题、方案和系统功能映射关系图。图中根据需求和经验,对优势方案进行了优先级定义,以指导后续规划设计有重点、有先后顺序地进行。

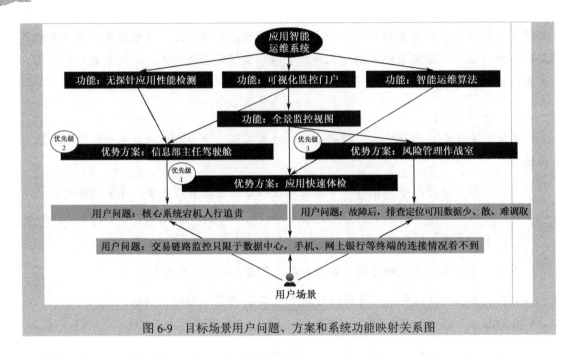

图 6-9 目标场景用户问题、方案和系统功能映射关系图

6.2 规划设计

6.2.1 围绕运维现状，规划建设愿景

做好了需求、应用、人员和技术的准备，就可以围绕企业当前的运维现状，规划设计应用智能运维系统的建设目标和愿景了。行业、规模和经营模式的差别导致企业运维模式大相径庭。充分考虑企业当前的运维现状、应用系统状态和目标用户特点，制定分阶段可行的目标愿景，可以大幅度提高系统建设成功的概率。根据实现的智能化能力差异，可将 IT 运维阶段大致分为如图 6-10 所示的 3 个阶段、5 个能力层级。

从降低风险的角度考虑，需要保证每个阶段产出的成果都能解决需求侧的部分问题，从而体现建设的价值。每个阶段提供部分能力试用以获取反馈，然后修正设计，制定下一阶段的目标，这是相对稳妥的方案。建设初期，站在需求侧，首先要考虑如何围绕企业运营需要，面向关键应用、关键业务流程，提供服务质量保障能力。为做到这一点，首先要把应用和业务流程管理起来。

1. 阶段一：全链路监控应用

类似管理学中的基本原则"我们管理不了监控不到的东西"，管理数字空间应用同理。首先需要对目标应用做从用户端、云端到服务端的全链路监控覆盖，形成全链路监控视图,从而与应用各层次出现问题时都能通过工具查询到历史监控数据,找到问题线索。做到这一点需要具备的能力如下。

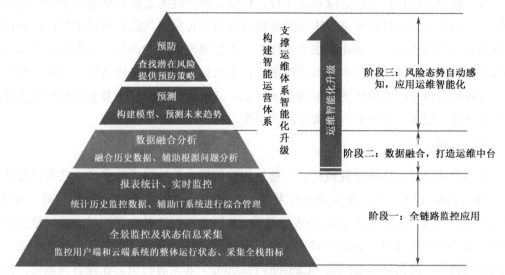

图 6-10 IT 运维阶段及能力层级模型

(1)全景监控及状态信息采集。利用 Prometheus、ZABBIX、Nagios、Pinpoint、nTop 等 ITOM、APM、NPM 监控工具,通过部署探针采集应用全链路的运行状态数据和全栈指标。根据经验配置影响服务质量的关键指标告警阈值,对接邮件、手机短信、微信等相关信息平台,使相关责任人能够第一时间收到告警通知。

(2)报表统计,实时监控。首先需要保障采集的数据能够为生产场景服务,这样可以减少无效的工作投入。围绕采集的数据设计报表并及时拿到现场用户的反馈,判断采集的哪些数据有价值,后续对这些数据进行深度分析处理。利用监控工具自带的数据展现界面,已经可以实现基本数据的统计和实时监控,若希望融合多源监控系统的数据,形成统一视图,则可以利用 Grafana 这类运维数据可视化平台整合界面来辅助 IT 系统进行综合管理。

2. 阶段二:数据融合,打造运维中台

界面数据融合只能解决统一展现的问题,对于部署结构复杂的应用系统,单纯融合界面指标很难达成集中、有效地监控应用整体运行状态的目的。通过数据存储层对多源数据融合,形成完整的应用监控视图和链路,并通过探针融合和指标聚合对海量的高维监控历史数据进行降维,可使需要人工监控分析的数据量大幅度降低,并使发现、排查、定位风险根源的效率提高。

3. 阶段三：风险态势自动感知，应用运维智能化

有了能统一存储检索的运维数据中台，将低价值密度的监控数据通过融合、清洗、降维、聚合转变为高价值密度、围绕服务质量保障目标定义的监控数据之后，就可以搭建算法驱动的分析平台，利用算法来替代人工进行数据处理和决策。实现风险态势自动感知和应用运维智能化，原则上要循序渐进，先易后难。首先考虑落地的算法是那些实现难度较低且容易产生价值的指标预测类算法；其次，可选择相对复杂的算法来实现潜在异常发现、根源问题分析、告警检测等功能。

（1）预测。

预测算法适合处理规律性较强、提前预测数据变化趋势对于运维和运营有指导作用的指标，如在线用户数、系统访问并发量、应用内存、磁盘资源占用情况等。例如，图 6-11 所示为亚马逊每天访问量的变化趋势，从图中可以清楚地看到每天访问量的变化规律（每天的数据对应一组波峰/波谷）和一段时间内访问量持续增长的趋势。预测访问量未来的变化，对指导容量规划（Capacity Planning）非常有价值。在没有预测时，为应用超配资源意味着资源浪费，而资源配置不足又将导致用户流失。预测未来访问量的变化趋势，将使得容量规划更合理，在保障用户体验的同时，为企业降低成本支出。

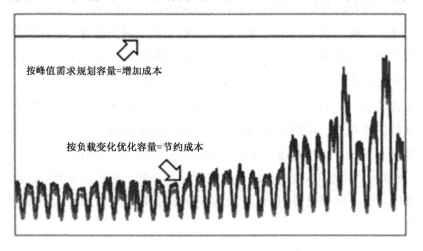

图 6-11　亚马逊每天访问量的变化趋势

（2）预防。

预测是为了提前发现未来将要发生的事件，预防则指在预测的基础上，更进一步地发现可能导致应用未来宕机等故障的潜在风险点，并找出根源所在和对应的解决方案。实现风险预防，是在目前技术水平下应用智能运维的终极目标。由于应用不同，故障类型和现象也大相径庭，目前还没有普遍适用的异常检测、根源分析、因果推理等风险预防检测方法。实际可行的建设方案主要是围绕特定场景下的特定指标簇来进行的。

在规划预防性智能运维算法时,首先需要明确问题和场景。在目标应用的历史监控数据中,发生故障之前一段时间的指标趋势、指标之前的波动相关性与相似性和异常检测结果是重要的输入信息。利用这些信息,我们能在未来相同故障发生之前识别异常并提前预警。例如,我们要设计一个方案来预防某个运行在 Java 虚拟机中的微服务应用在某些关键服务节点意外宕机而引发的生产服务中断,应用中负责报表生成的服务节点在导出报表部分代码时存在内存泄漏的问题,导致报表导出业务量增加,而 Java GC 回收机制处理不及时导致服务节点崩溃。在这种情况下,监控历史数据中的报表业务量和 Java 内存使用量之间会有明显相关性,设计算法提前识别相关性,在未来相似的特定业务增长导致内存异常飙升的情况下,可提前发现并规避宕机故障。

6.2.2 多部门协作,规划服务质量目标

对于依赖信息系统直接面向用户提供服务的企业,服务质量目标(SLO)是运维、运营、开发等多部门关注的关键 KPI。运维部门要通过 SLO 判断故障的严重程度,以及是否需要立即介入;运营部门要依据 SLO 判断数字营销效果是否会受应用稳定性的影响,分析用户转化率与应用性能之间的关系,需要提出对 SLO 的保障要求;开发部门则要根据 SLO 量化监控的需要,提供应用程序监控埋点,获取对应业务流程的点击次数、请求响应时间等指标的支持。

常用的 SLO 定义有系统正常运行时间、故障恢复时间等。在理想情况下,企业都希望应用永不宕机,服务一直在线,可用状态为 100%,但这并不可能。实际情况还要考虑投入产出比。提高可用性有可能导致运维、开发的成本快速增长。系统可用性从 99.95% 提高到 99.999%,不但要求运维有更完善的故障预测、探查和处理手段,而且可能导致应用架构更改及监控埋点的工作量增加。因此,业务运营、运维、开发部门协商制定 SLO 非常必要,应本着够用的原则,权衡 ROI 来制定可量化的 SLO。

6.2.3 制定监控策略,设计 SLO 计算算法

制定 SLO,首先要考虑相关指标的量化,并且找到聚合计算需要的原始监控指标,否则就需要人工统计计算。常用的监控策略如下。围绕 SLO 监控策略,首先,对应用关键业务流程、页面和服务接口进行覆盖,做到一旦出现业务异常或服务中断就能首先发现。做到这一点最常用的手段是使用主动拨测类工具,如 Selenium、Blackbox、site 24x7 等设置指定时间间隔,模拟用户或第三方系统的访问。这样即使在没有用户使用时,也能及时发现异常。其次,对真实用户访问过程进行被动监控追踪。毕竟真实用户的操作过程很难预测,工具主动巡检不可能完全覆盖各种操作组合和并发情况。一旦某些用户

出现请求处理异常或灰度发布代码中存在缺陷，可以及时发现。被动监控追踪主要利用开发过程代码埋点，或者利用 APM 工具进行服务端代码链路监控来实现。

有了原始监控指标，还需要根据经验设计对应的 SLO 聚合计算算法，并在上线运行过程中不断修正和调整，这样才能适应真正监控的需要。例如，要计算某服务的整体健康度（health），聚合指标计算策略如图 6-12 所示，计算算法采用加权平均，聚合一段时间内的告警数量（healthWarning、healthRisk）、缓存命中率（cacheHitRateUsage、cacheHitRateWarningThreshold）、缓冲区命中率（bufferHitRateUsage、bufferHitRateWarningThreshold），各指标权重 q_1、q_2 根据实际指标对业务可用性的影响程度随需调整，最终得到取值范围为 0～100 的健康度。

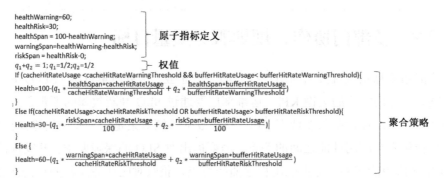

图 6-12　服务的整体健康度聚合指标计算策略

6.2.4　专注过程，规划有效的风险管理机制

运维的关键任务是管理风险，管理风险是关联工具、数据和人的过程。过程是指通过一系列关联或交互动作，将输入转换为输出的行为。明确定义的过程需要包含任务、参与角色、职责和关键里程碑的定义，以便保障过程能够高效执行，得到期望的输出结果。在实践过程中，过程经常采用自动化工作流管理工具。ITIL v3 框架介绍了一系列服务运维过程，包括事件管理、故障管理、问题管理、请求响应和访问控制：① 事件管理监控所有 IT 运维过程中产生的故障告警、通知、动作；② 故障管理主要关注如何规避风险，以及发生风险后怎么以最快的速度修复以保障应用稳定上线，避免对最终用户造成太大的影响；③ 问题管理包括对事件和故障原因进行根源分析定位；④ 请求响应管理用户发送的未能正常响应或时延过大的异常请求；⑤ 访问控制与请求响应类似，但侧重于用户访问过程中的访问登录和认证授权请求，如账户锁定、密码重置等。

除此之外，还有一系列其他支撑过程，其中最关键的是知识管理。

当遇到问题拨打服务台电话以获取帮助时，我们希望每种问题的处理方案都有效且一致。因此保障过程的稳定、可靠、可重复执行非常关键。

目前，运维最重要的过程改善趋势是开发运维一体化（DevOps，Development 和 Operations 的组合词）。根据百度词条，DevOps 是一组过程、方法与系统的统称，用于促进开发（应用程序/软件工程）、技术运营和质量保障（QA）部门之间的沟通、协作与整合[1]。

Puppet Labs 每年都会发布开发运维一体化状态报告（State of DevOps Report），旨在为企业提供可行的实施规范和前沿技术，该报告至 2019 年已经持续了 8 年。在 2017 年的分析报告中，Puppet Labs 调研了企业管理人员、软件工程师、测试人员和 IT 专家共约 3200 位。连续多年的服务调查显示，关注 DevOps 的人数在快速增加。

在 2011 年的 Velocity 大会上，亚马逊平台分析部主管 Jon Jenkins 介绍了亚马逊应用 DevOps 的开发运维工作模式，并给出了一系列数据来佐证过程改善对效率的提高：在工作日，亚马逊能够实现平均 11.6s 上线发版一次应用代码。大多数公司都很难做到每周一次，但亚马逊每小时能发版上千次（准确地说是平均 1079 次）。而且，平均每次发版都有最多超过 30000 台服务节点同步更新代码。这是亚马逊 2011 年能够实现的水平，可以想象一下今天它能做到的程度。这不仅是发版速度的问题，在该会上，亚马逊介绍由此带来的优势还包括如下方面。

（1）由于软件发版部署上线导致的故障相比 2006 年减少了 75%。大部分故障是由于新功能上线导致的，发版上线故障率降低意味着应用整体的故障率大幅度下降。

（2）由于软件发版导致的系统服务终止时间减少了 90%，敏捷发版压缩了发现问题、解决问题的时间周期。

（3）通过实现服务节点故障自动化处理流程，亚马逊已经实现了在特定场景下，针对特定类型异常的故障自愈能力。

（4）应用系统架构的复杂性显著降低。

6.3　概念验证

不同于 CMDB、ITOM、APM 等系统建设有成熟的工具平台和方法学指导，应用智能运维系统建设更贴近用户和应用场景，数据采集、存储和使用人工智能算法解决问题都可能需要针对具体需求定制，很难做到标准化。加上当前数字信息技术的演进速度加

---

[1] https://baike.baidu.com/item/devops/2613029。

快，互联网应用的迭代更新也随之加速，导致对应用运维保障需求的变化更加频繁。因此，应用智能运维系统建设需要基于高度开放、容易扩展且能力相对完备的数据采集、存储分析和展现平台来开展概念验证，然后基于验证结果，结合实际需要制定实施计划。下面以建设应用智能运维系统可能遇到的典型技术难点为例，介绍对应的技术验证思路。

6.3.1 围绕核心业务，验证用户数字体验监控方案

用户数字体验监控（Digital Experience Monitoring，DEM）是保障应用性能的关键，因为它直接反映了用户使用应用的实际感受。最先提出用户数字体验监控概念的是Gartner，它给出的定义：用户数字体验监控是一种应用可用性和性能监控规程，是支持优化数字代理、人或机器的操作体验和行为的关键指标，包括真实用户行为监控（RUM）和最终用户触发 Web 页面及移动 App 执行的综合事务监视。

验证是否能获得用户数字体验指标，首先要考虑应用与最终用户的人机交互方式，根据用户操作习惯，选择对测量、统计用户使用是否流畅有帮助的操作进行监控。主要的人机交互方式和对应需要验证的技术点如下。

（1）浏览器 Web 页面。常用在关键页面注入 JavaScript 探针的方式监控用户行为和页面加载性能。这种技术比较成熟，能够获取用户经常点击的页面区域、操作路径、页面跳转关系、请求响应时间等相当丰富的指标。技术验证过程需要解决对用不同前端框架开发的应用，是否能监测到用户关键路径操作的问题，以及数据是否能够从用户端通过互联网上传到云端服务器的问题。如果数据接收端在企业内部局域网部署，实现数据采集就要验证是否开通防火墙策略，并经过企业局域网 DMZ 区回传回数据中心。

（2）手机端 App。手机端 App 的使用频率已经逐渐超越 Web 页面，成为主要的人机交互渠道。监控手机操作常用的技术手段是在 App 发布前，在开发期植入 SDK 来对业务流程进行埋点。这种方式能够获取丰富的用户使用习惯、设备状态等指标。数据回传方式和原理与 Web 页面植入 JavaScript 探针类似，因此，也需要验证数据回传等技术。

（3）C/S 架构的应用用户端。对于采用 C、Go、Ruby、Python 等各种语言开发的 C/S 架构的应用，获取用户数字体验指标除了可以在开发期植入 SDK，也可以根据实际情况在终端部署日志采集探针，从日志中获取用户的行为和性能指标。如果这种方式不可行，可以考虑通过配置交换机旁路镜像方式获取数据中心网络流量，并通过拆包分析来获取应用网络交互数据，这样也能获得部分用户数字体验指标信息。

6.3.2 验证应用全栈监控数据采集技术

实现应用运维智能化，将不同技术采集的监控指标数据拼接、关联为完整的信息链条的意义和价值，并不比利用人工智能算法代替人脑判断小。完整的信息链条拼接，同样能够帮助运维、运营人员剔除无用数据，聚焦有价值的信息，减少工作量。其中，最大的技术难点在于异构数据的同构和关联。其中，需要重点验证的全栈数据关联类型包括：用户终端设备采集数据关联、服务端代码调用链路数据关联、服务节点与运行支撑环境监控数据关联。应用全景监控可视化仪表盘的体系结构如图6-13所示。

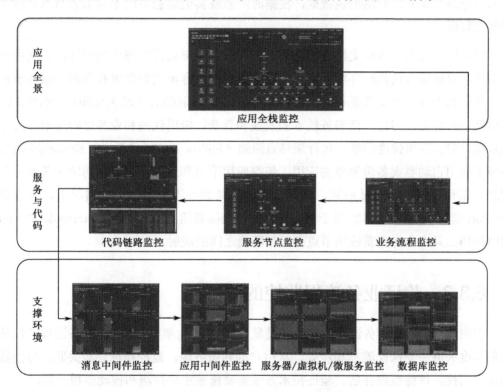

图 6-13　应用全景监控可视化仪表盘的体系结构

（1）用户终端设备采集数据关联。应用的人机交互终端趋于多样化，除了需要支持浏览器 Web 页面和手机端 App，可能还需要支持虚拟现实及混合现实交互终端设备、车机端设备等。不同终端设备的监控指标采集手段、监控数据传输格式和数据模型需要在设计阶段统一。通常我们可以使用 XML Schema 或 JSON Schema 定义数据传输格式，统一规范化描述监控数据元数据的定义。更简单的实现方法是借助工具，将实现层和网络传输层解耦，如 Apache Thrift[1] 传输层就提供了一个简单的抽象，用于从/往网络读取/写入，这使得 Apache Thrift 能够将基础传输与系统的其余部分分离（如序列化/反序列化）。

---

[1] https://www.ibm.com/developerworks/cn/java/j-lo-apachethrift.

有了统一的数据模型和数据传输格式,异构探针和不同语言的 SDK 回传至服务端的监控数据就容易统一处理、存储和关联。

(2)服务端代码调用链路数据关联。关联分别部署在不同节点上、独立运行且服务于同一个业务场景的应用服务节点的运行状态,对定位故障根源问题、回溯分析应用历史监控数据和查找可疑用户的非法操作等非常有价值。目前常用的技术手段除了 APM 工具常用的将 Google Dapper 系统的分布式链路按 TraceID、SpanID 拼接(详细技术原理可参考关于 Dapper 的论文[1]),还可以借助部署额外的探针采集应用产生的日志文件,或者利用旁路镜像分析网络拆包数据,根据时间戳或其他信息关联不同服务节点运行过程的状态数据。

(3)服务节点与运行支撑环境监控数据关联。采集运行支撑环境指标,关联应用服务节点,对运维人员判断环境异常、配置错误,或者容量规划都很有帮助。服务节点直接部署于物理机的关联关系相对稳定,从 CMDB 中读取部署关联关系即可。然而,随着虚拟化、云计算、容器、微服务技术的发展和普及,应用代码和业务逻辑逐渐与运行环境解耦。对云应用弹性伸缩、运行期热点跟随(Follow the Sun/Moon)和云联邦/混合云环境下应用自动容灾备份策略的应用,使得应用节点和运行环境之间的映射关系动态性增加,指标映射需要随时更新。做到信息准确关联并不容易。一般情况下,用主机名/IP+Port 端口号来识别环境。对于动态变化的节点部署信息,可以采用 traceroute 和 Nmap[2] 网络扫描工具来实时更新应用节点和运行环境之间的映射。

6.3.3 验证业务流程监控的可行性

面向应用场景的业务流程监控指标是量化 SLO 的主要数据来源。业务流程监控从业务的角度关联主要操作流程和步骤。从用户端到服务端,监控指标逐级关联,方便做整体的可用性、性能监控评估。验证技术方案需要覆盖主动检测和被动监控两种。

(1)主动检测。通过主动的操作流程、页面、接口拨测工具定时扫描探伤,主动检查业务关键支撑服务的可用性。有必要的话,可以对具体接口的返回结果进行解析,判断业务的正确性。为了不使拨测产生的假数据对生产数据的质量产生影响,可以由开发团队配合提供拨测专用接口。

(2)被动监控。从 APM 和 NPM 平台中接入已采集的业务监控数据,基于这些数据将指定 URL 访问、接口调用和网络包报文中解析出来的业务相关的数据映射到具体操作步骤上。验证实时抓取的用户的真实操作,一旦出现异常,能够反映到具体业务的

---

[1] Benjamin H S, Luiz A B, Mike B, et al. Dapper, a Large-Scale Distributed Systems Tracing Infrastructure[R]. Google Technical Report dapper-2010-1, 2010.
[2] https://nmap.org.

操作步骤上。

在系统建设前,在技术上,需要通过主动检测和被动监控将底层监控数据映射到业务流程和操作步骤上,直观、准确地反映应用业务流程的处理状态。这样,一旦出现某些接口处理逻辑错误、异常假死和微服务节点宕机等故障,可以及时发现,并将这些故障映射到受影响的业务上。

6.3.4 验证趋势预测算法的可行性

验证预测算法的有效性,原则上需要围绕应用场景,选择有实际预测价值、规律性比较强且有足够历史数据的指标或事件来挖掘规律。比较常见的趋势预测应用场景如下。

(1)预测应用负载随时间的变化情况,利用软件定义方式,提前扩展或收缩集群节点规模,以便应对有规律的负载增加或减少。例如,对于电商平台,"双11"是可预测的访问量增加的情况;对于经营财务系统,月度数据统计及生成报表是可预测的负载增加的情况。

(2)预测应用负载随地理位置的变化情况,又称为热点跟随,指某些系统在不同时间,地域访问热点会随之动态变化,相对应处理业务请求负载的节点需要在不同地域的数据中心或云平台之间迁移。比如,面向全球提供服务的系统,其访问热点会随时间规律性地变化。

对这些场景开展技术验证,可以针对性地选择能够准确反映负载趋势变化的指标。稳定的周期变化和趋势是准确预测的关键,可利用算法先将指标中的趋势、周期提取出来(见图6-14),以便指导运维决策,这是相对容易落地的技术方案。

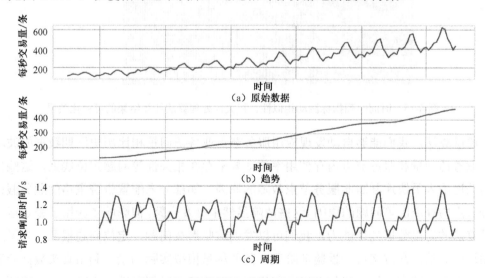

图6-14 从原始数据中提取的趋势和周期

6.3.5　验证根源问题分析算法的可行性

提前预防和规避风险的目标是在系统未发生风险时，找出未来可能对产品稳定性和性能造成影响的潜在风险点。需要验证的技术难点主要是如何发现海量指标中的潜在异常点；在出现指标异常波动或异常事件时，如何关联多个指标之间的波动关系，从而找到问题根源。一旦出现用户投诉，在监控系统没有任何风险告警和严重异常的情况下，很难定位分析问题原因。在这种情况下，有效的风险预防和根源问题分析算法可以帮助运维人员从几千甚至几十万维的监控数据中过滤、筛选指标间的波动关系，查找疑似异常点。

例如，某企业通过互联网面向全国经销商提供服务的系统突然出现大量用户连接超时的投诉。由于监控告警策略不可能做到100%全面覆盖，监控系统未发现任何明显的指标异常。在没有告警和仪表盘有效数据指导的情况下，可回溯数据到发生故障的时间端，利用降维、指标相似性和相关性等关联分析算法进行处理。图6-15所示为时间序列指标波动相似性、相关性处理算法计算结果的可视化效果。我们对Prometheus采集的上万维监控指标1小时内的监控数据，利用算法，找出了其中部分指标之间存在的相关性、相似性关联关系。

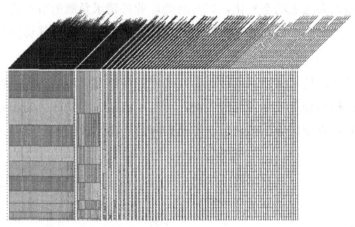

图6-15　时间序列指标波动相似性、相关性处理算法计算结果的可视化效果

通过算法，我们能够自动发现应用服务节点业务访问量相比历史同期数据的波动异常、业务访问量和服务节点内存使用率波动异常存在相关性等问题定位线索，这些信息可帮助运维人员快速判断此服务节点故障的原因，如部分未配置告警策略的业务假死、部分节点内存溢出等问题的原因。这些故障虽然未触发告警，但影响了应用了稳定运行。借助算法的海量数据处理能力，我们可以发现这些潜在问题，定位问题根源。为了成功应用这些算法，在方案可行性验证阶段，需要尽量模拟实际场景，利用真实数据验证这些场景下算法的有效性。我们可以利用历史存在故障的时间段数据来验证，这就要求先

积累一定量的监控数据,这样才能研发出可以支持生产的算法。

 案例

当标准产品无法满足企业需要,很多应用系统需要依赖企业开发部门或第三方公司的定制开发时,开发部门与运维部门之间的矛盾会越来越多。开发部门需要围绕用户需求或业务流程调整设计、研发新特性,而运维部门却对原有系统代码变更、新功能上线很反感。任何对原有稳定系统的改动都会导致未知异常的出现和稳定性问题。对于开发部门列出来的运维需求,运维部门需要及时响应调整,这带来的额外工作量很难估计。应用系统越复杂,企业经营对数字平台的依赖越大,开发部门与运维部门之间的矛盾越突出。因此,首先提出并尝试解决这些问题的是互联网公司,典型的有 Google、LinkedIn、Amazon AWS、百度、阿里巴巴。很多时髦的运维概念,如网站可靠性工程(SRE)、开发运维一体化(DevOps)、测试运维一体化(TestOps)、ChatOps 和服务质量目标保障都来源于互联网公司解决开发部门和运维部门不可调和的矛盾的实践过程。

为了摆脱数据中心运维的负担,企业 A 首先计划把核心应用逐渐迁移到公有云计算平台上。这样该企业的运维部门只需要关注用户数字体验和应用性能及稳定性本身的运维。参考 Google 等互联网公司运维的成功经验,企业 A 的 IT 运维部门首先定义了 SLO,以保证所有人围绕同一个目标和在相同的运维方法学指导下工作;在用户数字体验保障优先的原则下,围绕 SLO 建设监控指标采集,以及风险探查、定位和处理的系统平台及工作流程。

与其他互联网平台类似,企业 A 面向终端用户提供的在线文档共享 SaaS 服务平台的功能很多,代码更新迭代速度很快。为保障服务质量,IT 运维部门首先要定义 SLO,而定义 SLO 的关键依据是大多数用户都会使用的核心文档的上传、编辑、同步等主要功能的可用性保障优先。因为这些功能一旦出现问题,会导致大量用户提交工单。清楚了最关键的运维目标,下一步就可以相对明确地制定监控方案、选择监控指标,以及定义告警策略。

1. 定义服务质量目标

企业 A 设计的第一版服务质量目标保障方案:明确保障核心业务系统服务的月正常运行时间占比为 99.95%;指标的选择、制定综合了运维部门的历史运行情况数据和业务部门的用户满意度反馈数据;按日历监控核心业务系统每天的正常运行情况,每月度量核心业务系统的正常响应时间,评估是否达标。

2. 如何监控,怎么监控

选择核心业务系统后台对应的服务接口,主动拨测接口的可用性,采集每个服务接口的可用性指标。对Web页面，响应"200"状态码为正常；对接口，则判断返回数据是否正确。

实现主动拨测主要指通过代理模拟浏览器请求指定URL的Web页面，或者通过程序拨测指定协议的接口，一般部署在距离终端用户或系统最近的位置，这样可以尽量贴近真实场景，测试网络、负载均衡等全链路执行情况。其中任何一个环节出现问题，影响到最终用户和系统，都能被及时发现。实现风险监控的解决方案：①采用商业版SaaS方式提供的定时拨测服务；②基于开源软件实现定时拨测工具，自己部署拨测平台。

商业版SaaS的优点在于平台有自己的拨测节点和图形化的管理门户，配置部署简单；缺点是通用性强，灵活性不够。若某些场景需要实现特定的协议接口，或者需要绕过特定的安全认证方式，或者需要在特定的地点实现对服务的拨测，此时商业版SaaS就显得力不从心。对于有运维开发能力的企业，基于开源软件或提供扩展能力的商业运维平台进行定制开发效果更好。通过评估需求和现有方案，企业A选择了基于Blackbox和Selenium两个开源软件定制开发的方案。Blackbox是支持HTTP、HTTPS、DNS、TCP和ICMP，独立运行的拨测节点，通过配置文件方式设置需要拨测的目标，支持与监控平台Prometheus对接来采集拨测指标数据。Selenium是Web浏览器自动化工具套件和资源库，可以通过录制脚本，模拟用户登录访问，对指定业务流程进行自动化测试和拨测。

拨测策略的制定可围绕特定场景进行，拨测数据的采集频率可根据业务要求设置为以下三种。

（1）每日检测：对拨测执行时间较长的业务流程，每日在访问高峰之前设置主动拨测，主动发现异常后生成报告，及时通知责任人。

（2）每分钟检测：对应用可用性、接口可用检测耗时较少，不会额外增加太多应用负载的拨测，设施可每分钟检测频率，并将数据对接监控告警系统。

（3）按需检测：系统更新上线后，当发现潜在风险时，主动触发拨测，检测关键业务流程及应用功能的可用性，生成分析报告。

拨测节点部署位置选择在靠近用户或接入系统的位置，选择目标用户密集访问的北京、上海、广州来部署业务流程和功能拨测点；对集成第三方服务，在相邻位置独立部署可接口访问的拨测节点。

对于服务异常状态的定义，若Web页面的请求返回码非"200"，或者连接请求的响应时间超阈值，则认定为异常；若业务流程拨测执行不成功，则认定为异常并生成报告；对API接口拨测，则根据连通状态、性能和数据返回信息来判断对应的异常状态。

3. 计算服务质量目标

企业A在测试了自己的可用性拨测系统，以及分析了采集到的监控指标之后，决定选择其中能更直接反映用户数字体验状态和系统状态的指标，且这些指标的统计计算相对容易。服务质量目标设定要能直接映射到具体行动上。这样，一旦出现服务质量目标异常，影响到用户数字体验，企业能马上知道要做什么。那么，如何做到这一点呢？

首先，从制度上需要保障运维部门、开发部门和业务部门能够定期沟通，对每月发生的事故进行深入剖析，如是谁第一个发现并上报了问题，以及该问题是否能从实时服务质量监控指标上反映出来。如果不是运维部门首先从监控指标上发现的问题，而是用户或业务部门发现的问题，那么当前监控策略和服务质量目标计算策略就要调整，需要考虑从现有监控指标中选择替换指标，或者补充监控手段及新增指标。若及时发现问题但没能及时处理，则运维部门和开发部门需要一起分析处理过程中遇到了什么阻碍（是架构问题、代码问题、配置部署问题还是应用运行支撑环境容量不足的问题），以及今后遇到类似问题时高效的处理流程是什么。

经过一段时间的磨合和积累，服务质量目标会逐渐稳定，运维突发事件也会日趋收敛。当然，前提是没有新功能上线或新版本更新来打破稳态的运维现状。即使是服务质量目标定义不完美，也足以应付日常，指导风险定位和处理。若要实现完美的服务质量目标定义，必须记录每次用户访问、每笔交易过程和全量接口访问及代码执行过程。应考虑各种可能出现的问题并制定应对策略。要做到这些，要求监控系统覆盖所有的环节，并采集大量的数据进行存储和分析，这会导致在系统开发和数据分析方面大量的人力投入，这显然很不划算。因此，任何企业建设服务质量目标保障，都要考虑投入产出比。对大多数应用系统，服务质量目标保障体系能够覆盖80%的常见问题已足够了。

在开始时，企业A凭借经验制定了服务质量目标。在后续几个月的执行阶段，其根据企业内部各业务部门的反馈和用户满意度调研又修订了多次，主要目标从追求"完美"地尽量提升用户数字体验和应用性能，转变为找到服务质量保障目标和运维保障成本的平衡点。围绕明确量化服务质量目标协作，企业A的开发部门和运维部门之间的矛盾得以缓解，包括业务部门在内，各部门共享同一数据平台的分析结果，根据日常工作需要定制仪表盘。一旦出现服务可用性检测告警，可以直接将其关联到相关业务和服务质量目标，自动匹配解决方案，从而实现了数据驱动的部门间协作，提高了工作效率。

本章小结

本章首先从企业用户较普遍的现状和需求出发，介绍了在规划应用智能运维系统过程中，如何从需求、应用、人员和技术角度做前期准备，储备项目启动建设的必要条件；然后围绕企业实际需求，结合案例介绍了应用智能运维系统建设愿景的规划方法和规划过程；最后基于规划目标，分析了建设过程中可能会遇到的技术难点及相应的解决思路。

第7章
从零开始搭建应用智能运维系统

本章内容简介

在完成需求调研和规划设计工作之后,就是将设计蓝图落地。为了更详细地介绍应用智能运维系统的搭建过程,本章以某真实用户场景为蓝本,介绍从零开始搭建一套完整的应用智能运维系统的全过程,并立足企业运维现状,对如何围绕目标应用的运维痛点做技术选型,以及如何采集应用的全栈数据、如何对运维大数据进行存储和分析等相关的问题进行了详细介绍,从而为企业开发实践提供参考。

7.1 目标应用场景的定义

本章场景的蓝本来源于某真实用户的实际需求。考虑到隐私保护的因素,我们隐去了敏感信息。对于部分场景问题,我们进行了抽象、泛化,以尽量适用于大多数企业类似场景的方式来介绍。系统的搭建步骤和实现思路均已经得到验证,希望能够为大多数企业建设智能运维系统提供可行的技术路线。

从需求角度看,用户信息化成熟度越高,对应用运维的要求越高。若企业有通过互联网面向用户直接提供信息服务的应用,则应用运维本身压力就很大。本章示例企业致力于研发新一代新能源汽车,基于智能、互联的思路为用户提供更加舒适便捷的出行服务。一旦车辆接入网络,汽车终端就会成为智能、互联产品的一部分,转变为类似手机、平板电脑的人机交互终端设备,车企应用运维场景就会转变为互联网运维场景,其现有运维体系就面临升级改造,否则无法保障向用户提供的数字信息服务的质量。

7.1.1 目标应用介绍

目标应用部署在由多个公有云和车企云数据中心支撑的私有云组成的混合云环境下。目前车企上线运营的网联车业务支撑应用系统的主要功能如下。

（1）采集新能源车型的产品基本信息、关键零部件信息、车辆运行数据、车辆故障信息和服务信息等，并上传至云计算平台。

（2）通过互联网向车主提供道路救援、保养及召回提醒、电子说明书、车辆状态及定位、车辆维修服务、会员服务和信息推送等厂家服务，同时支持天气、音乐、导航等各种线上应用；收集和分析相关数据，与车企内部部署的 CRM 应用进行数据融合。

7.1.2 建设愿景规划

经过方案规划阶段的前期准备、规划设计和概念验证，目标场景需求范围、要监控的应用系统、涉及的人员和建设思路有了初步的蓝图。进一步抽象提炼建设目标，可以总结出如图 7-1 所示的系统建设愿景规划。

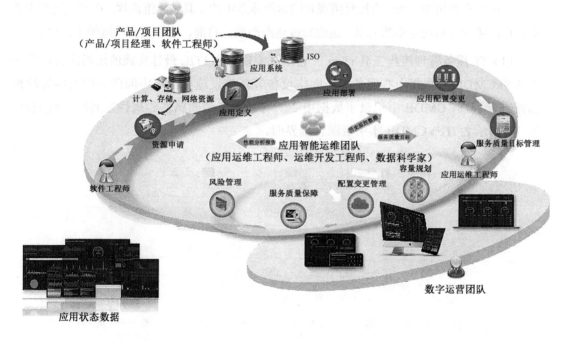

图 7-1 系统建设愿景规划

首先，从业务侧的系统需要满足未来应用开发、运维和数字化运营的需求出发，应用智能运维系统需要提供基于微服务、容器、云平台建设的敏捷开发、部署的应用系统运维管理；在蓝绿发布、灰度发布、滚动部署等互联网应用的开发部署场景下，为产品/

项目团队提供白盒监控和性能工程方面的数据支撑。应用生产上线后，数字运营团队需要及时了解应用服务质量目标的满足情况，能支撑的最大在线用户数的上限和用户体验的相关数据。应用智能运维系统要能够及时、准确、直观地给出这些信息。

其次，从运维人员的角度，其需要借助应用运维系统转换工作方式，从以被动救火式的工作为主的日常运维逐渐转换为以主动发现问题、预防性维护工作为主的运维；以数字系统为核心，将原来人工故障排查、数据分析工作通过开发算法实现自动化。从产品/项目团队的角度，对每次发布上线的程序的运行状态、缺陷、性能瓶颈，其都能自助查询到相关的数据，而不再需要应用运维团队的人员面对面地提供支持。从数字运营团队的角度，其能随时获取应用服务质量目标的达成情况和用户体验，也能随需查询应用的每次变更、升级、故障，以及在线用户的波动和异常事件。

考虑成本、风险、建设周期等多方面的因素，要实现上述愿景规划，需要立足企业现有的运维系统，围绕当前的痛点和后续的信息化建设计划，分阶段来实现。

7.1.3　应用运维现状

在应用建设初期，企业直接复用现有的运维体系中的工具和运维流程。在实践过程中企业发现，随着规划功能不断上线，运维短板逐渐凸显。目前，企业用到的运维工具如下。

（1）IT 服务管理流程工具 iTop[1]。它用来实现符合 ITIL 最佳实践的运维流程，基于自带的 CMDB 对数据中心服务器、网络设备等基础设施和应用中间件、数据库等软件系统进行管理。CMDB 中记录了数据中心所有纳管资源的属性和属性之间的关联关系。图 7-2 所示为 iTop CMDB 集中资源管理界面。

图 7-2　iTop CMDB 集中资源管理界面

---

[1] http://www.combodo.com/itop-193/.

（2）IT 基础设施监控管理工具 ZABBIX。它可监控现有 IT 基础设施、云环境和应用中间件的运行状态。ZABBIX 支持通过 SNMP、ZABBIX Agent（自带监控的数据采集代理）、网络 ping、端口扫描等方法提供对远程服务器/网络状态的监控数据的收集和告警策略配置。图 7-3 所示为 ZABBIX 监控仪表盘界面。

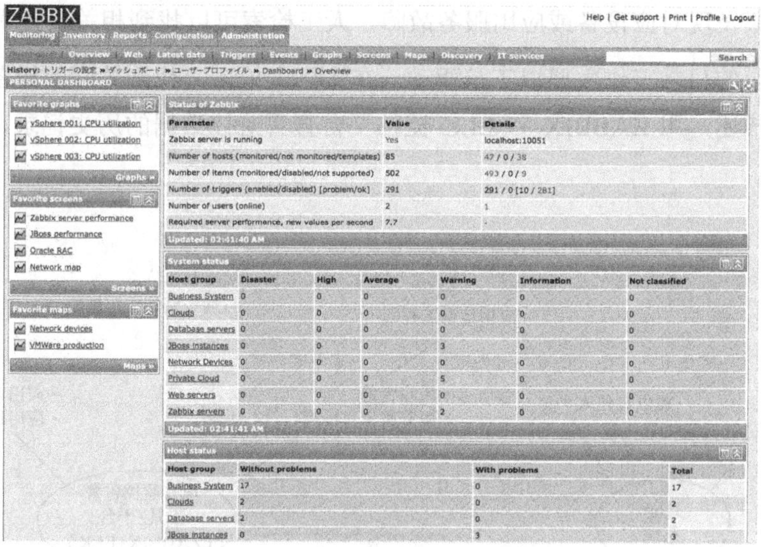

图 7-3 ZABBIX 监控仪表盘界面

（3）日志采集分析工具 ELK（ElasticSearch，Logstash，Kibana）。ELK 是由文本数据存储索引工具 ElasticSearch、日志实时采集过滤工具 Logstash 和自定义数据可视化工具 Kiabana 三个开源工具组成的实时日志采集、分析和展现的工具套件。为了及时发现应用运行期的业务逻辑异常，免去人工逐台机器登录排查日志文件的麻烦，运维团队对应用系统服务节点部署了 Logstash 数据采集代理，将实时数据采集并存储到 ElasticSearch 中。常用的异常监控和事件监控的数据可视化面板可用 Kibana 仪表盘展现，如图 7-4 所示。

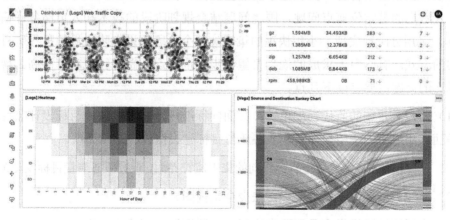

图 7-4 Kibana 日志监控可视化仪表盘截图

运维部门负责日常应用系统运维的主要角色有应用运维工程师（OM）、项目经理（PM）和开发工程师。现有应用运维过程如图 7-5 所示，运维流程以 iTop 系统为核心来实现工单指派与处理。在发现问题后，由用户联系服务台创建工单，再由人工指派责任人。所有服务、设备等信息记录在 iTop 系统的 CMDB 中，每个配置项都有关联的运维联系人等信息。如果发现对应设备或应用服务故障，人工检索可以找到相关责任人。

运维人员的日常工作主要以工单驱动，在接到工单后，找到关联的设备及服务，根据故障现象描述，用 ZABBIX 和 ELK 监控平台查看监控数据的历史记录，从而找出故障根源。

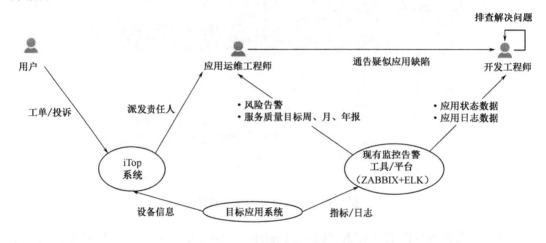

图 7-5　现有应用运维过程

目前，应用正式部署不到半年，稳定性较差且功能更新升级频繁，处于应用生命周期的振荡期，原则上需要更精准、全面的数据采集策略。企业现有工具只能实现对目标应用系统的软、硬件资源属性及部署关系进行管理，以及对运行期采集的环境状态指标和日志数据根据策略告警，实现基本的黑盒监控。在此基础上，从零开始实现运维智能化首先要考虑的是定位痛点问题，围绕问题结合规划阶段的技术和人员储备评估可行性与 ROI。采用分阶段实现、小步快跑的策略，每个阶段都设定阶段性的里程碑目标是比较现实的方式。有些急于求成的规划希望一步到位，这么做往往成功率不高。现有运维流程暴露的问题主要有以下几点。

（1）监控类系统的监控功能单一，其面向标准规范、围绕监控目标设计监控功能，而不是面向用户、围绕用户体验和服务质量目标建设监控、运维系统。

（2）缺少量化的、服务质量目标导向的集中监管界面，查看服务质量目标及业绩困难。

（3）监控类系统多、功能单一，缺少全景视图。

（4）应用监控运维类产品需要在应用内部署探针，部署成本高。

(5) 企业运维主管一般不介入问题定位,只负责发现问题并转发给相关责任人,导致处理效率较低。

(6) 研发人员在规划性能工程时需要应用运行期状态监控数据的支持,但研发人员无此数据的使用权限。

7.2 规划设计

遵循分阶段建设、循序渐进、小步快跑的原则,系统设计,围绕现有运维流程和运维工具来完善应用运维系统的整体监控能力、数据分析能力、风险发现能力、数据可视化和告警主动推送能力,甚至故障自愈能力。通过对人工运维经验知识的积累,处理流程的自动化和机器学习/人工智能算法的应用将逐步提升系统能力,减小人工压力。

规划设计对原有运维流程的优化改进如图 7-6 所示,主要改进点如下。

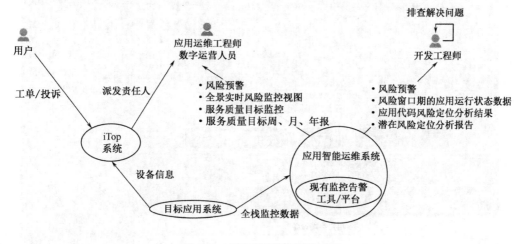

图 7-6 应用运维流程优化思路

(1) 从问题驱动到服务质量目标驱动:将应用运维流程以解决用户提出的工单/投诉为导向转变为以服务质量目标量化指标为导向,采集应用全栈监控数据,量化业务 KPI,从而提高运维效率。

(2) 从被动通知到主动发现:通过拨测关键服务接口、页面和业务办理流程等主动应用探伤扫描手段,在用户发现问题之前找到潜在风险并给相关运维人员、开发人员推送预警,以便规避风险。

(3) 从线下讨论到线上协作:运维、运营和开发团队的交互协作逐渐迁移到应用运维平台,现有的出现故障召集多个团队相关责任人到作战室开小会的线下协作缺少数据支撑，排查故障低效，而通过完善应用智能运维系统的数据分享协作能力，可实现以问题为导向、以数据为支撑的线上协作方式，从而提高工作效率。

7.2.1 逻辑架构

围绕建设愿景和规划目标，基于前期的技术可行性评估和现有相关应用运维系统的建设情况，我们设计了系统逻辑架构，如图 7-7 所示。系统整体的逻辑功能划分为四个主要部分，分别是监控数据采集、运维大数据湖、数据分析和运维数据可视化。系统从面向云、管、端环境的应用系统监控数据采集，海量异构运维数据存储检索，机器学习/人工智能算法支撑的数据分析到对分析结果进行人机交互的运维数据可视化四个层面提供能力支撑。

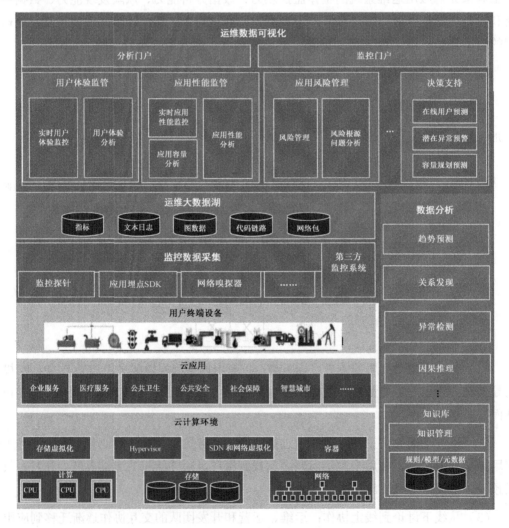

图 7-7 系统逻辑架构

监控数据采集：面向应用全栈数据进行采集，提供代码链路监控探针、应用埋点 SDK、网络嗅探器等不同类型的数据采集工具，所有数据通过统一数据采集管道对接服务端入库或直接由实时流数据分析平台进行分析。

运维大数据湖：数据湖架构适合存储多源异构的海量数据，为了使时间序列指标、文本日志、图数据、网络包、代码链路等不同类型的结构化、半结构化的文本类型的数据线性扩展地存储、检索，大数据湖需要融合时间序列数据库、关系数据库、文本检索、列存储数据库和图数据库等存储、检索的能力。

数据分析：支撑应用运维场景下面向特定异常检测、因果推理、趋势预测、关系发现，以及面向特定场景的算法与模型运行支撑和管理；融合第三方开源分析平台，如将 Spark、TensorFlow、Keras 和 BigDL 集成到一个完整的处理流程中；将对大数据集筛选、分析的支持扩展到大型 Apache Hadoop/Spark 集群，用于分布式训练或预测。

运维数据可视化：围绕目前最关注的用户体验监管、应用性能监管和应用风险管理等场景，提供可以自助分析的数据可视化门户；分别面向运维、运营、开发人员的日常应用状态监控和应用风险定位与分析场景，提供监控门户和分析门户，其中，分析门户将当前服务质量目标对应的指标、应用运行状态和风险通过大屏、手机等移动终端展现给用户，在需要定位故障、分析深层原因时，分析门户能为运维人员提供做大数据回溯分析所需的数据可视化交互探索工具。

7.2.2 部署架构

系统逻辑架构从实现功能特性的层面对应用智能运维系统的功能做了界定，系统部署架构则需要定义将要开发建设的系统物理部署方式和数据交互拓扑结构。系统部署架构如图 7-8 所示，考虑被监控的目标应用主要面向互联网提供遍在的接入服务，应用监控

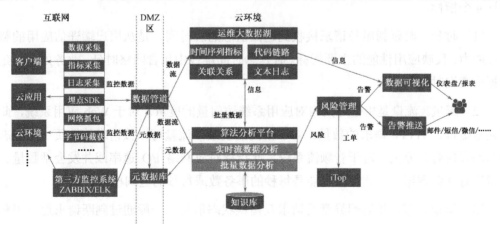

图 7-8　系统部署架构

系统部署依托云环境，通过互联网采集监控数据。所有数据流汇总到指定的中心云服务节点。在互联网环境下，应用系统植入采集监控数据的探针，可实时监听应用状态，向数据管道推送数据。

7.3 应用全栈监控数据采集

监控复杂应用系统的全栈运行情况，采集指标数据，是建设智能运维平台、保障应用服务质量的基础。只有监控到应用运行期任何状态的变化、环境的变化，才有可能在后续分析过程中发现问题并指导生成应对的策略。从采集指标方式的角度来说，应用监控分为黑盒监控和白盒监控两种。黑盒监控侧重从应用系统外部采集应用运行状态指标数据，如应用可用性、服务联通性、资源占用情况等；白盒监控则从应用内部运行状态采集深层代码执行的状态数据，发现代码执行逻辑错误或业务流程异常，如从日志文件中读取的异常堆栈数据、通过代码埋点拿到的关键业务流程执行情况、利用字节码拦截分析的代码链路数据。

应用全栈运行状态监控需要根据应用架构按需选择监控方式和监控指标。原则上，对于相对稳定的系统、第三方开源中间件/数据库、标准化产品和硬件等运行环境，可选择黑盒监控手段来采集状态数据；对于更新升级频繁、稳定性较差的应用系统，可用白盒监控手段采集应用内部运行情况数据。对于监控指标的选择也很关键。每种中间件、运行环境都定义了大量的监控指标，采集过量的指标数据不仅会增加监控系统采集、存储数据的负担，而且会导致信息过量，为筛选、分析带来干扰。Google 从自身运维经验总结出的"黄金指标（Golden Signal）"[1]如下，如果只能采集 4 个指标的数据，那就选择这 4 个指标。

（1）时延。时延指服务请求接收到返回信息的总时间，是从用户端评估应用的整体处理能力、反映应用性能的主要指标。时延总时间堆栈中包含网络时延、业务处理时延、数据库查询时延等。

（2）流量。流量是单位时间内对应用系统访问量的度量。对于 Web 应用系统，此度量通常是每秒 HTTP 请求的数量。对于不同的场景，流量可以按请求的性质（如静态内容与动态内容）分类。对于音频流系统，此指标对应网络 I/O 速率或并发会话数量。对于键值对存储数据库，此度量可能是每秒的事务数或每秒的查询检索数。

（3）错误。错误指返回异常的请求及错误状态信息。一般通过判断请求返回码和返

---

[1] Betsy B, Niall R M, David K R, et al. The Site Reliability Workbook [M]. US：O'Reilly，2018.

回数据内容来判断是否为错误。例如，对于最常用的 HTTP 请求错误，一般监控返回 5××、4×× 等请求错误状态码；对于返回状态码为 200 的正常请求，则通过判断返回数据的格式是否正确来决定其是否为错误请求。

（4）负荷。负荷反映了应用系统的当前负荷，用于衡量系统处理能力的饱和状态。应用负荷上限取决于制约系统整体处理能力的性能瓶颈。有些负荷随并发量的增加而同步增加，从而制约了应用系统处理并发量的上限。例如，在内存、网络带宽充足的情况下，若应用系统的 CPU 处理能力达到了上限，则无法进一步提升系统的并发处理能力。有些负荷则随时间累积而上升，如磁盘使用率、数据库存储空间，我们需要根据增长速度预测未来何时达到高负荷告警阈值，以便提前扩容。

实现从车机端到云端的端到端全栈数据的采集，以及请求调用链路的融合，主要靠白盒监控采集到的接口调用、网络数据交互等关系来拼接。例如，在用车辆控制家用电器的车家互控场景中，对于从车机端发送到云端请求控制家里空调、热水器等智能家居设备的一个完整的请求执行链路，车机端代码发送请求，经过互联网到达云端平台，之后由云应用系统转换为对智能家居设备的控制指令。整个过程需要监控每个分布式系统处理此请求的代码链路数据以关联黑盒监控数据，形成完整的视图。如果数据库异常导致查询对应的家电缓慢或异常，则运维人员能从监控视图中快速找到问题的根源。

对于车联网、物联网这种需要云、端协同，分布式部署，自身复杂度较高的应用系统，获取黑盒和白盒监控数据，拼接应用端到端全栈监控数据以形成完整的视图，还是很有挑战的。总的来说，其面临的主要技术难点和相应的解决思路如下。

（1）访问量较大，终端状态采集困难。从全球、全国范围采集在线用户同时访问系统的终端状态信息，需要解决从不同地域的网络汇聚过来的高通量数据的采集、入库问题；同时，要保障数据的时效性。如果采集某地区访问中心的数据时延较大，需要考虑部署 CDN（Content Delivery Network）或本地数据汇聚服务节点等优化方案。

（2）应用中间件类型多，需要适配的类型多。针对互联网应用代码更新频繁、新功能上线频率高的特点，适合使用基于容器部署的微服务架构，通过解耦业务逻辑来减小代码升级的影响范围。但是，独立微服务节点不同的设计思路和技术路线会引入大量的异构中间件，提升监控难度。目前还没有监控平台能支持所有类型的应用中间件，尤其是支持所有类型的国产中间件。因此，需要融合多种监控平台，实现对应用中间件的监控覆盖。对一些特殊类型的中间件，我们可以利用监控平台的插件扩展框架来定制开发。

（3）业务处理逻辑分散，白盒监控难度高。微服务架构应用中的大量业务逻辑由独立节点处理，一个完整的业务流程往往由物理部署于多台服务端的节点协同完成，每个节点架构甚至编程语言的差异使得实现代码链路级别的监控需要使用不同的技术方案。

例如，java 使用 Javasist[1]、ASM[2]字节码操作框架，结合 JavaAgent 机制来截获代码执行路径；.NET 应用使用 Sky Walking[3]、.NET Core 追踪代码链路；C 语言程序使用 Snowplow SDK 埋点等。对于本章示例，目标应用由 Java、.NET 等语言开发的不同架构进行监控，需要结合多种技术才能实现对应用的白盒监控。

（4）数据处理流程复杂，端到端请求链路代码的拼接困难。分散于不同物理位置的应用服务节点数据交互有可能经过 Kafka、ActiveMQ、TCP Socket 等不同类型的网络信道（例如，物联网设备与边缘节点和云平台之间使用的 MQTT 信道，以及在车联网场景下，物联网设备与车机端交互通常采用的 TCP Socket 等）。

解决了数据采集管道的问题，下一步是根据运营、开发和运维的实际需要选择需要采集的指标，以便指导后续的探针安装、配置和部署。实时监控采集的数据量、系统复杂度与在线用户数成正比。对于日活跃用户数很多、具有复杂架构的互联网应用，全量采集监控指标每天产生的数据量相当庞大。虽然全面、高精度的监控数据有助于提升数据分析的精确度，但同时会给数据采集管道、数据存储和分析带来巨大的压力。我们需要根据不同用户角色的需要，尽量精简地选择监控指标。根据经验统计的用户角色对监控指标需求的映射如图 7-9 所示。在与应用智能运维系统目标用户核对之后，列出采集指标的最小集合，有助于降低实时部署的成本和数据采集、分析的工作量。

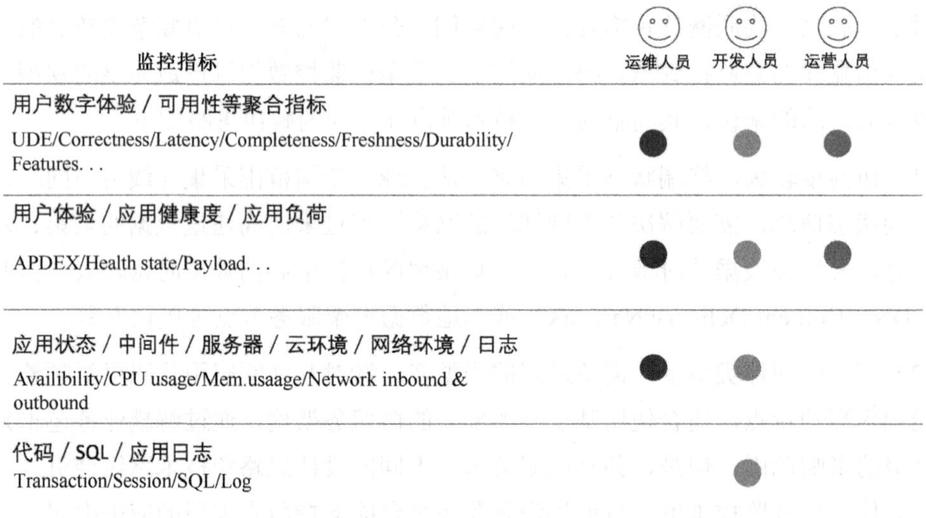

监控指标	运维人员	开发人员	运营人员
用户数字体验 / 可用性等聚合指标 UDE/Correctness/Latency/Completeness/Freshness/Durability/Features...	●	●	●
用户体验 / 应用健康度 / 应用负荷 APDEX/Health state/Payload...	●	●	●
应用状态 / 中间件 / 服务器 / 云环境 / 网络环境 / 日志 Availibility/CPU usage/Mem.usaage/Network inbound & outbound	●	●	
代码 / SQL / 应用日志 Transaction/Session/SQL/Log		●	

图 7-9 用户角色对监控指标需求的映射

有了需要采集的指标列表，下一步就是针对指标对应的类别，选择数据采集探针、SDK 等工具，对指标进行覆盖。在本章示例场景下，目标应用涉及要采集的探针包括对用户侧用户行为、终端设备状态、终端网络监控数据采集的探针/SDK；主动监测应用可

---

[1] http://www.javassist.org/tutorial/tutorial.html.
[2] https://asm.ow2.io.
[3] http://skywalking.apache.org.

用性及评估用户体验、应用健康度的应用可用性数据采集的探针；对应用关键业务流程监控的主动拨测、被动监听类探针；发现深层代码问题的应用请求代码链路追踪探针，以及对应用运行依赖的微服务、容器、云计算和中间件等应用运行环境状态数据采集的探针。

7.3.1 用户侧用户数字体验数据采集

7.3.1.1 技术难点

由于我们要监控的目标应用是为汽车提供在线服务的系统，应用与用户交互的终端设备是车载操作系统平台上的终端 App。我们要监控用户侧用户数字体验，追踪用户的操作轨迹，监控应用请求的响应速度、卡顿、崩溃等问题，需要在应用 App 开发阶段植入 SDK，对关键业务路径埋点来记录这些信息，实时或定期上报。这个监控思路与手机应用没有太大差别，只是汽车移动速度快导致终端网络稳定性差、车载操作系统类型较多等特殊的复杂性问题需要解决。总的来说，用户侧用户数字体验数据采集需要解决的技术难点如下。

（1）支持车载操作系统平台上的应用。车载操作系统（VOS）除了手机常用的 Android、iOS，还有 Linux、QNX 等。采集不同类型 VOS 平台上的应用的运行状态，需要植入相应的开发期监控埋点 SDK。

（2）控制上报的监控数据量。采集的汽车终端监控指标数据上报需要经过 3G、4G 移动网络。监控数据采集实时性太高，上报数据量过大会占用宝贵的带宽，并且增加车主的数据流量费用支出。在保障够用的前提下，如何尽量减少监控数据的传输频率和压缩数据包的大小是要解决的问题之一。

（3）监控数据上报的时效性保障。汽车移动速度快且地域分布分散，不像手机或计算机接入的应用分布范围集中、网络连接相对稳定。在并发量较大的情况下，实时上报数据丢包、时延较大等问题比较突出。如果不能保障监控数据上报的实时性，就会导致监控数据质量下降，从而影响数据分析算法的有效性。

7.3.1.2 实现思路

根据实际场景的特点，我们选择实现的开源软件框架需要支持 Android、iOS、Linux、QNX 等类型的车载操作系统平台的 SDK，能够提供车机端到云端稳定、高效的数据通道。相比之下，Snowplow[1]与此要求比较匹配，它主要用在多源异构数据采集场景下，可面向不同类型的应用搭建数据通信管道。

---

[1] https://blogs.sap.com/2015/11/20/business-process-monitoring/.

完整的 Snowplow 数据管道如图 7-10 所示，主要包括对应不同编程语言的数据采集端 Tracker、支持从第三方软件采集事件数据的 Webhook、云端采集服务节点 Collector、实时数据处理节点 Enrich、进行数据存储的 Storage、进行数据建模的 Data Modeling 和进行数据分析的 Analytics。基于 Snowplow，我们围绕技术难点规划设计的解决方案如下。

图 7-10 完整的 Snowplow 数据管道

1. 支持车载操作系统平台上的应用

Tracker 支持的开发语言非常丰富，包括 Android、iOS、Java、CPP、.NET 等 19 种语言。以 Android 系统为例，在开发车机端 App 时，只需要在代码中引入以下 Snowplow 类，就可以完成 Tracker 数据采集端的 SDK 植入。

```
import com.snowplowanalytics.snowplow.tracker.*;
```

接下来，如下所示，在代码中创建消息发送器 Emitter，并用它来实例化 Tracker。应用中由 Tracker 采集上报的数据都以事件（Event）为单位封装。

```
// 创建 Emitter
Emitter e1 = new Emitter.EmitterBuilder("com.collector.acme", getContext())
    .build();

// 创建并返回 Tracker 对象
Tracker.init(new Tracker.TrackerBuilder(e1, "myNamespace", "myAppId", getContext())
    .build()
);
```

这是最基本的 Tracker 创建过程，在 Emitter 传参中的 getContext() 是 Android 的全局函数，我们可以用以下代码来进一步自定义 Tracker 选项，以完成实例创建。

```
//创建 Emitter
Emitter e2 = new Emitter.EmitterBuilder("com.collector.acme", getContext())
    .build();

//创建并返回 Tracker 对象
Tracker.init(new Tracker
```

```
.TrackerBuilder(e2, "myNamespace", "myAppId", getContext())
.base64(false) // 定义是否开启 base64 加密
.platform(DevicePlatforms.Mobile) //定义发送什么平台的上报事件
.subject(new Subject.SubjectBuilder().build()) // 为每个上报事件增加公共属性值
.build()
);
```

为了采集用户与应用交互过程中的操作和事件，Snowplow 已经封装了相对丰富的事件类型，可以收集的每个事件都附带了相关的上下文，如会话、展现和位置，以及完全自定义的上下文，以便了解目标用户的行为。利用基础数据识别用户和定向营销，可推动用户订阅，并持续优化用户体验。目前 Snowplow v0.8.0 及以上版本默认提供支持的事件采集列表如表 7-1 所示。

表 7-1　Snowplow v0.8.0 及以上版本默认提供支持的事件采集列表

函　　数	功　能　描　述
track（ScreenView event）	跟踪用户，查看应用程序中的屏幕
track（PageView event）	跟踪和记录网页视图
track（EcommerceTransaction event）	跟踪和记录网页视图
track（Structured event）	跟踪 Snowplow 自定义的结构化类型事件
track（SelfDescribing event）	跟踪 Snowplow 自定义的自描述类型事件
track（TimingWithCategory event）	使用类别事件跟踪计时
track（ConsentGranted event）	跟踪收集用户授权的动作数据
track（ConsentWithdrawn event）	跟踪收集用户撤回的动作数据

如果需要自定义扩展采集指标，可以用以下代码自定义 Context，对上报事件进行扩展。

```
t1.track(PageView.builder().( ... ).customContext(List<SelfDescribingJson> context).build());
```

2. 控制上报的监控数据量

企业要求监控数据上报的平均数据量不能超过日常业务数据量平均值的 5%。在保障数据上报时效性能满足分析要求的同时，可以选择的控制数据量的手段主要有：①根据经验删减与服务质量目标保障关联度不高的指标项；②数据压缩后发送，选择损耗较小的信道传输数据。

对于用户侧的数据采集，Snowplow 提供了灵活的扩展策略。所有上报数据采用自解释的 JSON 格式定义，每个 JSON 数据报文都定义了关联的 JSON Schema 格式说明。如果发现上报数据中有不需要的指标或事件数据，可以自定义 JSON Schema 来去掉相关定义。下面是一个事件对应的 JSON Schema 定义，当云端采集服务节点 Collector 收到对应的事件时，会读取此定义，然后自动解析出采集的数据。

```
{
    "$schema": "http://json-schema.org/schema#",
    "self": {
        "vendor": "com.snowplowanalytics",
        "name": "ad_click",
        "format": "jsonschema",
        "version": "1-0-0"
    },
    "type": "object",
    "properties": {
        "bannerId": {
            "type": "string"
        }
    },
    "required": ["bannerId"],
    "additionalProperties": false
}
```

对于跨语言的多类型平台数据的上报，Snowplow 选择 Thrift 框架来实现 RPC 点对点的通信。对于数据传输、序列化和应用层数据转换，Thrift 提供了高效的处理机制。相比直接通过 HTTP/HTTPS 传输 JSON 格式的数据，利用 Thrift 的二进制数据进行编码，数据更加紧凑，减少了冗余数据传输占用的网络带宽。

3. 监控数据上报的时效性保障

面向地域分布广泛的终端采集上报数据的网络的环境复杂、数据链路相对较长且并发量大。为了避免网络时延过大或中心数据采集节点并发处理能力限制导致的上报数据时延过大，可以采用 Snowplow 提供的 Cloudfront Collector，借助 Amazon AWS 公有云提供的 S3 存储高并发处理能力和 CDN 本地内容分发网络的低时延请求响应的特点来加快用户侧终端设备连接 3G、4G 网络上报处理实时数据的速度。

Cloudfront Collector 的配置过程分 5 个步骤完成：①在 Amaozn AWS S3 创建数据存储 bucket；②将 Tracing pixel 上传到 AWS S3 bucket；③创建额外的 AWS S3 bucket 来存储 Cloudfront Collector 生成的日志；④创建一个内容分发网络 AWS Cloudfront 分发任务，用于提供现在存储在 S3 中的跟踪 Tracking pixel，这将确保快速提取数据（使用 Cloudfront 的 CDN），并且最重要的是，使用 AWS Cloudfront 日志记录 Tracking pixel 对应的每个请求，这些请求将包含从跟踪器传递给收集器的所有数据，并以查询字符串的形式追加到 GET 请求中；⑤测试存储在 AWS Cloudfront 的 Tracing pixel 中。

7.3.2 应用可用性数据采集

7.3.2.1 技术难点

完成用户侧用户数字体验数据的采集部署之后，接下来需要采集与用户终端交互的云端应用服务接口/页面的可用性数据。常用手段是采用近用户端部署的拨测节点，模拟用户操作主动拨测。根据目标应用的历史运维经验总结的检测应用可用性技术的难点如下。

（1）不同地域接入应用的可用性检测。对于分布于不同地域的用户端，访问应用经常会出现本地网络不稳定、本地 CDN 不稳定等导致局部地区的应用可用性受影响。如何实时检测各地区分布应用的可用性是首先要解决的问题。

（2）发现应用假死等潜在故障状态。应用底层业务逻辑代码异常会导致某些业务假死。在没有业务请求的情况下，黑盒监控指标一切正常，一旦有业务调用相关接口，后台会抛出异常报错。对于监控拨测工具，这种问题相对难发现。

（3）请求处理的正确性检测。检测接口访问正常，但代码存在缺陷或业务逻辑错误会导致返回请求负载中的数据错误。接口可用性检测发现不了这个问题，但错误数据返回会导致用户请求处理错误，影响使用。例如，用户通过前端页面检索指定商品的详细信息，界面请求发送到对应后台接口进行处理，代码设计为每个商品详情的返回结果都包含图片，由于图片存储在键值对数据库中，当请求数据库中存储图片的过程异常导致返回前台的数据未包含图片时即异常状态。

7.3.2.2 实现思路

检测互联网应用可用性最直接的实现方案是选择在临近应用目标用户地理分布集中的区域部署有拨测节点的云服务提供商的 SaaS 服务，可选的有 Solarwinds Pingdom、site24x7、监控宝、JMeter 等。这些平台都能够通过自定义策略主动拨测指定的应用接口和界面。从需求出发，考虑分布在不同地域的应用服务的可用性检测，我们选择用云智慧的监控宝来实现。对于接口返回数据正确性的判断，JMeter 相对简洁实用。在这些工具/平台的基础上，解决以上技术难点的具体思路如下。

1. 不同地域接入应用的可用性检测

在监控宝网站注册开通服务后，首先，在"采集器及监测点"菜单内创建近用户端的监测点。监控宝提供了大量遍布全国的监测点，使用户能够在页面中配置策略以定期对指定网站、页面和 API 接口进行拨测。其次，在"任务管理"页面配置拨测任务，我们选择关键页面 URL 和对应关键业务流程的 REST、TCP Socket 接口，分别配置独立任务并定时拨测。最后，启动任务，开始检测。

我们的目标是搭建全景化的应用智能运维系统，主动拨测应用可用性只是监控链路中的一部分数据。因此，我们需要利用监控宝平台提供的开放 REST API 接口将数据对接到我们建设的目标系统中。例如，我们要获取所有监测点执行任务时监测的响应时间和可用率，可以对应执行以下的 CURL 请求。

```
curl -H "token:a3af84f7c1d0d935024ba58b5da78aaa" https://v6-api.jiankongbao.com/siteapi/data/sitetask/statisticbymonitor?task_id=64&start_time=2018-01-01&end_time=2018-01-02
```

得到的返回数据以 JSON 格式定义，如下所示，其中包含监测地点，所在的运营商网络，请求响应时间的平均值、最大值、最小值和历史可用性统计指标。

```
{
    "data": [
        {
            "monitor_id": 1,
            "resp_time_avg": 0,"avail_resp_time_avg": 0,
            "resp_time_min": 0,"avail_resp_time_min": 0,
            "resp_time_max": 0,"avail_resp_time_max": 0,
            "available_rate": 100,
            "monitorinfo": {
                "monitor_id": "1",
                "monitor_name": "陕西西安电信",
                "location_code": "100610100",
                "location_name": "西安市",
                "isp_id": "1",
                "isp_name": "电信",
                "isp_en_name": "Telecom",
                "isChina": 1,
                "worldRegionCode": "1",
                "worldRegion": "亚太",
                "countryCode": "100",
                "country": "中国",
                "country_en": "China",
                "chinaRegionCode": "1006",
                "chinaRegion": "西北",
                "provinceCode": "100610",
```

```json
                    "province": "陕西",
                    "province_en": "Shaanxi",
                    "cityCode": "100610100",
                    "city": "西安市",
                    "city_en": "Xi_an",
                    "monitorIp": "111.222.3.4"
                }
        },
        {
            "monitor_id": 106,
            "resp_time_avg": 1266.48,
            "resp_time_min": 65.39,
            "resp_time_max": 7766.08,
            "available_rate": 94.67,
            "monitorinfo": {
                    "monitor_id": "106",
                    "monitor_name": "上海市联通",
                    "location_code": "100310",
                    "location_name": "上海",
                    "isp_id": "2",
                    "isp_name": "联通",
                    "isp_en_name": "Unicom",
                    "isChina": 1,
                    "worldRegionCode": "1",
                    "worldRegion": "亚太",
                    "countryCode": "100",
                    "country": "中国",
                    "country_en": "China",
                    "chinaRegionCode": "1003",
                    "chinaRegion": "华东",
                    "provinceCode": "100310",
                    "province": "上海",
                    "province_en": "Shanghai",
                    "monitorIp": "124.133.28.7"
            }
        }
    ]
}
```

为了融合监控宝采集的数据，需要开发独立的数据采集同步程序，将数据转换为对应的 JSON Schema 格式，并将能够自解释的 JSON 数据格式发送到 Snowplow Collector，融入统一的监控数据采集管道。要实现这个功能，我们需要用对应语言的 Snowplow Tracker 来将完成转换后的 JSON 数据格式的事件发送到 Snowplow。

如果使用 Pingdom 替换监控宝来做可用性检测，就可以用 Snowplow 默认提供的 Webhook 机制实现，而不需要开发独立的程序。Webhook 可使用户自定义 HTTP Callbacks 回调机制来实现事件数据回传，与同应用绑定实现数据采集的 SDK 并列，专门用来从第三方软件平台自定义采集事件并对接到数据管道。Snowplow 默认提供了统一告警管理平台 PagerDuty、拨测平台 Pingdom、运维工单管理平台 Zendesk 等十余种软件。以 Pingdom 为例，将事件与 Snowplow 对接只需以下步骤即可实现。

（1）首先，登录自己注册的 Pingdom 账户，从屏幕顶部选择"服务"按钮，再选择要添加 Webhook 终结点的服务，然后单击"添加 Webhook"按钮，会看到如图 7-11 所示的界面。

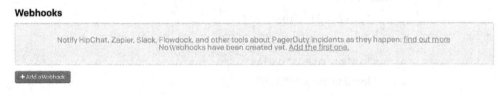

图 7-11 Webhook 添加界面

（2）填写 Webhook 的名称和目标 URL。"目标 URL"字段可向 Snowplow Collector 提供 URI。我们使用一条特殊路径来告诉 Snowplow 这些事件是由 Pingdom 生成并回调传给 Snowplow 的，如下所示。

```
http://<collector host>/com.pagerduty/v1?aid=<company code>
```

在 URI 的查询字符串中，aid 的值对是可选的，是从 Snowplow Tracker 协议中获取的 app_id 参数。我们可以用它来指定 Pingdom 中的调用完成事件属于哪个应用。现在，我们的设置屏幕如图 7-12 所示。

图 7-12 Webhook 管理界面

（3）单击界面中的"保存"按钮之后，不管在什么情况下，Pingdom 生成的后续事件都会发送给对应的 Snowplow Collector 服务。

2. 发现应用假死等潜在故障状态

应用架构中每个独立业务单元对应一个或多个微服务节点。根据以往的运维经验，应用假死频发现象主要是由于调用链路中某些微服务的业务逻辑错误导致的。由于互联网化运营，每个微服务节点的代码更新频率较高，需要主动对应用假死状态监测，以规避后续类似问题的发生。检测工具我们选择 JMeter。对于部署策略，由于应用假死与终端网络无关，我们只需要将 JMeter 部署在云端独立的容器上或虚拟机上，按既定策略定制执行监测即可。

为了方便配置管理，我们使用 JMeter 的服务器模式远程通过 GUI 远程控制拨测点来实现监测。JMeter 用户端远程控制服务节点的界面如图 7-13 所示，通过该界面，我们可以对独立部署的 JMeter 拨测点实现启动、停止等控制。

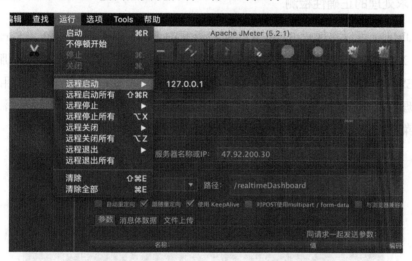

图 7-13　JMeter 用户端远程控制服务节点的界面

我们以检测应用的 Web 界面登录动作，打开管理控制台流程为例，由 JMeter 自动输入用户名/密码，单击"提交"按钮登录系统并打开主页。在此过程中，浏览器发送 HTTP POST 请求，并将输入以参数形式随请求发送。

要在 JMeter 中执行此操作，首先需要添加 HTTP 请求，并将方法设置为 POST，这需要知道窗体使用字段的名称和目标页。可以通过检查登录页的代码来找出这些信息。将信息输入如图 7-14 所示的 JMeter 配置页面，设置"提交"按钮的目标路径。单击"添加"按钮输入用户名和密码的详细信息。有时登录表单包含其他隐藏字段，还需要额外添加。

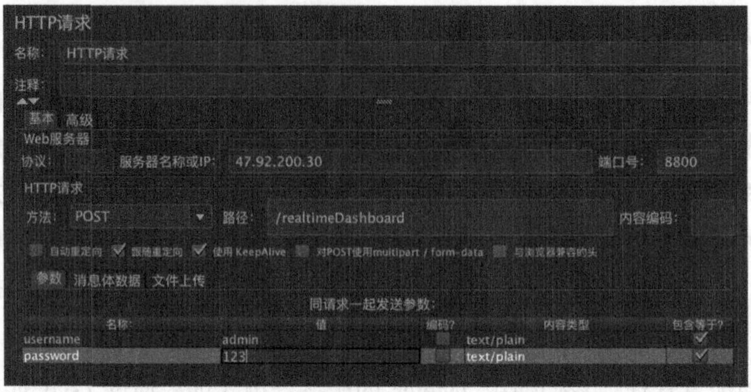

图 7-14 登录页面的 HTTP 请求配置

3. 请求处理的正确性检测

利用 JMeter 可以实现对 REST API 接口返回的 JSON 格式数据和 Web Service API 接口返回的 XML 数据进行数据逻辑的正确性检测。我们监控采集的目标应用服务状态数据来自 REST API 类型接口返回的 JSON 格式数据。可以通过以下步骤来利用 JMeter 检测请求处理返回的 JSON 格式的数据的正确性。首先，在菜单栏依次选择"添加""配置元件"菜单，然后选择"HTTP 信息头管理器"选项，如图 7-15 所示。

图 7-15 HTTP 信息头管理器添加界面

其次，在 HTTP 信息头管理器界面，设置 Content-Type 的值为 application/json，如图 7-16 所示。

再次，选择添加取样器来创建 HTTP 请求，如图 7-17 所示，依次选择"HTTP 请求""添加""监听器"菜单，然后选择"查看结果树"选项。

图 7-16　HTTP 信息头管理器界面

最后，通过调试 JSON Path 表达式来获取返回的字段数据，判断是否为合理范围的返回值。通过创建测试计划，编排自动化测试流程，可以实现对指定接口数据正确性的校验。JSON Path 表达式配置界面如图 7-18 所示。

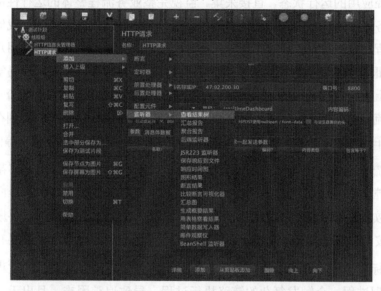

图 7-17　创建 HTTP 请求

图 7-18　JSON Path 表达式配置界面

图 7-18 所示界面中参数的配置含义如下。

Names of created Variables：定义变量名，使用${Variable names}引用相关变量。

JSON Path expressions：定义检索 API 接口返回数据的 JSON Path 表达式。

Match No.（0 for Random）：设置匹配数字（0 代表随机，1 代表第一个，-1 代表所有）。

Compute concatenation var（suffix_ALL）：设置是否统计所有，即是否将匹配到的所有值保存，命名规则为"后缀_ALL"。

Default Values：设置未能找到时的默认值，一般设置为 NOT FOUND，代表未找到。

7.3.3 业务流程数据采集

7.3.3.1 技术难点

对于监控应用的运行状态，直接采集、监视完整业务流程整体的运行性能、稳定性状态，追踪业务流程中每个步骤的动作和过程是最简单、便捷的监控方式。我们在跟用户沟通需求的过程中发现，大多数应用运维人员都希望看到关键业务流程被其用户使用的实时状态。例如，银行系统的运维团队希望看到手机银行的实时登录数、转账交易笔数等信息；航空公司线上售票应用系统的运维团队关注每天全国各地的用户通过手机查询余票、下单交易等业务流程的使用状态信息；车联网系统的应用运维团队希望实时看到在线车辆使用语音购物、车家互控、手机控制车门等功能的频率、响应时间和业务错误等信息。

从业务流程角度监控应用，数据会展现得更直观、更容易理解，能够帮助运维人员快速发现异常告警和业务流程之间的影响关系，使其更好地做业务负载导向的容量规划等。但是，实现精确的业务流程数据采集并不容易，需要聚合多种采集手段采集到的监控数据，并按业务视角梳理映射关系。根据经验，可能遇到的技术难点主要有以下方面。

（1）目标业务流程操作过程的数据采集。用户使用应用办理业务的过程中发送的请求及后续处理过程，会触发复杂的链路执行过程，导致追踪困难，且出于安全考虑，对数据的加密、防篡改手段使得请求或代码链路业务特征难以获取。

（2）业务流程监控过程的定义与指标映射。需要解决如何定义业务流程，采集到的业务相关指标、日志等数据如何与业务流程映射，如何将应用本身和应用运行期依赖的各中间件的运行状态、告警信息关联到业务上等问题。

（3）分布式业务请求代码链路的追踪。对于多个应用协同处理才能完成的业务或业务逻辑相互耦合较弱的微服务架构应用，一个完整的业务请求跨多个逻辑或物理上独立的服务节点，甚至多个网络。

（4）业务流程执行过程的白盒监控。对于由跨不同架构、不同语言开发的独立服务节点串联起来的业务，白盒追踪业务执行代码需要解决监控数据采集格式、方式的一致性问题；对于不同节点异常导致的业务处理错误，应能够监听到并映射为对应的操作步骤。

7.3.3.2 实现思路

常用的监控业务流程的技术手段主要包括：通过日志提取记录的用户操作；利用代

码埋点方式采集预定义的业务流程代码的执行过程；对用 Java、.NET 等解释型编程语言编写的服务端，采用字节码拦截来截获业务请求执行过程或用旁路监听网络流量数据；通过 DPI（Deep Packet Inspection）深度网络包分析、提取业务流程的相关数据。对于本章示例，用户操作终端包括手机和车机端，主要业务包括手机控制车、车机端控制家电等操作。其业务流程请求通过 4G 运营商网络连接互联网发送到云端，然后转发至车机端或物联网应用。解决以上提到的技术难点的思路如下。

1. 目标业务流程操作过程的数据采集

要监控用户操作终端控制车、操作车控制智能家电等场景，首先要捕获用户操作的数字轨迹。我们采用自研发的 SDK 探针，在开发期对采用 Android VOS 的车机和采用 iOS、Android 系统的手机终端应用植入对应业务流程的监听代码。当用户使用相关业务时，SDK 能够根据代码埋点直接上报相关的业务信息。

相比网络抓包分析等其他监控方式，这种方式的优点是可以获取准确的业务流程操作和对应的用户相关的信息；缺点是需要在开发期，由开发人员植入监控 SDK，并按运维需要对指定业务定义监控指标。下面我们以监控采用 iOS 系统的应用的用户操作业务流程为例，介绍如何实现基于 SDK 的埋点指标数据采集。

首先，开发人员需要在指定应用项目工程中引入并配置 SDK，具体配置过程包含以下步骤。

（1）在工程的根目录下添加 NEUAppMonitor.framework 文件。

（2）选中使用 NEUAppMonitor.framework 的项目 targets，选择"General"菜单下的"Embedded Binaries"选项，单击加号添加 NEUAppMonitor.framework。

（3）选中使用 NEUAppMonitor.framework 的项目 targets，选择"General"菜单下的"Linked Frameworks and Libraries"选项，单击减号删除任意一个重复的 NEUAppMonitor.framework，单击加号添加 libsqlite3.tbd。

（4）选中使用 NEUAppMonitor.framework 的项目 targets，选择"Build Settings"菜单下的"Other Linker Flags"选项，添加字段"-ObjC"。

（5）在项目的 Info.plist（可能被修改成其他名称的 plist 文件）文件中增添字段：

NSLocationAlwaysUsageDescription ＝ YES

NSLocationWhenInUseUsageDescription ＝ YES

UIBackgroundModes：location

其次，在项目中引入 SDK 并正确配置后，在项目根目录中新建配置文件 config.plist，文件内容如图 7-19 所示。

Key	Type	Value
▼ Root	Dictionary	(10 items)
LagPhase	Boolean	YES
NetworkFlow	Boolean	YES
PageStatus	Boolean	YES
AppStatus	Boolean	YES
Crash	Boolean	YES
Method	String	POST
Protocol	String	HTTP
ReleaseChannel	String	AppStore
ServerPort	Number	9000
ServerURL	String	10.4.45.97

图 7-19　配置文件 config.plist 详情

文件中各字段的含义如下。

LagPhase：Boolean 类型，表示是否监控应用卡顿事件，YES 代表监控。

NetworkFlow：Boolean 类型，表示是否监控网络 HTTP 流量，YES 代表监控。

PageStatus：Boolean 类型，表示是否监控页面生命周期事件，YES 代表监控。

AppStatus：Boolean 类型，表示是否监控应用生命周期事件，YES 代表监控。

Crash：Boolean 类型，表示是否监控应用崩溃事件，YES 代表监控。

Method：String 类型，表示上报信息的服务器使用的通信协议方式，可选值为 GET 和 POST。

Protocol：String 类型，表示上报信息的服务器使用的通信协议，可选值为 HTTP 和 HTTPS。

ReleaseChannel：String 类型，表示应用的发布渠道。

ServerPort：Number 类型，表示上报信息的服务器端口号。

ServerURL：String 类型，表示上报信息的服务器 IP 地址。

最后，在应用的 main 函数中加入如下代码。

```
[NEUAppMonitorConfig runAppMonitorWithUserId:@"userId"];
```

针对对应监控目标业务流程的程序，在代码中引入指定头文件即可实现对监控 SDK 探针的植入，样例代码如下。

```
#import <NEUAppMonitor/NEUAppMonitor.h>

int main(int argc, char * argv[])
{
    @autoreleasepool {
        [NEUAppMonitorConfig runAppMonitorWithUserId:@"neusoft001"];
```

```
    return UIApplicationMain(argc, argv, nil, NSStringFromClass([AppDelegate class]));
  }
}
```

如果要监控指定代码的执行性能指标，只需要在对应位置加入如下代码即可。

```
[NEUAppMonitorConfig reportAppPerformanceInf];
```

对于用 C#等语言编写的终端，用代码埋点方式进行业务操作监控的过程类似。我们可以自己封装或直接使用 Snowplow 等开源框架提供的 Tracker SDK 来实现。采集的用户终端指标数据可以直接与数据存储和可视化平台对接，以便运营人员和运维人员评估用户的使用习惯和终端异常。终端采集的指标可视化样例效果如图 7-20 所示。

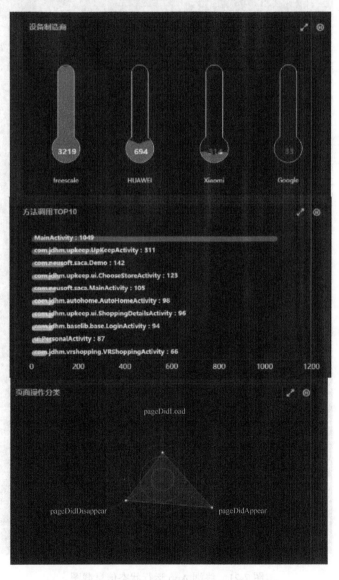

图 7-20　终端采集的指标可视化样例效果

图 7-20 展示了移动端采集到的设备使用的相关信息的统计效果,其中,设备制造商部分用于展示统计时间内用户所使用的设备制造商的相关信息,可以通过单击具体的设备制造商来显示该设备制造商的数据;方法调用 TOP10 部分用于展示调用次数最多的 10 个方法,可以单击具体的方法来显示该方法的相关数据;页面操作分类部分用于展示统计的该时间内用户对页面所做的操作。

如果要统计和分析当前或历史在线用户使用不同设备运行应用的状态,我们可以使用图表,通过交互式分析来定位问题,如图 7-21 所示。其中,App 运行状态分布部分

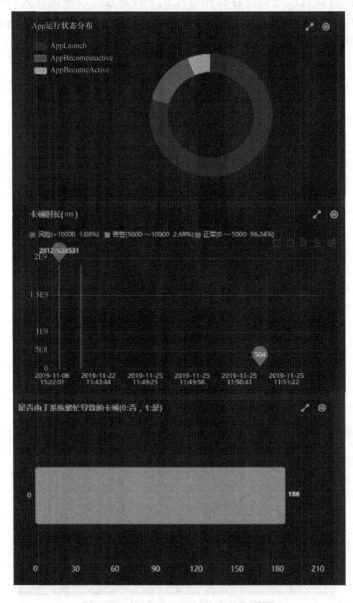

图 7-21 终端 App 运行状态信息截图

用于展示统计时间内 App 的运行状态，单击具体运行状态可以筛选并查看具体状态的相关数据；卡顿时长部分用于展示该时间内用户使用 App 的卡顿情况；是否由于系统繁忙导致的卡顿部分用于展示该时间内 App 的卡顿次数及原因。

2. 业务流程监控过程的定义与指标映射

除了代码埋点中自定义的指标，其他从日志、代码链路中截获的链路和从中间件采集的指标数据很少带有明显的业务特征，如图 7-22 所示的日志信息，只有开发人员才能明白其含义。要实现业务监控，我们就要从技术指标中筛选能映射到业务上、有含义的指标，这需要开发、运维人员的协助，人工为采集上来的技术指标打标签，如果工具层面能提供支持，则可以大大减少工作量。

图 7-22 应用运行期日志统计数据

目前市场上有面向特定应用的业务流程监控工具，如 SAP 提供的业务流程监控（Business Process Monitoring，BPMon）[1]可提供监控整个环境及业务流程的能力。面向运维人员和运营人员，BPMon 提供了业务流程性能监控、后台处理过程监控、应用日志和运行环境监控能力。类似的产品还有 IBM BPMon[2]和上海天旦业务性能管理（BCP）[3]。

在本章示例中，考虑目标应用涉及端、管、云运行环境的海量指标采集，需要使用多种指标采集方式，指标复杂性较高。为兼顾实现效果及人工配置、维护业务流程的便捷性，我们在底层定义了模型来描述存储技术指标与业务流程的映射关系，并通过对应界面来定义维护模型。本章示例中实施用到的这些能力是基于 RealSight APM 产品实现的。

3. 分布式业务请求代码链路的追踪

要追踪终端请求触发的分布式执行的后台代码链路，首先需要解决的是分布式代码

---

[1] https://blogs.sap.com/2015/11/20/business-process-monitoring/.
[2] https://www.ibm.com/support/knowledgecenter/en/SS3JSW_5.2.0/com.ibm.help.bp_monitoring.doc/SI_IntroductionToMonitoringBusinessProcesses.html.
[3] https://www.netis.com.

链路关联问题。常用的技术手段有两种：第一种是采用类似 Google Dapper 的系统对请求链路代码打入 ID 关联，即在开发期实现 ID 注入，后续从日志中提取各节点日志文件在存储层关联的链路；第二种是在运行期通过操控字节码动态注入 ID，之后在查询检索时动态关联。综合考虑实现成本和技术可行性，我们选择第二种。目前，采用第二种技术时，已经有一些生产环境可用的开源软件能够帮助我们解决注入 ID、拼接链路的问题，如 Pinpoint 和 SkyWalking。Pinpoint v1.8.5 版本能够支持 Tomcat、WebLogic、WebSphere、GlassFish、JBoss 等大多数类型的 Java 应用服务器和采用 PHP 语言开发的应用在运行期部署。我们选择 Pinpoint，以 JBoss 应用服务器支撑的应用为例，介绍如何在应用中部署探针，监听分布式部署的应用之间的代码调用关系。

Pinpoint 系统的部署结构主要由 4 部分组成，分别是负责界面展现的 Web 工程、负责接收存储数据的 Collector、存储代码链路数据的 HBase 和与应用一起运行的探针。Pinpoint 提供了基于 Docker Compose 的服务端部署方案，安装部署较简单，但探针端的部署需要考虑应用服务器的类型、版本和技术架构，配置启动方式和启动参数，需要经验和技巧。假设我们已经对服务端部署就绪，JBoss 应用服务器有 2 种运行模式，分别是独立运行模式（Standalone Mode）和域模式（Domain Mode）。在不同模式下，应用部署探针的方式不太一样，在安装探针前，我们首先要清楚监控的目标应用的运行模式。为了能在应用启动时触发探针加载运行，需要在配置文件中完成的主要设置如下。

（1）指定通过 JavaAgent 探针启动的 premain 函数所在启动类的位置。

（2）探针所在应用在 Pinpoint 中对应的名称。

（3）唯一标识此探针的 ID。

对于在独立运行模式下运行的 JBoss 应用服务器，对应修改的配置文件是 standalone.conf，其中需要增加的配置如下。

```
### Standalone mode <br/>
 Add following configuration in __standalone.conf__ :- <br/>
```bash
JAVA_OPTS="$JAVA_OPTS -Djboss.modules.system.pkgs=org.jboss.byteman,org.jboss.logmanager,com.navercorp.pinpoint.bootstrap,
        com.navercorp.pinpoint.common,com.navercorp.pinpoint.exception"
    JAVA_OPTS="$JAVA_OPTS -Djava.util.logging.manager=org.jboss.logmanager.LogManager"
        JAVA_OPTS="$JAVA_OPTS -Xbootclasspath/p:$JBOSS_HOME/modules/system/layers/base/org/jboss/logmanager/main/jboss-logmanager-$JBOSS_LOGMANAGER_VERSION.jar"
        JAVA_OPTS="$JAVA_OPTS  -javaagent:$PINPOINT_AGENT_HOME/pinpoint-bootstrap-$PINPOINT_VERSION.jar"
            JAVA_OPTS="$JAVA_OPTS -Dpinpoint.applicationName=APP-APPLICATION-NAME"
```
```

```
JAVA_OPTS="$JAVA_OPTS -Dpinpoint.agentId=APP-AGENTID"
```

JBoss 域模式用于统一协调管理多个服务器，通过 JBoss AS 提供的中心控制点，能够管理多台服务器。如果 JBoss 运行在域模式，探针配置需要添加在 domain.xml 和 host.xml 文件中，并对应不同服务器设置不同的应用名和 ID，详细配置样例如下。

Domain mode

* Add below configuration in __domain.xml__ :-

```xml
 <system-properties>
    ...
     <property name="jboss.modules.system.pkgs" value="org.jboss.logmanager,com.navercorp.pinpoint.bootstrap,
com.navercorp.pinpoint.common,com.navercorp.pinpoint.exception" boot-time="true"/>
     <property name="java.util.logging.manager" value="org.jboss.logmanager.LogManager"/>
    ...
</system-properties>
```
* Add below configuration in __host.xml__ :-

```xml
<servers>
    ...
     <server name="server-one" group="main-server-group">
        ...
         <jvm name="default">
            ...
             <jvm-options>
                ...
                 <option value="-Xbootclasspath/p:$JBOSS_HOME/modules/system/layers/base/org/jboss/logmanager/main/jboss-logmanager-$JBOSS_LOGMANAGER_VERSION.jar"/>
                 <option value="-javaagent:$PINPOINT_AGENT_HOME/pinpoint-bootstrap-$PINPOINT_VERSION.jar"/>
                 <option value="-Dpinpoint.applicationName=APP-APPLICATION-NAME"/>
                 <option value="-Dpinpoint.agentId=APP-AGENT-1"/>
             </jvm-options>
         </jvm>
```

```xml
        ...
    </server>

    <server name="server-two" group="main-server-group" auto-start="true">
        ...
        <jvm name="default">
            ...
            <jvm-options>
                ...
                <option value="-Xbootclasspath/p:$JBOSS_HOME/modules/system/layers/base/org/jboss/logmanager/main/jboss-logmanager-$JBOSS_LOGMANAGER_VERSION.jar"/>
                <option value="-javaagent:$PINPOINT_AGENT_HOME/pinpoint-bootstrap-$PINPOINT_VERSION.jar"/>
                <option value="-Dpinpoint.applicationName=APP-APPLICATION-NAME"/>
                <option value="-Dpinpoint.agentId=APP-AGENT-2"/>
            </jvm-options>
        </jvm>
        ...
    </server>
</servers>
```

在修改完应用服务器之后，我们还需要在 Pinpoint 的探针目录下找到配置文件 pinpoint.conf，修改以下配置项。首先，接收探针上报监控数据的 Collector Server 的地址和端口信息。在默认情况下，Collector Server 接收数据的 TCP、UDP 端口分别为 9996（UDP）、9995（UDP）、9994（TCP）。

```
###########################################################
# Collector server                                        #
###########################################################
profiler.collector.ip=127.0.0.1

# placeHolder support "${key}"
profiler.collector.span.ip=${profiler.collector.ip}
profiler.collector.span.port=9996

# placeHolder support "${key}"
profiler.collector.stat.ip=${profiler.collector.ip}
profiler.collector.stat.port=9995
```

```
# placeHolder support "${key}"
profiler.collector.tcp.ip=${profiler.collector.ip}
profiler.collector.tcp.port=9994
```

其次，在文件中找到如下所示对应 JBoss 类型的应用服务器的配置项。根据应用特点和监控需求，我们可以配置实现特定的监控功能，如过滤监控数据中指定的 URL、方法和 HTTP 请求等。

```
###############################################################
# JBOSS                                                       #
###############################################################
profiler.jboss.enable=true
# Classes for detecting application server type. Comma separated list of fully qualified class names. Wildcard not supported.
profiler.jboss.bootstrap.main=org.jboss.modules.Main
# Check pre-conditions when registering class file transformers mainly due to Tomcat plugin transforming the same class.
# Setting this to true currently adds transformers only if the application was launched via org.jboss.modules.Main.
# Set this to false to bypass this check entirely.
profiler.jboss.conditional.transform=true
# Hide pinpoint headers.
profiler.jboss.hidepinpointheader=true
# URLs to exclude from tracing
profiler.jboss.excludeurl=
# HTTP Request methods to exclude from tracing
#profiler.jboss.excludemethod=
profiler.jboss.tracerequestparam=true

# original IP address header
# https://en.wikipedia.org/wiki/X-Forwarded-For
#profiler.jboss.realipheader=X-Forwarded-For
# nginx real ip header
#profiler.jboss.realipheader=X-Real-IP
# optional parameter, If the header value is ${profiler.jboss.realipemptyvalue}, Ignore header value.
#profiler.jboss.realipemptyvalue=unknown
```

在完成以上配置后，我们可以打开如图 7-23 所示的 Pinpoint 的 Web 端管理门户界面。在应用被访问请求调用接口触发分布部署的数据库、微服务等服务节点时，可以看到如图 7-23 所示的分布式应用调用关系的监控拓扑结构。在拓扑图中，我们能够在连线上监控指定时间窗口内每个链路的请求发送次数。单击每个节点，我们能从周围图表中看到每个节点接收请求的详细信息。如果与应用服务器交互的第三方接口没有安装探针，监控节点上会显示调用接口的名称和次数。

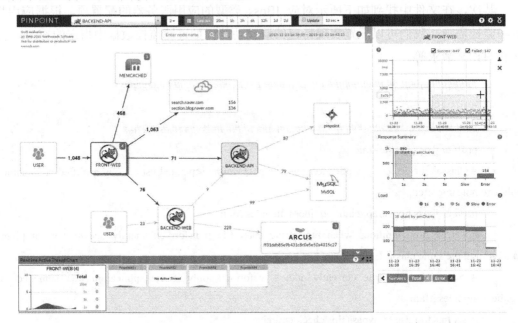

图 7-23　Pinpoint 的 Web 端管理门户界面

4．业务流程执行过程的白盒监控

1）技术难点

对于任何良好的应用程序开发，最好在构建之前确定要构建的内容，监视也不例外。遗憾的是，在应用程序开发中，存在一种常见的反模式，即将监视和其他操作性能（如安全性）视为应用程序的增值组件，而不是核心功能。监视安全是应用程序的核心功能。因此，如果要为应用程序构建规范或用户情景，则要监视应用程序的每个组件。不构建指标或监控是严重的业务和运营风险，会导致如下问题。

（1）对于代码链路导致的缺陷，无法识别或诊断故障根源。

（2）无法量化评估应用程序的操作性能。

（3）无法衡量应用程序或组件的业务成功率，如跟踪销售数字或交易记录的值。

还有一种常见的反模式是检测不够。始终应过度检测应用程序。人们经常抱怨数据太少，但很少担心数据太多。

如果使用多个环境（如开发、测试、暂存和生产），则应确保监视配置提供标记或标识符，以便知道指标、日志条目或事件是否来自特定环境。

2）解决方案

对 Java、.NET、PHP 等解释型语言，实现应用代码级别的执行过程的白盒监控的最简单且直接的办法是在运行期植入探针来截获代码执行链路。可用的方法是使用动态代理机制，通过字节码操控工具，如常用的 Java 程序字节码操控工具 Javassist、ASM 来拦截指定类或方法的执行过程。最终得到的代码执行链路如图 7-24 所示，从该界面中，应用运维人员可以追踪指定事务的请求 URL 和对应代码链路的执行过程。一旦出现异常，则出现异常的类、方法、SQL 语句和对应的异常堆栈信息一目了然。对以下情况，在开发期为应用程序埋点监控的好地方是入口点和出口点。

（1）测量和记录请求与响应，如特定网页或 API 终结点。如果要检测现有应用程序，那么创建特定页面或终结点的优先级驱动列表，并按重要性顺序对其进行检测。

（2）测量和记录对外部服务的所有 API 调用，如应用程序使用云端数据库、缓存或搜索服务，或者使用支付网关等第三方服务。

（3）测量和记录作业计划、执行与其他定期事件（如 cron 表达式定义的作业）。

（4）测量重要的业务和功能事件，如正在创建的用户，或者付款和销售等交易记录。

（5）测量从数据库和缓存读取与写入的方法及函数。

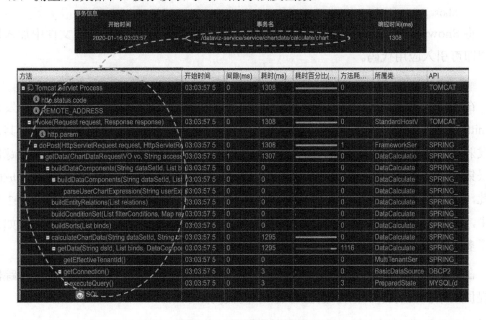

图 7-24　代码执行链路

应用运维人员在得到这些信息后，可以快速定位是应用代码缺陷还是运行环境故障。如果是运行环境故障，在分布式部署的节点之间的接口调用或数据库检索等过程执行失败的同时，还伴随运行环境异常告警；如果是应用代码缺陷，那么可以直接从代码调用链路中截获。在找到责任人之后，应用运维人员需要将看到的现象和数据分享给 IT 基础设施运维人员和代码开发人员。分享数据比较直接的方式是通过即时通信平台将 URL 分享给指定责任人（见图 7-25），这要比发送邮件效率更高。

图 7-25　监控数据仪表盘分享

对于使用 C、Golang、Unity 等语言开发的应用，无法使用运行期代码拦截方式截获代码执行过程，可以从日志文件或通过在开发期植入 SDK 的方式实现对代码链路的追踪。

我们要实现白盒监控的目标应用大部分代码是采用 Java 开发的，采用 Pinpoint 等探针即可实现白盒监控。但是，对于终端设备执行的 JavaScript 程序和部分 Golang 语言开发的微服务节点，我们需要采用在开发期植入 SDK 的方案。开源数据采集框架 Snowplow 中已经提供了封装好的 Golang 和 JavaScript 数据采集 SDK，我们直接拿来用即可。

在 Golang 中引入 SDK 采集数据，首先需要从 Git 下载对应的数据采集 Tracker，执行以下代码即可完成程序包下载。

```
$host go get gopkg.in/snowplow/snowplow-golang-tracker.v2/tracker
```

将 Snowplow Golang Tracker 程序包下载到本地后，只需要在目标源文件中加入以下代码即可引入应用代码。

```
import "gopkg.in/snowplow/snowplow-golang-tracker.v2/tracker"
```

在使用 Tracker 时，我们需要创建 3 种基本类型的对象：主题（Subject）、发射器（Emitter）和跟踪器（Tracker）。主题表示跟踪事件的用户。跟踪器构造事件并将其发送到发射器，之后，发射器将事件发送到配置的目标接收端（Collector）。所有由跟踪器监控采集的数据都会被封装成事件（Event）发送给接收端。事件发送和处理是异步完成的，因此，建议将跟踪器创建为单例对象。因为所有事件首先都持久存储在本地 Sqlite3 数据库中，因此，Snowplow 跟踪器的所有事件都持久存储在本地 Sqlite3 数据库中。如果创建了多个跟踪器，那么有可能重复发送事件并大量消耗资源。

在应用代码中，使用跟踪器对代码执行过程进行白盒监控的第一步是创建跟踪器，并提供数据接收端的 URI 初始化，具体示例代码如下。

```
import sp "github.com/snowplow/snowplow-golang-tracker/v2/tracker"

subject := sp.InitSubject()
emitter := sp.InitEmitter(sp.RequireCollectorUri("com.acme"))
tracker := sp.InitTracker(
```

```
        sp.RequireEmitter(emitter),
        sp.OptionSubject(subject),
        sp.OptionNamespace("namespace"),
        sp.OptionAppId("app-id"),
        sp.OptionPlatform("mob"),
        sp.OptionBase64Encode(false),
)
```

在初始化跟踪器时，必须对应一个发射器。一旦发射器收到了 Tracker 发送过来的事件，就会执行以下动作。

（1）在本地 Sqlite3 数据库中存储事件。

（2）采用异步方式发送事件，持续从 Sqlite3 中读取未发送事件并发送。

（3）从数据中循环读取 SendLimit 上限标识数量的事件并发送。

（4）发射器将按请求、协议和 ByteLimits 限制过滤读取出来的事件，并发送出去。

（5）一旦发射器确认成功发射，事件将从数据库中清除。

对于前台 JavaScript 代码的白盒监控，Snowplow 提供了 JavaScript Tracker，其监控原理类似 Piwik 和 Google Analytics（网站访问与用户行为分析类平台）使用的 JavaScript Tag，主要方式是通过将 JavaScript Tracker 注入指定页面，由引用的 tracker.js 中定义的函数来触发 Snowplow pixel GET 请求。JavaScript 函数将要传递到 Snowplow 的数据点追加到 GET 请求的查询字符串上，然后发送给 Snowplow Collector。考虑实际业务监控的需要，Snowplow 支持同步和异步数据的采集与发送，由于异步数据采集不会影响页面加载速度，本章示例我们主要选择异步的方式实现。以监控页面浏览（Pageviews）为例，下面是为指定页面添加追踪器的代码样例。

我们需要使用 trackPageView 方法跟踪页面浏览。trackPageView 通常是在特定网页上触发的第一个 Snowplow tag 的一部分。因此，trackPageView 方法通常直接部署在调用 Snowplow JavaScript tracker 脚本（sp.js）的标记之后，如下所示。

```
<!-- Snowplow starts plowing -->
<script type="text/javascript">
;(function(p,l,o,w,i,n,g){if(!p[i]){p.GlobalSnowplowNamespace=p.GlobalSnowplowNamespace||[];
p.GlobalSnowplowNamespace.push(i);p[i]=function(){(p[i].q=p[i].q||[]).push(arguments)
};p[i].q=p[i].q||[];n=l.createElement(o);g=l.getElementsByTagName(o)[0];n.async=1;
n.src=w;g.parentNode.insertBefore(n,g)}}(window,document,"script","//d1fc8wv8zag5ca.cloudfront.net/2.9.0/sp.js","snowplow_name_here"));

snowplow_name_here('enableActivityTracking', 30, 10);
```

```
snowplow_name_here('trackPageView');

</script>
<!-- Snowplow stops plowing -->
```

之后调用 trackPageView，只要引入如下代码就可触发页面浏览。

```
snowplow_name_here('trackPageView');
```

这个方法自动捕获 URL、引用（referrer）和<title>标签中定义的页面标题。如果需要，我们也可以用以下代码自定义标题。

```
snowplow_name_here('trackPageView', 'my custom page title');
```

完成对应用关键业务流程的白盒监控之后，我们将多探针采集的数据融合展现，效果如图 7-26 所示。从图中可以清楚地看到方法调用的关系，以及方法调用之间的时延。

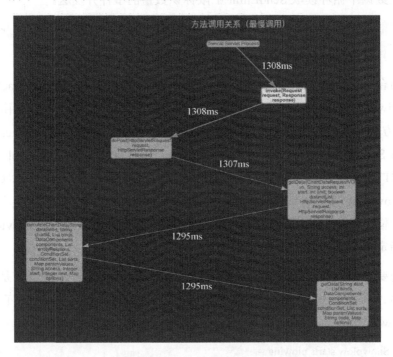

图 7-26　方法栈调用链路

7.3.4　应用运行环境状态数据采集

7.3.4.1　实现难点

对于应用运维人员，应用运行环境的性能和稳定性保障也是重点工作之一。但是，由于虚拟化、云计算、容器等技术逐渐将应用从基础设施中剥离，新型云原生、微服务等应用运行环境的监控运维方式与传统以 IT 基础设施硬件设备监控为主的运维方式大相径庭。总的来说，当前实施应用环境监控需要解决的技术难点如下。

（1）混合云环境数据采集。

（2）容器支撑环境数据采集。

（3）微服务环境数据采集。

7.3.4.2 解决思路

Kubernetes 是按照 Cloud Native 的理念设计的，Cloud Native 中有个重要的概念，即微服务的架构设计。当将单体应用拆分成微服务后，随着服务数量的增多，如何对微服务进行管理以保证服务的 SLA 呢？为了从架构层面解决这个问题，解放程序员的创造性，避免烦琐的服务发现、监控、分布式追踪等事务，Service Mesh 应运而生。

Service Mesh 类似于应用程序间或微服务间的 TCP/IP，负责服务之间的网络调用、限流、熔断和监控。对于编写应用程序来说，一般无须关心 TCP/IP 这一层（如通过 HTTP 协议的 RESTful 应用）；同样地，使用 Service Mesh 时，也无须关心服务之间的那些原来通过应用程序或其他框架，如 Spring Cloud、OSS 实现的事情。对于应用运维团队，Service Mesh 能够提供 HTTP/gRPC 和 TCP 的服务请求及响应情况，以及服务负载和服务运行状态的详细监控指标。对比 Service Mesh 与其他类似的技术，Service Mesh 的主要特点如下。

（1）具有部署在应用程序间通信的中间层。

（2）实现策略选择相对轻量级的网络代理方案。

（3）无须侵入代码和中间件部署，应用程序无感知。

（4）解耦应用程序的重试/超时、监控、追踪和服务发现。

目前两款流行的 Service Mesh 开源软件 Istio 和 Linkerd[1]都可以直接在 Kubernetes 中集成，监控数据可以直接对接数据可视化工具 Grafana 和监控系统 Prometheus。其中，Linkerd 已经成为云原生计算基金会 CNCF（Cloud Native Computing Fundation）[2]的成员。

7.4 搭建数据湖，存储运维大数据

完成对应用从用户端到服务端的全栈数据采集覆盖之后，下一步要解决海量监控数

---

[1] https://linkerd.io。
[2] https://www.cncf.io。

据的存储问题。与向某种特定类型的设备或软件提供监控能力并覆盖一个点的监控软件（如专门用来监控基础设施、云环境、容器、网络的软件）不同，应用监控需要具备覆盖全景监控一个面的能力。同时，监控数据具备数据量大、价值密度低的特点，不适合用存储业务数据的方案来存储。因此，应用监控数据的存储需要能够存储多类型的异构数据，且支持海量高可扩展，能提供统一、易用的数据检索、管理接口。针对目标场景的存储需求，我们给出的运维数据湖系统架构如图 7-27 所示。

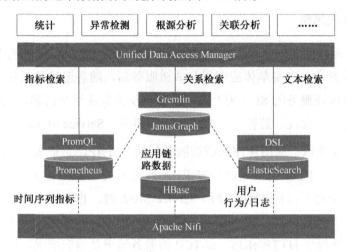

图 7-27　运维数据湖系统架构

数据湖的主要好处是集中了不同的监控数据源。一旦把处于"信息孤岛"状态的异构数据源收集在一起，就可以对这些不同来源的数据基于搜索和分析技术，根据场景任意组合和使用。不同的内容源通常包含专有和敏感信息，需要在数据湖中实施适当的安全措施。

包含企业搜索和分析技术的数据湖架构可帮助企业从存储在湖泊中的大量结构化数据与非结构化数据中释放可操作的见解。总结应用监控需求和对上层智能化算法进行分析可得，我们搭建的运维数据湖需要支持的存储数据主要有以下几种。

（1）时间序列指标数据。其主要包括对 IT 基础设施、应用中间件、云环境采集的数值类型的时间序列指标数据，如 CPU 和内存使用率、网络 IOPS 等。常用来存储这类数据的数据库是 MySQL、PostgreSQL 等关系型数据库和时间序列数据库。

（2）半结构化日志数据。其主要指应用和其依赖的运行环境实时产生的文本类型的半结构化日志数据。目前常用的存储手段是基于全文搜索引擎 ElasticSearch（ES）存储并做全文索引的。运维人员利用 ES 提供的类 SQL 查询语句 DSL 可以快速从日志中检索所需信息。

（3）代码执行链路数据。业务请求执行过程中触发的代码执行链路从终端设备到服务端一般都会关联多个节点的代码。应用运维白盒监控要求数据库不但能存储海量的代码执行链路数据，而且能快速检索指定 ID 链接的分布式代码执行链路。相比之下，键值对类型的存储更适合处理此类任务，如常用的 Cassandra 和 HBase 能够快速根据指定的 ID 检索对应的代码链路数据。

（4）网络流量深度报文解析数据。在某些场景下，我们需要用旁路镜像网络流量技术抓取网络报文，之后深度分析网络报文中的数据，提取业务、性能相关的信息。用这种方式提取出来的数据类型以半结构文本数据为主，考虑文本类型关键信息检索的方便性，我们通常选择 ElasticSearch、Apache Solr 来存储这类数据。

（5）用户操作行为数据。用户侧终端设备会采集海量的用户点击等数字足迹、业务请求信息，如果互联网应用日访问量较大，这类数据的总量会非常大，增速会非常快。从数据类型看，时间序列指标数据和文本类型数据的占比接近，ElasticSearch 和 Apache Solr 具备数值计算能力、扩展性较好、单位数据量存储成本相对较低，适合用来存储这类数据。

7.4.1　时间序列指标数据存储

从本章示例的需求出发，需要存储的时间序列指标数据主要涉及车机端上报的 OBD 状态数据、主动检测的应用可用性数据，以及应用服务节点与依赖运行环境的可用性、稳定性与性能等相关指标。在性能方面，由于需要实时分析、判断风险，我们对数据采集频率和存储单位时间的处理通量要求比较高。由于每个独立运行的终端设备、独立部署的服务节点都会产生大量的指标数据，因此数据维度较高，需要采用计算性能较好的多维数据聚合统计查询。

对于此场景，匹配度较高的存储方案是时间序列数据库（TSDB），目前常用的 TSDB 有 Beringei、TimeScale[1]、HiTSDB[2]、openTSDB[3] 和 Prometheus 等。其中，Prometheus 不仅提供了 TSDB 存储能力（基于 Gorilla TSDB 实现），而且具备相当规模的数据采集端探针社区资源，支持上百种资源监控端的数据对接。面向数据检索分析侧，Prometheus 提供了自定义的 PromQL 语言来查询实时和历史时间序列数据，支持丰富的查询组合。其缺点主要是自身不提供大规模存储集群方案，需要用第三方组件实现，如 Thanos[4]。考虑目标应用的监控功能及非功能指标的实际需要，我们选择 Prometheus 作为时间序列指标数据存储基础。

Prometheus 的系统架构如图 7-28 所示，主要能力覆盖时间序列数据存储、告警管理、

---

[1] https://www.timescale.com.
[2] https://www.aliyun.com/product/hitsdb.
[3] https://support.huaweicloud.com/productdesc-cloudtable/.
[4] https://thanos.io.

数据采集等。其关键组件包括以下几部分。

（1）Prometheus 服务节点：用于收集和存储时间序列指标数据。

（2）Push Gateway：主要用于短期的任务（Job）。由于这类任务存在时间较短，可能在 Prometheus 来拉取数据之前就消失了。为此，这类任务可以直接向 Prometheus 服务节点推送它们的指标。这种方式主要用于服务层面的指标，对于机器层面的指标，需要使用节点数据输出器（Node Exporter）。

（3）Client Library：即用户端库，为需要监控的服务生成相应的指标并暴露给 Prometheus 服务节点。当 Prometheus 服务节点来拉取数据时，直接返回实时状态的指标。

（4）Exporter：用于将已有的第三方服务的指标暴露给 Prometheus 服务节点。

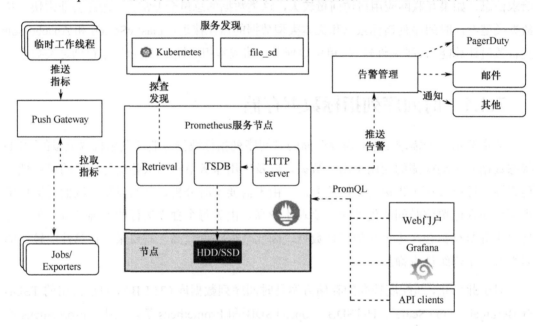

图 7-28　Prometheus 的系统架构

（5）告警管理：从 Prometheus 服务节点接收到告警（Alert）后，会进行告警去重过滤，之后分组，并路由到告警接收方对接的接收方式，发出报警。常见的接收方式有电子邮件、PagerDuty、OpsGenie、Webhook 等。

Prometheus 用户端库主要提供如下 4 种主要的指标类型。

（1）Counter：累加类型，典型的应用如请求的个数、结束的任务数、出现的错误数等。

（2）Gauge：常规类型，如温度、内存使用率、运行的并发执行单元（Goroutines）个数，可以任意加减。

（3）Histogram：直方图类型，典型的应用如请求持续时间、响应大小，可以对观察结果采样、分组及统计。

（4）Summary：类似于 Histogram，典型的应用如请求持续时间、响应大小，提供对观测值的计数和求和功能，提供百分位功能，即可以按百分比划分、跟踪结果。

采集的时间序列指标数据通过 Exporter 暴露给 Prometheus 服务节点后，会自动入库存储，使用数据时，可利用 PromQL 检索、统计。例如，我们要计算某应用的请求响应时间（RTT），判断定义的 SLO 指标：是否有 95%的 RTT 小于 300ms。一旦发现指定时间窗口内 SLO 指标降低到 95%以下，系统就触发告警。用 PromQL 表达式定义按作业（jobs）计算最近 5 分钟内送达的请求查询。并使用名为 http_request_duration_seconds 的直方图收集请求持续时间对应的 PromQL，代码如下。

```
sum(rate(http_request_duration_seconds_bucket{le="0.3"}[5m])) by (job)
/
sum(rate(http_request_duration_seconds_count[5m])) by (job)
```

我们进一步计算用户体验聚合指标 APDEX 来监控实时在线用户状态。APDEX 是衡量计算中软件应用程序性能的开放标准。其目的是将度量转化为用户能理解的信息。并指定统一的方法分析和报告当前的性能是否满足用户期望的程度。APDEX 是由一个公司联盟定义的，已经成为衡量终端用户体验的行业标准化指标。

首先，我们配置两个目标请求持续时间存储桶的上限阈值。一般我们会将允许的请求持续时间（通常是目标请求持续时间的 4 倍）配置为上限。例如，目标请求持续时间为 300ms，允许的请求持续时间为 1.2s。以下代码生成了过去 5 分钟内每个任务的 APDEX 分数。

```
(
  sum(rate(http_request_duration_seconds_bucket{le="0.3"}[5m])) by (job)
+
  sum(rate(http_request_duration_seconds_bucket{le="1.2"}[5m])) by (job)
) / 2 / sum(rate(http_request_duration_seconds_count[5m])) by (job)
```

我们把两个桶的总和分开，原因是直方图存储桶是累积的。le="0.3" 存储桶也包含在 le="1.2" 存储桶中，通过除以 2 来校正。这种计算方式的结果与传统的 APDEX 分数不完全匹配，因为它的计算中包括满意和可容忍部分的错误情况。

7.4.2 应用代码链路数据存储

在监控 Java 应用服务端的分布式执行代码链路时，我们选择了开源工具 Pinpoint。Pinpoint 自带的数据存储为 Apache HBase，考虑实现成本，我们直接复用 Apache HBase 作为代码链路数据存储支撑数据库。Pinpoint 探针采集的数据可以直接由 Pinpoint

Collector 存入 HBase，但 Snowplow Tracker 开发期埋点采集的数据存入 HBase 就需要通过代码实现。

Snowplow 数据流处理过程：Scala Stream Collector 接收 Tracker 数据，之后转发消息队列，Enrich 从消息队列循环读取数据并入库存储。在开源工程中，Snowplow 提供了用 Scala 语言开发的 Scala Stream Collector，用于实现自定义的近实时 Tracker 上报事件数据的接收，以及第三方消息队列的转发。Scala Stream Collector 使用跨语言的远程服务通信框架 Thrift[1] 接收数据拆包解析后，将数据传输给 Sink 模块并转发到接收方的消息队列。Scala Stream Collector 默认提供的 Sink 入库类型包括了 Amazon Kinesis、Google PubSub、Apache Kafka、NSQ 或基于 stdout 开发的自定义接收策略。

Snowplow 提供的 Enrichment 过程包括以下 3 种。① EmrEtlRunner：将日志解析为收集器并将丰富事件存储到 S3 的应用程序；② Stream Enrich：一个 Scala 应用程序，从 Kinesis 流读取 Thrift 事件，并输出回 Kinesis 流；③ Apache Beam：从 PubSub 主题读取 Thrift 事件并输出回 PubSub 主题。

在本章示例中，我们选择基于 Scala Stream Collector -> EmrEtlRunner -> HBase 的方案来进行应用代码链路数据存储。安装默认提供的程序包，采集到的数据可以直接入库 AWS S3 并对接到 AWS 云端的 HBase 服务 EMR 中。我们需要修改 EmrEtlRunner 代码逻辑，将数据落地到我们搭建的 HBase 数据库中。数据从数据管道对接不同类型存储的过程，一般是由对应的 StorageLoader 完成的。Snowplow 默认提供支持的存储有 Redshift、PostgreSQL、ElasticSearch、AWS EMR 等，我们需要自定义实现对应 Apache HBase 的 StorageLoader 以完成应用代码链路数据在 HBase 的存储过程。完成这个过程需要定义的源文件有 3 个：HbaseJob.scala，用于定义 Sink Job，创建数据管道并启动任务；HbaseJobConfig.scala，用于配置目标 HBase 链接和管道相关的配置参数；JobRunner.scala，用于启动 Sink Job 入库入口，包括启动 main 函数。

7.4.3 链路、拓扑图等关系数据存储

由于运维目标应用采用微服务和容器来解耦业务，提升了代码更新升级的敏捷性，这使得应用拓扑结构的复杂度大幅度增加。运行期的应用从车机端、手机端发送的请求触发后台节点链路形成的端到端全景监控视图密如蛛网（见图 7-29）。如果从存储于关系数据库中的拓扑图数据中查找链路中包含大量节点和边的数据，如用户手机端操作控制车辆开车门的业务流程触发的节点动作，用关系数据库的实体关系模型建模，Join 连接查询在数据量大的情况下效率会很低。键值对类型的数据库虽然能够实现海量数据的

---

[1] https://thrift.apache.org.

存储和检索,但链路数据拼接和检索都要在内存中实现,开发成本较高。

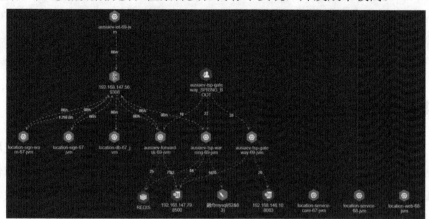

图 7-29　应用端到端全景监控视图示意

相比之下,图数据库最适合在存储结构中检索异常节点、定位根源问题。图数据库源自欧拉和图理论,定位是以图数据结构来存储和查询数据的,数据模型主要以节点和边(关系)来体现,也可处理键值对。图数据库最大的优势是可快速检索与查找与关联关系相关的数据。目前图数据库已经成为数据库领域的研究热点,并在社交网络关系检索、企业关系查询、产业链分析、网络安全和智能运维领域广泛应用。

现在市场上可用的商业化的和开源的图数据库相当丰富,并且各有千秋,如擅长 OLTP 事务检索的 Neo4J、同时支持 OLTP 和 OLAP 检索的 RDF 图数据库 Stardog、用于构建知识数据库的超关系(Hyper-relational)图数据库 Grakn.AI、可利用 GPU 并行处理能力加速的图数据库 Blazegraph。对于处理应用拓扑和调用链路数据,底层原始数据的来源包括 HBase、ElasticSearch 等,图数据库需要能对接异构类型的存储和检索,同时,应用拓扑监控数据无论是增量还是数据总量都非常大。考虑这些需求,我们选择具备高扩展性、支持多种类型的数据存储和检索的图数据库 JanusGraph 作为存储应用内各组件关联关系的支撑存储数据库。面向上层的图数据查询,我们使用 Apache TinkerPop Gremlin 作为与数据库交互的统一访问层。应用智能运维系统的所有查询语句以相对灵活的 Gremlin 图查询语句通过 Gremlin 提交 JanusGraph 执行后返回。通过 Gremlin Console 提交图查询语句检索 JanusGraph 来获取链路数据的操作样例指令如下。在应用运维场景下,我们可以根据异常与请求关联关系定义检索语句并查询异常的根源。

```
gremlin> g.V(pluto).outE('lives').values('reason')
==>no fear of death
gremlin> g.E().has('reason', textContains('loves'))
==>e[6xs-sg-m51-e8][1024-lives->512]
==>e[70g-zk-m51-lc][1280-lives->768]
```

```
gremlin> g.E().has('reason', textContains('loves')).as('source').values('reason').as('reason').select('source').
outV().values('name').as('god').select('source').inV().values('name').as('thing').select('god', 'reason', 'thing')
==>[god:neptune, reason:loves waves, thing:sea]
==>[god:jupiter, reason:loves fresh breezes, thing:sky]
```

7.4.4 数据湖存储与检索能力融合

我们使用了多种类型的数据库来应对不同技术和不同类型的探针采集的应用运行期海量数据的存储与检索，为了使这些数据发挥价值，转换为可驱动运维决策的信息，我们需要在完成运维大数据存储平台建设的基础上，融合异构数据库的存储与检索能力，发挥各自的优势来服务上层不同场景下的数据检索、统计分析和 AI 算法处理。

本章示例目标应用系统日常产生的监控数据涵盖了从车机端和手机端采集的用户行为数据、请求触发执行的后台分布式代码执行链路数据、应用和运行环境生成的日志数据，以及用来补全用户信息和业务流程信息以方便用户数字体验保障的第三方业务数据库信息。因此，运维数据湖需要支持批量和实时数据流处理，能够对接多种类型的数据源，具备可以定义复杂的数据抽取、转换、加载（Extract Transform Load，ETL）流程的运维数据总线。考虑应用运维的存储特点，我们设计的数据湖存储、检索系统的整体搭建思路如图 7-30 所示。我们用运维数据总线连接用于存储指标数据的 Prometheus、HBase、ElasticSearch、第三方业务数据库和 CMDB 等，打通各数据孤岛，按运维场景来同步融合数据。从功能需求角度出发，运维数据总线需要具备的功能主要有以下几点。

（1）异构数据源对接：支持对接文件、关系数据库、时间序列数据库、消息队列、REST 接口等多种类型的数据源，能够方便地配置对接的数据来源和注入目标，支持不同类型的数据查询语言。

（2）批量实时数据流构建：支持定义批量历史运维数据、实时监控数据的交换流程，能够满足定期海量监控数据迁移和实时监控数据同步场景的需要，可以按需扩展数据传输能力，从而提升单位时间的数据传输通量和数据交换的实时性。

（3）数据格式转换与清洗：可以在数据流中定义数据转换与清洗逻辑，方便在不同类型的数据库间交换数据时，处理数据不一致、空值等问题（如对于某时间段未采集到数据的数据元组，不同监控系统的表述不一致，我们需要将"NULL"或"-"等格式统一转换为"-1"，以方便统计）；

（4）支持安全、可靠的部署策略：数据流异常导致数据交换过程中断、数据丢失或导入数据错误，会对整合应用智能运维系统输出的分析结果的正确性造成严重的影响，因此，我们需要完善的安全可靠性保障策略。

第 7 章 从零开始搭建应用智能运维系统

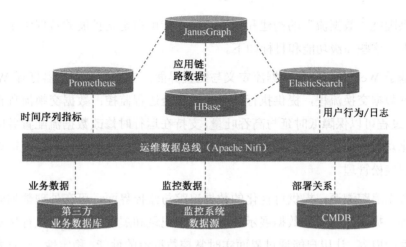

图 7-30 基于数据总线的运维数据存储与检索能力融合架构

要满足以上技术要求，实现方便定义、管理数据流的数据湖运维数据总线系统，并不需要从零开始研发。目前，无论是开源产品还是商业化产品，都有很多 ETL 和数据交换方面的通用工具可以支撑我们的运维场景建设。通过对比各平台对目标数据库的适配能力、扩展能力、易用性和可靠性，我们最终以数据处理与分发系统 Apache Nifi[1] 为基础来实现存储与检索能力融合的数据湖。Apache Nifi 是开源、易用、功能强大的数据处理与分发系统，易于使用、功能强大且可靠，可使数据基于"数据流"等的处理和分发变得容易。其可视化配置界面如图 7-31 所示，几乎所有配置都能够在该界面完成。

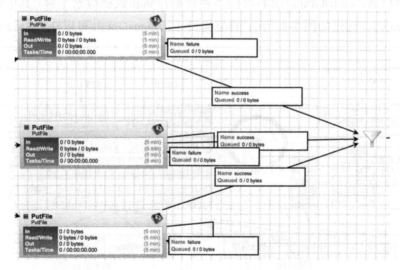

图 7-31 Apache Nifi 可视化配置界面

Apache Nifi 的功能包括保证数据的交付、高效的数据缓冲、优先排队、特定于流的 QoS、数据验证、滚动缓冲区恢复、可视化命令和控制、流模板、安全性、并行流式处理。

---

[1] https://nifi.apache.org。

它除了提供围绕"数据流"的构建和管理，还支持可自定义扩展的数据路由、转换和实时监控能力，这些高级功能和目标如下。

（1）基于 Web 的可视化数据流定义与配置界面：支持通过浏览器打开 Web 页面来设计、控制数据交换流程，提供执行结果反馈和全过程监控；数据交换流程模板高度可配置，执行过程可以保障低时延与高吞吐量，支持在运行时修改数据流配置并即时生效；通过可视化功能和拖放功能，可实现更好的可读性和整体理解性；数据流可以使用常规技术和流程轻松管理。

（2）数据追踪溯源：提供可视化的数据追踪与监控界面，可在处理数据时记录数据流中的内容；提供交互式的数据展示界面，用来记录和展现数据流的执行历史，包括数据流已保存的内容；让用户能通过界面实时掌控数据流的性能、稳定性，一旦发生异常，可用来溯源修正。

（3）稳定性和安全性保障：在独立模式和集群模式下工作；在安全方面，提供基于 SSL、SSH、HTTPS 等协议的内容加密，支持多租户授权和内部授权/策略管理。

除了利用基于 Apache Nifi 的运维数据总线打通数据湖中各异构存储、分布式存储之间的数据，我们还可以利用数据库自带的多数据源对接能力进一步提升各数据库之间的数据融合与检索性能，降低对存储空间的占用。例如，我们可以将 ElasticSearch 和 HBase 对接，利用 ElasticSearch 为 HBase 中的海量数据建立索引，实现对 HBase 中存储的海量数据的快速检索。JanusGraph[1]能够对接多种数据存储和数据检索平台，其中包括 HBase 和 ElasticSearch。通过如图 7-32 所示的架构设计，JanusGraph 可以在 HBase 存储和基于

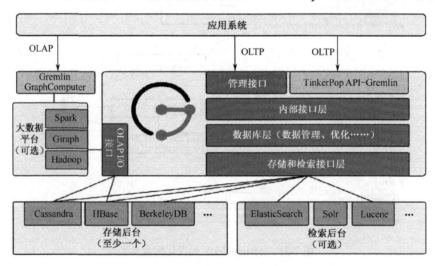

图 7-32　JanusGraph 系统架构设计[2]

---

[1] https://janusgraph.org.
[2] 资料来源：https://docs.janusgraph.org/getting-started/architecture/。

ElasticSearch 构建的索引引擎的基础上构建数据的图模型，从而为上层应用提供高效的图数据索引和检索能力，而不再需要存储一份额外的数据来做图数据分析。

从 JanusGraph 的引擎层配置来连接存储和检索相对容易。例如，我们希望以 HBase 数据库作为数据存储平台，则只需要在配置文件 janusgraph-Hbase.properties 中添加如下配置。

```
storage.backend=Hbase
storage.hostname=100.100.101.1
storage.port=2181

cache.db-cache = true
cache.db-cache-clean-wait = 20
cache.db-cache-time = 180000
cache.db-cache-size = 0.5
```

之后，从代码中加载配置文件即可完成 JanusGraph 与存储数据库的连接。如果使用 Apache TinkerPop Gremlin 图数据检索引擎搜索 JanusGraph 数据库，我们可以在 Gremlin 控制台中执行以下指令来完成其与 HBase 数据库的对接，其他更详细的优化、集群配置部署过程可以参考 JanusGraph 官网。

```
graph = JanusGraphFactory.open("conf/janusgraph-Hbase.properties")
```

7.5 实现全景视图的监控数据可视化

通过可视化，我们可以在一分钟内看到需要数小时或数天才能分辨的内容。AIOps 技术可用于对业务应用程序和基础结构的事件数据进行算法处理与关联，以使故障排除过程更快。

Prysm 公司对 1000 名来自英国和美国企业的员工进行调查发现，86%的公司通过数据可视化从更快的决策中受益。同一研究表明，80%的组织通过可视化报告做出了更准确的决策。SAS 和 CIO 的市场部及 IDG 研究所最近进行的另一项研究表明，采用数据可视化的公司在决策方面的准确度提高了 77%。

从目标场景监控需求分析，车联网应用具有终端分散，动态性强，跨物联网、车联网、云环境虚拟网络，云端系统业务逻辑复杂，节点众多的特点。为了方便维护和日常监控，提高企业决策过程中的数据获取效率，我们需要监控数据的可视化平台，自动探测并实时展示与应用关联的节点，支持自助维护展示的应用中各节点调用关系的全景调用链路视图，能够方便地在界面实现关联分析、数据下钻、算法辅助异常检测、根源分析及定位和输出结果可视化等。对比现有开源的和商业化的运维数据可视化平台，我们使用与本章示例企业需求匹配度较高且应用全景监控可视化能力更强的 RealSight APM 来构建应用智能运维系统，应用全景监控可视化视图如图 7-33 所示。

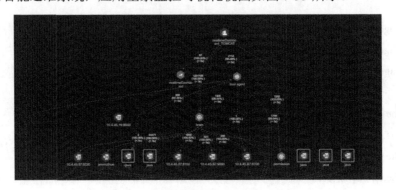

图 7-33　应用全景监控可视化视图

7.5.1　业务优先的应用全景可视化仪表盘

以最终目标导向的方式建设，我们需要关注业务的可用性及性能保障。首先，单击主业务流程，界面会下钻到本业务流程包含的子业务流程，全景视图同步过滤系统运行状态。若当前业务异常，则在系统运行状态中可找到对应的异常节点或链路。

RealSight APM 具有贴近业务的数据展现模式，根据实际组织结构需要，定义分角色、分权限的层级结构的可视化监控仪表盘体系。其支持仪表盘间的跳转，可让用户根据业务需求自定义设置跳转关系，从而使数据展现方式更贴近业务。

创建应用业务流程监控的步骤如下。

首次登录的用户，其左侧业务列表为空，需要用户添加业务流程。按照提示，单击"编辑"按钮，进入业务编辑模式，在如图 7-34 所示的界面添加对应的业务流程。

业务流程分为两级，第一级为主业务，第二级为主业务对应的子业务（创建页面见图 7-35，多次单击"增加"按钮可以创建多个子业务）。在创建业务时，需要用户指定对应的业务名与对应的图片展现形式。例如，用户创建了一个名为物联网的主业务，其包含两个子业务，分别为物联网告警和物联网监控。单击物联网业务，则可进入下级，展示其对应的两个子业务。

图 7-34　业务流程添加界面　　　　　图 7-35　创建多个子业务

对于已创建的主业务，用户可以根据实际业务流程添加子业务（见图 7-36），给现有的主业务增加新的子业务不会对其他子业务产生影响。

图 7-36　给主业务增加新的子业务的界面

在编辑状态下，右键单击对应的业务节点，在弹出的菜单中选择"修改业务信息"选项，可以修改对应业务节点的名字和图片展现形式，修改后，已绑定的资源信息保持不变。在非编辑状态下，单击主业务流程，界面会下钻到本业务流程包含的子业务流程，全景视图会同步过滤系统运行状态，配置完成后的业务全景监控界面如图 7-37 所示。

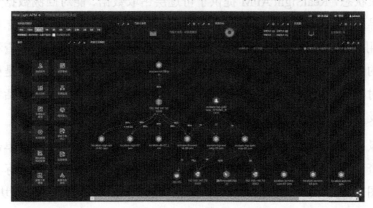

图 7-37　配置完成后的业务全景监控界面

在配置完业务信息后，如何将业务节点与右侧的全景视图联动呢？在编辑状态下，右键单击选中的子业务结点，在弹出的菜单中选择"绑定业务信息"选项，则右侧全景视图会列出所有的资源信息，勾选该业务流程所对应的资源，单击"保存"按钮即可。若添加错误，单击对应资源的"删除"按钮即可删掉绑定错误的业务。如果绑定的资源出现告警，业务节点会以红色边框标出，并告知用户告警的个数。业务联动的全景视图监控示意如图 7-38 所示。

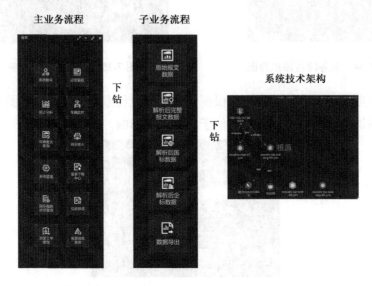

图 7-38　业务联动的全景视图监控示意

7.5.2　定义级联可视化人机交互界面

结构复杂的应用的全景视图的节点、连线较多，为方便监控风险，以及分析业务执行链路的健康状态，RealSight APM 提供了可逐层钻取数据、能对回溯数据交互分析的级联人机交互界面。在全景视图中，系统会自动识别和标识异常节点与连线（见图 7-39 和图 7-40）。用户单击选中的节点，即可聚焦当前异常节点，快速定位和查看该节点相关链路上下级的依赖关系与风险关联关系，从而找出异常原因。风险告警是根据所设定的告警策略，对被监控系统某些监控指标的异常或超标产生的告警，它包括告警信息、告警提示，以及异常链路追踪。

找到全景视图中异常的节点或连线后，非灰色显示的节点支持通过单击右键来级联下钻，以便查看当前节点对应的详细监控指标、应用运行依赖的环境指标状态和应用代码状态。如图 7-41 所示，右键单击故障节点来逐层下钻，可查看关联模块、代码链路、日志等详细的监控数据。

第 7 章　从零开始搭建应用智能运维系统

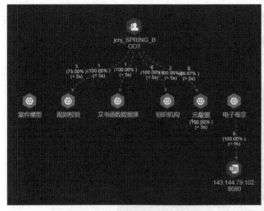 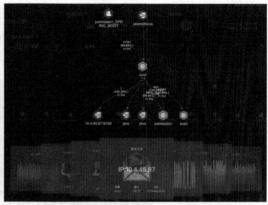

图 7-39　级联下钻分析链路异常界面（一）　　图 7-40　级联下钻分析链路异常界面（二）

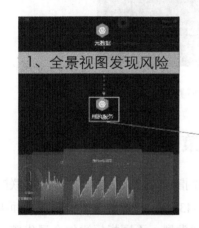 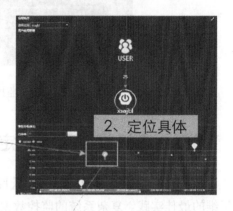

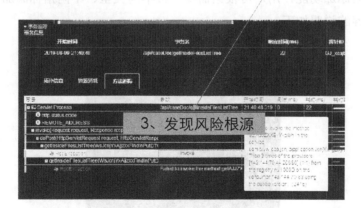

图 7-41　级联下钻定位代码异常

级联钻取的每一层及监控仪表盘都可以由资源关联的探针自动生成，若有定制化需求，可以从模板库（见图 7-42）中创建。使用时，首先单击屏幕右上角的"设置"按钮，在弹出的菜单列表中单击"模板"选项，再单击"模板库"选项，就可以浏览系统预存的默认模板及用户创建的模板。模板库列表含有模板名称、模板描述等相关信息，模板库中的默认模板不可删除。单击屏幕右下角快捷菜单中的"+"按钮，同样可以进入模板库。

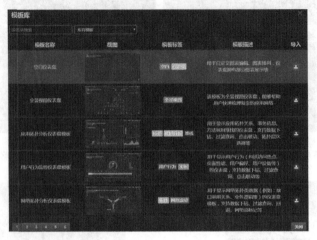

图 7-42　监控仪表盘模板库界面

7.5.3　选择监控指标，定义告警策略

以业务目标为导向，围绕服务质量目标选择监控指标，定义告警策略，是互联网应用运维的最佳实践。复杂系统的监控数据庞杂，图 7-43 所示的告警策略的配置界面提供了全局告警策略添加功能，用户可根据需要，按不同类型、不同指标添加全局告警。对该界面各项内容的说明如下。

图 7-43　告警策略的配置界面

（1）告警类型：选择告警类型，应与被监控的资源类型一致。

（2）告警名称：自定义告警名称，只要明确该项告警的含义即可。

（3）指标：需要监控的具体指标，目前的告警方式为单指标告警，一种告警对应一个指标。

（4）告警详情：对该项告警策略的补充说明、备注，若不需要可省略。

（5）指标值上/下限：填写被监控指标值的正常区间，该区间取值由用户设定；设定后，系统对该指标进行实时监控，若检测到该指标值不在正常范围，则发送告警。

实现告警策略管理，需要在如图 7-44 所示的列表中增加告警策略。进入告警配置页后，首先在用户列表中选择用户，随后根据实际情况为该用户勾选需要接收告警的相关资源。系统发送告警支持短信、邮件、微信三种方式，默认方式为邮件告警。单击"保存"按钮令告警配置生效。

图 7-44　告警策略管理界面

在可视化门户的下拉菜单中单击"告警日历"选项，可以看到如图 7-45 所示的基于日历的告警管理界面。在该界面，可以浏览系统产生的告警记录。告警日历会记录系统发出的所有告警的具体日期，告警事件的重要程度以颜色区分。

单击具体日期，可以查看该日期下由 APM 系统发出的所有告警；单击右上角的"日程"选项，以日程表形式查看告警日历，可以详细查看系统告警发生的时间段、持续时间、告警指标和告警名称；单击"月"选项，返回按月查看模式。

图 7-45　基于日历的告警管理界面

为了配置发现告警通知责任人的功能，在"通知配置"页面选中对应资源，进入告警通知配置界面（见图 7-46），告警方式选择"邮件"，进入如图 7-47 所示的告警发送配置界面。在"测试邮箱"输入框填写需要接收 APM 告警的邮箱，在"高级设置"部分填写邮件服务器、邮件端口和发送间隔，以及发送告警邮件的发件邮箱地址、用户名及密码。单击"配置保存"按钮即可在线保存配置界面中填写的配置信息；单击"邮件测试"按钮，系统将按照配置界面填写的信息向测试邮箱发送一封告警邮件。

图 7-46　告警通知配置界面

图 7-47　告警发送配置界面

7.6　算法驱动，实现应用风险态势感知

运维的核心任务是管理风险，在具备了面向应用的全景监控数据采集、存储、可视化展现能力之后，通过人工处理数据和判断告警阈值已经可以识别基本风险，但对于日益复杂的互联网应用运维，人工运维方式已力不从心。为了进一步减少人工运维的工作量，降低对有经验的专业应用运维人员的依赖，需要构建智能运维最关键的部分——基于算法实现智能化的风险识别、定位、分析和决策。

在应用算法解决问题之前，需要明确目标，找到有必要用算法解决的问题并匹配可行的技术方案。在评估可行性时，除了考虑技术可行性，还要评估投入产出比。例如，采用计算复杂度过高的异常检测算法来检测并不关键的指标异常，可能并不划算。针对本章示例中目标应用系统的特点，我们选择在线用户数（user_online）、业务请求响应时间（平均）、每秒并发访问量这些反映全局态势的聚合指标作为检测异常的目标。

7.6.1　时间序列监控指标的趋势预测

预测指标趋势是实现异常检测的基础，而实现预测的模型可以理解为基于历史数据和人工经验构建的系统状态描述。预测模型可以是一个数学表达式、结构化描述文件或一个可执行的程序包。在应用运维场景下，建模不仅解决了运维经验和知识的积累与复用问题，而且为描述复杂系统时间相关的行为特点提供了手段。例如，车联网应用系统的在线用户数在工作日上班、下班时间会达到峰值；车控制家中空调等设备的业务请求高峰一般发生在下午 5 点半至 9 点；在工作日的特定时间范围，某些业务的请求响应时间会增加等。常用的对时间序列数据建模的方法有如下几种。

（1）趋势、规律和残留分解（Trend，Seasonal，Residual Decompositions）方法。其将时间序列数据分解为趋势、周期波动和残留，生成对应模型来描述对应的趋势和周期特征，典型算法如 Triple Exponential Smoothing。

（2）移动平均（Moving Average，MA）模型。移动平均模型是以最近的实际数据值预测未来趋势的一种常用方法，是一种相对简单的平滑预测技术。它的基本思想是根据时间序列资料逐项推移，依次计算包含一定项数的时间序列的平均值，以便反映长期趋势。

（3）基于自回归模型（Auto Regressive Models）建模。这是对单变量时间序列建模的常用方法，其利用了自回归模型的指定输出变量线性依赖于自己的历史值和随机项的特点。将该方法与移动平均模型结合，就得到了分析时间序列数据常用的自回归滑动平均（Auto Regressive Moving Average，ARMA）模型和差分整合移动平均自回归模型。

（4）Box-Jenkins 方法。Box 和 Jenkins 在 *Time Series Analysis: Forecasting and Control*[1] 一书中介绍了一种将移动平均线和自动回归方法相结合的方法。虽然自动回归方法和移动平均线都已为人所知，但 Box 和 Jenkins 提出的方法首先把非平稳序列转化为平稳序列，并判断适用于分析的 ARMA 模型，之后计算模型的未知参数且对模型进行评价。

（5）频率建模方法。它可在频域中分析时间序列数据，常用来识别序列中的频率特征，要求使用者对数据有足够的先验知识，这样才能构建有价值的模型，才能在特定领域发挥指标识别的作用，因此它的适用范围相对较小。

7.6.2　建立实时智能的异常检测能力

具备智能异常检测能力的基础是对应用系统正常的运行状况进行拟合和预测，这需要通过统计分析和机器学习技术对海量的历史监控指标进行分析与计算，从而得到正常运行状况的态势感知模型。之后，态势感知模型对每个监控指标进行预测，异常情况就是那些观测结果与态势感知模型预测结果偏差很大的情况。

在海量历史数据计算的基础上，要做到实时检测，需要借助大数据技术。因此，要实现实时智能的异常检测，在具备基础态势感知模型的基础上，还需要大数据平台的支撑，从而实现既准确又及时的检测，而这两个目标在实际运维场景中多次被验证是相辅相成的。

---

[1] George E P B, Gwilym M J, Gregory C R et al. Time Series Analysis: Forecasting and Control, 5th Edition[M]. US: Wiley. 2015.

7.6.2.1 搭建大数据智能运维引擎

大数据智能运维引擎整体采用大数据平台经典的 Lambda 架构，如图 7-48 所示。该架构分为 3 层：批处理层、服务层和速度层。

（1）所有监控指标数据都会被分发给批处理层（历史监控指标存储、态势感知模型数据准备）和速度层（态势感知模型实时预测、实时数据流）。

（2）批处理层主要进行历史监控指标的统计分析，以及态势感知模型的特征工程和模型训练。

（3）服务层提供对外的服务接口，包括态势感知模型的更新、实时监控指标的查询和大数据智能运维引擎整体运行状况的反馈等。

（4）速度层提供实时的态势感知模型预测。

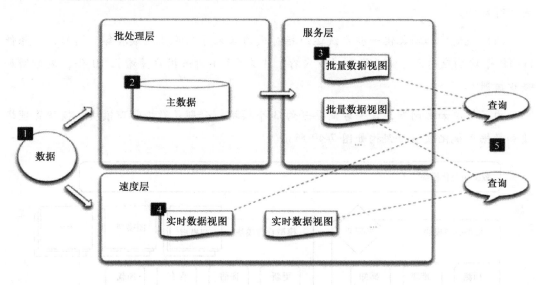

图 7-48 Lambda 架构

> **案例**
>
> 用户背景：某银行在已经建设了相对完善的基础设施监控、基于 NPM 的网络流量和业务流程监控系统的基础上，搭建了大数据智能运维检测平台。从需求角度来看，大数据智能运维检测平台需要帮助运维人员回答如下几个重要问题。
>
> （1）分布：系统运维指标的历史表现如何？例如，HTTP 平均响应时间的均值和标准差是多少，分布如何？
>
> （2）拟合：系统运维指标是否可以用模型表示？例如，内存使用率是否是线性增长

的?在线用户数是否有周期变化?

(3) 预测:系统运维指标未来可能的表现是怎么样的?例如,未来一个小时 CPU 的使用率是多少?

(4) 阈值:系统运维指标的阈值是多少?例如,活跃线程数的波动在什么范围是合理的?

(5) 异常检测:系统运维指标是否有异常,以及异常在哪儿?例如,当前 CPU 使用率过高,是否有异常?

(6) 问题定位:系统在什么时间段开始发生异常,持续了多长时间,以及可能是什么问题引起的?

(7) 拓扑:系统运维指标之间的影响关系是什么?例如,HTTP 响应时间的主要影响因子有哪些?

(8) 规划:如何优化一些系统运维指标或为未来可能的情况做准备?例如,想降低 HTTP 平均响应时间,需要增加多少内存?未来 24 小时若用户量增长 10 倍,应该增加多少机器?

为了解决如上问题,该平台简要分为 3 个模块,分别是数据管理模块、模型管理模块和数据可视化模块,架构如图 7-49 所示。

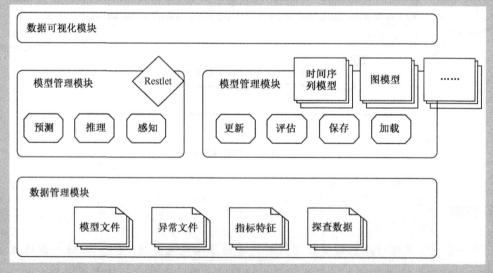

图 7-49 大数据智能运维检测平台架构

(1) 数据管理模块提供不同数据库的读写接口,这些数据库既包括关系数据库,也包括时间序列数据库和图数据库等非关系数据库。同时,根据服务是单机部署的还是分布式部署的,数据管理模块提供单机或分布式数据的读写接口。

(2) 模型管理模块具有模型批量训练更新的功能，通过模型调度框架对各业务模型进行定时更新，支持各模型的灵活加载。同时，模型管理模块提供模型的保存和加载功能，以便支持模型的在线实时预测。另外，模型管理模块通过模型在线预测接口加载批量训练好的模型，对实时数据流进行预测和异常检测，同时部分模型支持对用户输入的参数进行实时推理。

(3) 数据可视化模块对模型产出的预测数据进行可视化展示，同时支持通过 REST 接口调用模型的实时接口进行数据的动态展示。

7.6.2.2 风险感知模型的技术准备

风险感知模型假设数据都是依据一定的分布（正态分布、泊松分布等）进行采样的，观测值是采样的结果。如果基于给定的分布采样到观测值的概率很小，则认为该观测值是一个异常值。因此，异常值的确定由以下几个方面决定：预测的分布的均值和方差、异常值偏离均值的方差个数。

最常见的异常检测方法是人为设定阈值，当输入数据超过阈值范围时就发送报警。这种阈值设定方法在运维人员对监控指标有比较好的理解且指标数据有很好的变化规律时效果很好。但是，当指标数据量大到运维人员无法全部掌握或指标数据的变化呈现不明显的规律时，这种阈值设定方法的效果就不好，因此，态势感知模型需要一些智能的阈值设定方法。

1. 传统 ESD 算法

在 ESD 算法中，通过设定想要检测的最多异常点的比例来决定最多异常点的数目 R，然后执行 R 次单独的检验。首先，检验第一个可能的异常值，计算公式为

$$R_i = \frac{\max|x_i - \bar{x}|}{s} \tag{7-1}$$

其中，$\bar{x}$ 表示样本均值，s 表示样本标准差。$|x_i - \bar{x}|$ 的值越大，x_i 与 $\bar{x}$ 相差越多，说明 x_i 是异常点的可能性越大。因此，首先移除使 $|x_i - \bar{x}|$ 最大的 x_i，然后重新计算余下 $n-1$ 个 x_i 的 R_i，重复这个过程，直到移除了 R 个数据，则这 R 个数据构成了异常点备选集。

由于式（7-1）服从如图 7-50 所示的 t 分布，在总数为 $n-i-1$、拒绝域为 95% 情况下，我们可以从异常点备选集中挑出置信区间以外的点，形成最终的异常点集合。

2. Twitter 改进后的 S-H-ESD 算法

Seasonal Hybrid ESD（S-H-ESD）算法是 Twitter 开源的一个自动侦测时间序列异常点的 R 包，主要针对具有周期性规律的数据。在重大新闻和体育赛事期间，Twitter 用该算法扫描入站流量，发现了那些使用僵尸账号发送大量垃圾（营销）信息的机器人。

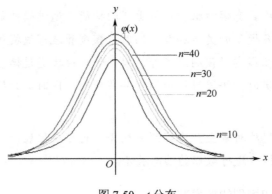

图 7-50 t 分布

S-H-ESD 算法的原理和 ESD 算法类似，它首先通过 STL 函数将时间序列分解为周期序列、趋势序列和噪声序列，然后用时间序列减去周期序列和该时间序列的中值形成判定序列，最后对判定序列用类似 ESD 算法的流程求出异常点集合，具体过程示意如图 7-51 所示。

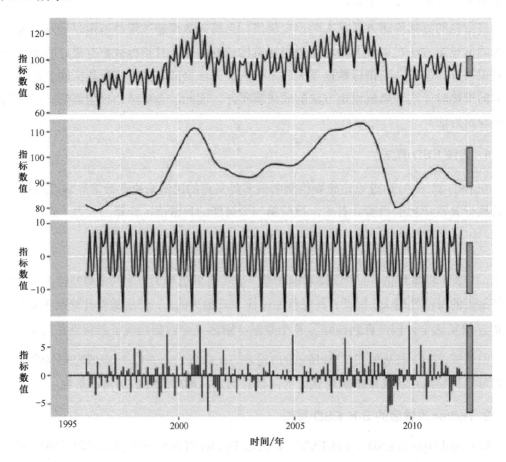

图 7-51 STL 函数分解时间序列示意（从上到下依次为原始数据、趋势序列、周期序列和噪声序列）

S-H-ESD 算法与 ESD 算法的不同之处在于,S-H-ESD 算法用判定序列的中位数和绝对中位差代替 ESD 算法中的均值和方差,因为中位数具有较好的抗噪声性。但是,S-H-ESD 算法对变化点不敏感,这是因为 S-H-ESD 算法认为模型分布的突然改变不属于异常。

7.6.2.3 态势感知融合模型

卡尔曼定理认为,任何一个时间序列 $\{x_t\}$ 都可以看作两部分的叠加:一部分是由多项式决定的趋势周期成分;另一部分是平稳的零均值误差成分,即

$$x_t = \mu_t + \varepsilon_t \tag{7-2}$$

其中,μ_t 为与时间有关的多项式时间序列;ε_t 为平稳的、与时间无关的零均值误差。

结合动态线性模型的思想,我们对时间序列建立不同的分量模型,一般分为稳定序列模型、趋势模型和周期模型。针对给定的历史数据,让不同分量模型单独训练和学习。因此,每个模型有各自的基于时间的预测方程和方差。

预测时,通过卡尔曼滤波算法得出不同模型的预测值,不同模型结果的融合采用如下公式。

$$\hat{x} = x_1 + K(x_2 - x_1) \tag{7-3}$$

$$K = \frac{v_1}{v_1 + v_2} \tag{7-4}$$

其中,v_1 为模型 1 的方差;v_2 为模型 2 的方差;x_1 为模型 1 的预测值;x_2 为模型 2 的预测值;$\hat{x}$ 为融合模型的预测值。经证明,融合后模型的方差小于各模型的方差,即融合模型预测的准确率更高。用卡尔曼滤波的预测值与观测值做减法可得出白噪声的分布,该分布就是模型预测的方差。

> **案例**
>
> 有时需要根据业务需求定义一些数据的变化是否为异常。例如,对于持续增长的数据,若是在线用户数持续增长,则在大多数情况下其不会被定义为异常;若是内存使用率持续增长,则有可能是内存泄漏导致的异常。因此,有些异常需要运维人员根据经验和业务知识进行判断,而 Fusion-Model 正好提供了满足这种需求的方案。例如,对如图 7-52 所示的这种持续缓慢线性增长的时间序列数据,一般来说,异常检测会认为这种情况没有出现剧烈的变化,因此不存在任何异常。但是,若这种缓慢持续增长最终会导致系统崩溃,则需要提前发现这种情况。Fusion-Model 通过引入一种平稳模型来进行异常检测。

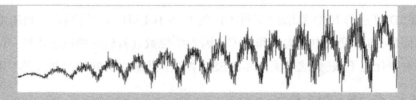

图 7-52 持续缓慢线性增长的时间序列数据示意

首先，数据的持续增长会使平稳模型预测的噪声越来越大，从而发生异常情况。之后，这种异常情况会反馈至运维人员处，由运维人员决定是否存在异常。如果运维人员认为确实是异常，那么之后我们依然沿用平稳模型，当再出现数据持续增长的情况时，就会触发报警；如果运维人员认为不是异常，那么之后我们自动撤掉平稳模型，再出现数据持续增长的情况时就不会触发报警。

7.6.2.4 不同场景下的模型设定

在本章示例中，根据以下两种不同的业务场景，我们提供不同的异常检测功能以对运维人员进行支持。当设定的异常置信度较低时，此时有很多可能的异常，同时运维人员需要花费更多精力去分析这些异常是否为真正的异常。这种情况比较适用于每个异常都会造成巨大损失的情况，如用于医疗系统、银行信用系统、公共设施服务系统。针对这种情况，我们提供了可视化数据分析服务，帮助运维人员快速分析异常情况及定位问题的原因。

当设定的异常置信度较高时，运维人员只需要分析少量最有可能的异常情况，但可能会错过一些真正异常的情况。这种情况比较适用于一些系统稳健性或容错性比较高的情况，如用于不太重要的网站服务、运维指标数据等。针对这种情况，我们提供了异常追踪和异常定位服务，帮助运维人员在发现异常后以更低的阈值回溯历史数据，确定是否还有其他异常情况，同时提供异常拐点的挖掘服务，即挖掘哪个时间段是异常产生的起始时间段。

7.6.3 通过因果推理分析定位风险根源

2015 年，*Nature* 刊登了一篇介绍贝叶斯理论的论文——*Points of Significance: Bayes' theorem*[1]。贝叶斯理论具有很高的价值，并得到了学术界的高度认可。而贝叶斯网络是基于贝叶斯理论的重要成果：当一个节点变量发生变化时，通过贝叶斯公式进行推理，可以得到所有与之相关联的节点的变化情况，无论这些节点是该节点的子孙节点，还是祖先节点。因此，基于贝叶斯网络进行推理和预测分析，具有巨大的商业价值。就自动化运维领域来说，当系统的一个指标变化时，基于贝叶斯网络能够预测未来其他指标相应

---

[1] Jorge L P, Martin K, Naomi A. Points of Significance: Bayes' theorem[J]. Nature, 2015, 12(4):277-278.

的变化情况，从而可以方便地进行流量预测、故障预防、设备调度等，进而优化服务架构，保证性能最优。

概率图模型是可在应用智能运维场景进行风险根源分析的类脑计算技术，它基于贝叶斯网络推理的因果推理分析方法，对于任意给定的网络拓扑结构及节点数据集，能够自动学习并生成条件概率表，得到贝叶斯网络，然后根据贝叶斯网络得出的推理结果返回所有节点的取值概率，从而方便用户决策。其中，通过设置虚拟根节点，可以解决多个贝叶斯网络同时推理的问题。通过因果推理分析定位风险根源的详细技术方案如下。

第一步，根据从数据库实时学习并生成的网络拓扑图进行样本文件的统计分析，生成用于预测分析的贝叶斯网络。

第二步，通过设置虚拟根节点，将多个贝叶斯网络及孤立节点连接为一个整体的贝叶斯网络，写入数据库。此方案简化了贝叶斯网络的推理过程，使得在只建立一棵网络连接树、一组公式的情况下即可进行推理。

第三步，在收到用户输入的限定条件时，根据第一步实时生成的贝叶斯网络进行推理分析，从而得到整个网络中其他节点的变化情况，通过概率的形式给出可能性区间，并写入数据库；同时返回最大概率所在的区间，方便用户决策。

应用以上方案之前，需要了解贝叶斯定理和贝叶斯网络的概率图模型理论。

1. 贝叶斯定理

首先了解四个概念：条件概率、联合概率、先验概率、后验概率。

条件概率：事件 A 在另一事件 B 已经发生的条件下发生的概率，表示为 $P(A|B)$，读作"在 B 条件下 A 的概率"。

联合概率：两个事件共同发生的概率，表示为 $P(A,B)$，读作"A 与 B 的联合概率"。

条件概率的计算公式为

$$P(A|B) = \frac{P(B,A)}{P(B)} \tag{7-5}$$

先验概率：事件 A 或事件 B 发生的概率，A 的边缘概率表示为 $P(A)$，B 的边缘概率表示为 $P(B)$。边缘概率是这样得到的：在联合概率中，把最终结果中不需要的那些事件合并成全概率来简化（对离散随机变量用求和得到全概率，对连续随机变量用积分得到全概率），这称为边缘化（Marginalization）。

后验概率：事件 B 发生之后，我们对事件 A 的发生概率重新评估，称为 A 的后验概率，用 $P(A|B)$ 表示。后验概率由贝叶斯定理推理得出，公式为

$$P(A|B) = \frac{P(B|A)P(A)}{P(B)} \tag{7-6}$$

贝叶斯定理的基本内容：基于先验概率和条件概率，得出后验概率。

2. 贝叶斯网络

贝叶斯网络（Bayesian Network），又称贝叶斯信念网络（Bayesian Belief Network）。它是一种用图来表示变量概率依赖关系的概率图模型（Probabilistic Graph Model），由 Judea Pearl 于 1985 年首先提出。贝叶斯网络模拟人类推理过程中因果关系的不确定性来处理模型，其网络拓扑结构是一个有向无环图模型（Directed Acyclic Graphical Model）。

贝叶斯网络的有向无环图中的节点表示随机变量 $\{X_1, X_2, \cdots, X_n\}$，它们可以是可观察的变量，也可以是隐变量、未知参数等；认为有因果关系（或非条件独立）的变量或命题用箭头来连接（换言之，连接两个节点的箭头代表这两个随机变量具有因果关系或非条件独立）。若两个节点间以一个单箭头连接在一起，则表示其中一个节点是"因"（Parents），另一个节点是"果"（Children），两节点就会产生一个条件概率值。

例如，假设节点 A 直接影响节点 B，即 $A \rightarrow B$，则用从 A 指向 B 的箭头建立从节点 A 到节点 B 的有向弧(A,B)，权值（连接强度）用条件概率 $P(B|A)$ 来表示，如图 7-53 所示。

令 $G=(I,E)$ 表示一个有向无环图，其中 I 代表图形中所有节点的集合，而 E 代表有向连接线段的集合，且令 $X = X_i (i \in I)$ 为其有向无环图中的某一节点 i 所代表的随机变量，若节点 X 的联合概率可以表示成

$$P(x) = \prod_{i \in I} p\left(x_i \mid x_{\mathrm{pa}(i)}\right) \tag{7-7}$$

则称 X 为相对于一有向无环图 G 的贝叶斯网络，其中，pa(i) 表示节点 i 的"因"。此外，对于任意的随机变量，其联合概率可由各自的局部条件概率分别相乘得出：

$$p(x_1, \cdots, x_k) = p(x_k \mid x_1, \cdots, x_{k-1}) \cdots p(x_2 \mid x_1) p(x_1) \tag{7-8}$$

如图 7-54 所示为一个简单的贝叶斯网络。

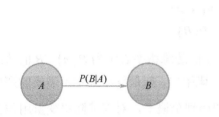

图 7-53 条件概率示意

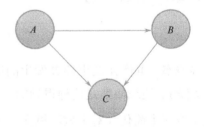

图 7-54 简单贝叶斯网络

在图 7-54 中，因为 A 导致 B，A 和 B 导致 C，所以有

$$P(A,B,C) = P(C \mid A,B) P(B \mid A) P(A) \tag{7-9}$$

其中，$P(C|A,B)$、$P(B|A)$ 可预先统计得到并存储在条件概率表中。下面计算每个节点

的概率。

（1）假设 $P(A)$ 已知，则根据节点 B 的条件概率表可直接得到其后验概率 $P(B|A)$；根据联合概率推出 C 的后验概率：

$$P(C|A)=P(C|A,B)=\frac{P(A,B,C)}{P(A,B)}=\frac{P(A,B,C)}{P(B|A)P(A)} \qquad (7\text{-}10)$$

（2）假设 $P(C)$ 已知，那么 A 的后验概率为

$$P(A|C)=\frac{P(A,C)}{P(C)}=\frac{P(C|A)P(A)}{P(C)} \qquad (7\text{-}11)$$

其中，$P(A)$、$P(C)$ 为先验概率且已知，而 $P(C|A)$ 可从节点 C 的条件概率表中读取。

（3）B 的后验概率为

$$P(B|C)=\frac{P(B,C)}{P(B)}=\frac{P(C|B)P(B)}{P(C)} \qquad (7\text{-}12)$$

根据以上分析可得，贝叶斯网络推理最重要的两个步骤：生成条件概率表；由先验概率和条件概率得到后验概率。

3. 智能运维系统的因果推理贝叶斯网络

回到面向运维数据的智能推理分析问题上来，我们可以通过以下步骤得到所需的因果推理分析模型。

首先，第一数据库数据包括两张表：节点关系表、节点数据表。其中，节点关系表包括节点及其父节点，从中可学习出若干个有向图；节点数据表包含以下性能指标：CPU 使用时间（CPU_used）、内存使用情况（Memory_used）、机器健康状况（Health）、交换率（SwapPercent）、吞吐量（ThroughPut）、物理设备利用率（PhysicalPercent）、设备可用性（Availability）、HTTP 平均响应时间（ART_http）、堆栈利用率（HeapPercent）、活跃线程数（ActiveThreadsNum）、应用性能指数（APDEX）、在线用户总数（OnlineUserNum_total）、空闲磁盘情况（DiskFree）、错误 HTTP 的数量（Http_error）。

其次，进行数据的离散化处理：将所述自动化运维数据进行区间划分，并将每个数据点映射到对应区间，如果数据集是常数集，则区间指定为(0,1)；如果数据集不是常量集，则区间范围覆盖整个实数区间。

再次，生成条件概率表：将所述的自动化运维数据中每个节点变量对应的父节点数据提取出来，统计父/子节点数据的一一对应情况；此处数据均为经过区间化处理的数据。条件概率表的生成步骤如下。

（1）取父节点对应的某个区间为前提条件。

（2）统计子节点在每个区间上的数据出现次数的总和，并将其作为分子集。

（3）将子节点在所有区间上的数据出现次数的总和进行累加，并将其作为分母。

（4）将分子集中每个分子与分母相除，得到子节点在父节点当前区间情况下的条件概率。

（5）对父节点每个区间做相同的处理，得到子节点完整的条件概率表。

最后，得到所有节点的信息，写入第二数据库，包括如下信息：节点名称（name）、节点区间分界点（levels）、节点父节点（parents）、条件概率表（probs）、节点修改时间（whenchanged），对应生成如图 7-55 所示的贝叶斯网络。

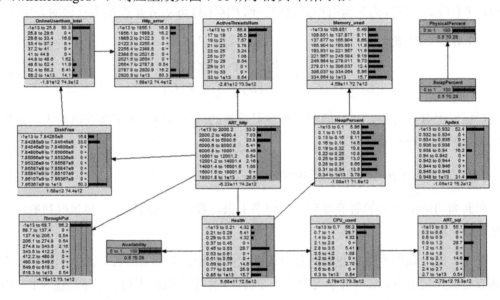

图 7-55　根据人工经验和算法补全的贝叶斯网络

4．添加虚拟根节点

首先，在网络中添加独立的节点，将其值固定为某一常数。由于该节点对贝叶斯推理没有实质性影响，将其定义为虚拟节点。

其次，统计之前计算得到的贝叶斯网络中所有入度为零的节点，将它们的父节点统一设定为上述添加的虚拟节点，即这个虚拟节点变成了整个网络连接树的根节点。

添加该虚拟根节点的意义：贝叶斯网络推理的原理是首先建立连接树，然后进行运算，但如果网络拓扑图中存在孤立节点或独立子图，那么，需要首先判断用户输入条件属于哪个子图的节点，然后才能在该子图推理；加入这个虚拟根节点后，无须判断网络，可直接得到所有节点的结果，从而大大降低了复杂度。此外，该虚拟根节点的取值为常数,对推理结果的正确性无影响。图 7-56 所示为添加虚拟根节点后的贝叶斯网络。

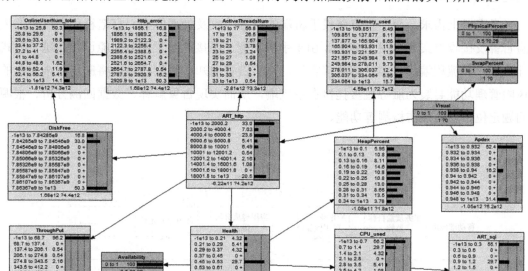

图 7-56 添加虚拟根节点后的贝叶斯网络

5. 进行贝叶斯推理

首先,从第二数据库中读取贝叶斯网络,建立连接树。

其次,获取用户输入条件,找到对应的区间,将这个区间的取值概率更改为 1,将其他区间的取值概率更改为 0。

再次,根据更改后的节点,基于贝叶斯公式重新计算所有与之相连的节点的概率[称为区间置信度(Belief)];与其直接相连或间接相连的节点都将受影响。

最后,在第二数据库添加 belief 字段,将每个节点的置信度写回此字段下,并返回给用户;每个节点置信度最大的区间也一并返回给用户,方便决策。

7.7 应用风险告警的智能化管理

从本章示例的目标车联网系统的运维需求出发,应用运维人员需要保障接入应用系统的终端车机、手机等设备在接入云端时服务实时、高效且不间断。一旦出现影响服务质量目标的告警,需要 24×7 小时地在线接收并快速响应。进一步地,如果故障能够远程快速排查、修复,那么应用运维人员希望能够随时查看告警关联数据以分析原因,甚至远通过程接入修复系统。

考虑以上需求,我们重点建设手机端的告警接收及处理能力,打造移动端优先的风险告警及接收方案(见图7-57)。由于手机功能已经接近甚至部分功能已经超越了台式计算机(如流程编排、实时信息接收),除了告警通知,我们还可以将应用运维平台的风险管理功能封装为服务直接挂接在手机端,从而实现告警解释、数据回溯分析、根源问题定位、主动探伤检测等功能。

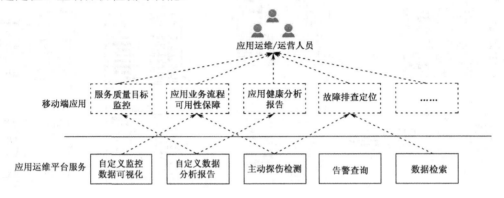

图7-57 移动端优先的风险告警及接收方案

移动端应用风险管理的建设愿景如图7-58所示,运维人员、运营人员以手机等移动端设备为核心接收实时推送的告警通知。所有应用运维平台能力以服务形式封装后对接手机,手机端将服务能力按场景(如应用健康扫描、业务可用性检测、性能分析报告生成、服务质量目标评估报告生成等)组合为一键触发的App,提供给用户随需使用。考虑缩短应用运维关键功能的开发周期、降低能力服务化封装的成本等问题,本章示例的目标系统基于东软RealSight APM成熟的平台能力构建。

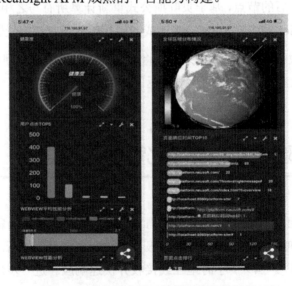

图7-58 移动端应用风险管理的建设愿景

7.7.1 搭建智能化的告警管理框架

告警管理智能化指通过算法代替人工来判断告警的有效性，并合并重复告警及剔除无效告警等。考虑技术成熟度、系统可靠性和系统计算复杂度导致的实施建设成本等因素，目前，智能化告警管理只能达到辅助人工处理的效果，还不能替代传统基于规则告警的方式。智能化算法需要建立在已有的告警识别、处理系统的基础上。这些已有的告警识别策略主要基于规则定义。应用智能运维告警管理系统的参考架构如图 7-59 所示，主要包含告警触发、告警生成和告警通知三个功能模块。

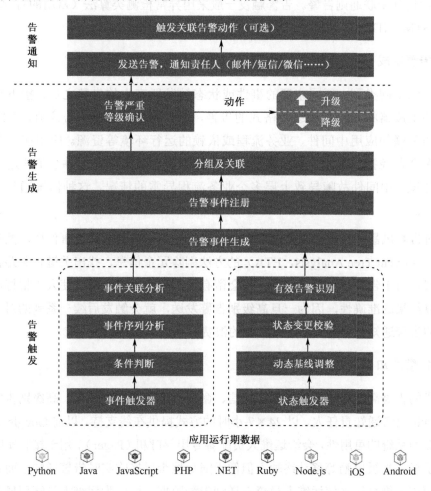

图 7-59　应用智能运维告警管理系统的参考架构

1. 告警触发

告警触发部分按规则实时过滤和分析监控数据流，一旦发现匹配既定规则的异常事件，即按模板生成对应的告警。按识别数据规则的不同，告警触发可以划分为事件触发和状态触发两种方式。事件触发方式多用于对既定事件进行检测,如系统宕机、应用日志中出现指定的异常和业务操作,或者在监控到的业务数据流中发现指定的业务事件等。对同一时间段出现的一系列相同的事件,由事件序列分析算法进行归并会压缩掉一部分重复告警。对一个时间窗口内发生的不同类型的告警,采用事件关联分析模块计算相关性有助于后续进一步合并告警及查找故障根源。

状态触发方式用来发现数值型指标数据中潜在的异常。常用动态基线规则定义判断逻辑,可实时判断关键指标是否正常。例如,针对服务联通性指标,持续采集 5 分钟,若有 3 次访问未联通则告警。告警触发一般采用异常检测类算法(常用的有 ARIMA、BCP、LSTM、HTM 等)。

2. 告警生成

接收到不同类型、不同来源的事件或状态触发器产生的告警之后,接下来需要由告警事件生成器将其封装为统一格式的告警,在告警事件注册中心注册,同时记录产生时间和关联的应用中间件、业务流程或依赖的运行环境等资源。应用在一个点的故障导致多个监控指标异常,从而触发海量告警的情况是大概率事件,尤其是关键应用的支撑环境、中间件故障导致上层多个业务流程异常的情况,这种情况通常称为"告警风暴"。

应对告警风暴的有效手段是通过聚类算法合并相似告警或构建事件树,然后利用事件树分析(Event Tree Analysis,ETA)的方法剔除冗余信息,找出关键告警路径,评定严重等级。对于告警级别的确定,一般会留有人工配置入口,用于使人工根据经验修正自动计算结果的准确性,因为一旦高级别告警发送,就会触发后续一系列的对应动作,不准确的告警通知会导致有限运维资源的浪费。

3. 告警通知

生成的告警需要尽快通过邮件、短信、微信等手段通知责任人。高级别告警甚至需要通过电话语音通知责任人,以 24×7 小时的方式提供在线支持。以前 Google 等互联网公司为保障系统的可用性,会给运维人员配备专用寻呼机(Pager),用于接收实时告警。现在,手机、平板电脑等移动终端不但便于随身携带以接收实时告警通知,而且可以直接接入应用运维系统来使运维人员查看详细告警数据,已成为运维人员管理风险的首选设备,其在某些企业的使用频率甚至超过了笔记本电脑和台式计算机。

对于常见且能通过简单的控制动作恢复的异常,可以通过对应告警触发自动化脚本的方式来实现应用的自动恢复。例如,应用假死导致业务流程无法正确执行,这种异常通过重启应用服务器即可解决,比较适合采用自动处理方式。

7.7.2 遍在数据接入，随时回溯数据、解释告警

当手机端第一时间接收到从应用运维系统推送过来的监控数据时，应用运维人员首先要做的是评估告警的影响范围，查找能帮助解释告警、定位根源问题的数据和信息。以往手机接收到告警后，运维人员需要用笔记本电脑或台式计算机访问运维系统，回溯监控数据。我们希望智能运维系统实现的效果：应用智能运维系统在检测到异常、生成有效告警后自动匹配对应时间窗口的相关监控信息，并发送运维人员可以理解的告警通知；在手机端，运维人员点击告警消息自带的链接即可跳转到对应的告警数据报告或监控仪表盘，以定位故障根源。

对于告警入口，我们通过手机端流程自动化工具（Robotic Process Automation，RPA）[1]编排应用运维系统，通过云端 HTTP REST 接口形式提供手机访问的基础能力服务，实现面向场景的一键触发应用封装。手机端的 RPA 应用在 iOS 系统下对应"捷径"（Shortcut）应用，在 Android 系统下对应 IFTTT[2] 应用。实现效果如图 7-60 和图 7-61 所示，可以从"捷径"应用程序中直接启动预定义流程，也可以将定义好的自动检测流程封装为应用形态来进行管理。

采用这种方式将应用运维能力与手机对接，当发现应用风险告警时，应用运维人员不仅能从手机接收到告警通知，而且能在手机端查询对应的仪表盘和报表数据，做交互式探索分析（见图 7-62）。

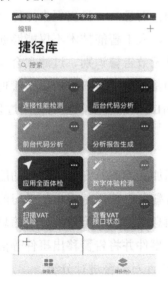
图 7-60 "捷径"应用中的管理流程

图 7-61 手机端的应用运维

---

[1] https://en.wikipedia.org/wiki/robotic_process_automation.
[2] https://ifttt.com.

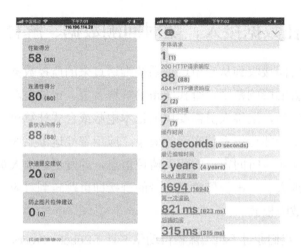

图 7-62　在手机端进行告警根源探索分析

7.7.3　智能合并告警，有效管理风险

告警是在监控运维系统发现风险之后，通知相关责任人的手段。运维人员不可能 24×7 小时地盯着监控屏幕，日常主要靠接收邮件、短信、微信等告警通知来发现应用系统异常。告警策略定义一般根据运维人员经验、应用本身的特点进行配置。随着应用复杂度增加和上线运维经验的积累，告警策略会越来越多，能够检测识别的风险点也更全面。随着告警策略的增加，误报告警概率也会增加。而且，一旦出现未知异常，有可能触发多个告警策略，造成告警风暴。在这种场景下，人工智能技术不仅能够通过异常检测算法提升有效告警识别的准确度，而且能够提供无效告警识别、过滤和合并相关告警的能力。对于本章示例，我们选择以 PagerDuty 为基础来实现告警的集中管理和分组合并，控制告警风暴，从而提高告警处理效率。PagerDuty 的主要配置与使用过程如下。

1. 智能告警分组

通过智能告警分组算法可自动将传入的告警添加到相关打开事件。此功能现在作为事件智能包或数字运营计划的一部分提供。智能告警分组使用基于机器学习的算法，该算法利用系统的告警数据及人工响应的历史处理信息来输出有价值的分组信息。此算法评估告警的创建时间、告警内容及响应者如何合并事件并将告警移出事件等信息。当没有足够的告警被分组时，PagerDuty 会根据文本相似性对告警进行分组。

数据模型旨在对实时创建的真实数据做出反应。测试数据的外观和行为往往与真实数据不同，因此我们建议不要向服务提供测试数据以防影响算法。向算法提供反馈的最佳方式是使用寻呼机来响应真实事件，而真实人员会响应这些事件。

在服务上启用智能告警分组时，其将自动接收的告警添加到该服务上的相关事件上，如图 7-63 所示,以帮助相应人员专注于手头的问题。在服务上启用智能告警分组后,第一个新传入的告警将创建新事件。然后,智能告警分组将确定哪些后续告警应分组到现有事件中。事件关闭后,新告警不会再分组到该事件。

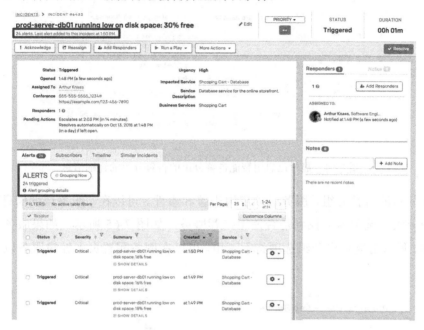

图 7-63　使用智能告警分组主动分组触发的事件

智能告警分组算法包括一种基于机器学习的实时模型,该模型旨在快速准确地处理和聚类每个服务上机器生成的数据。该算法将随着时间的推移进行调整,以便了解新型告警并对人类的响应行为做出反应。

2. 事件分组告警

事件分组告警功能启用后,可以在特定事件的详细信息页上看到智能告警分组,它可主动分组告警。分组告警将显示在"告警"选项卡下。

"告警分组"标签通知用户事件正在使用的告警分组。这可能意味着基于时间的告警分组或智能告警分组。在这种情况下,告警分组的详细信息显示此事件正在通过智能告警分组添加告警。在事件标题的下方,还可以查看分组告警的数量及添加最新告警的时间,如图 7-64 所示。

3. 开启推荐服务

在符合开启推荐服务条件的服务上进行智能告警分组,只需要在"告警分组"选项卡下的"服务详细信息"页面打开相关配置即可。

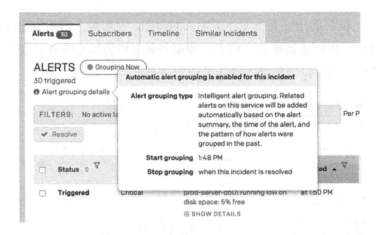

图 7-64　显示已启用智能告警分组的告警分组的详细信息

要进行智能告警分组，服务必须启用告警和事件。可以在"服务详细信息"页面上的"告警分组"选项卡下找到是否使用推荐服务，如图 7-65 所示。如果服务配置为仅创建事件，那么智能告警分组选项将不可用。可以在服务配置页上编辑服务以启用告警和事件。

图 7-65　包含推荐服务的智能告警分组选项

4. 智能告警分组算法

智能告警分组算法旨在观察真实的告警数据和事件历史记录，并在服务上看到新告警时进行调整。除了选择智能告警分组选项，它不需要显式配置。算法学习和适应新的分组行为的最佳方法是手动合并相关事件，并在事件不相关时手动将告警移出事件。

在默认情况下，告警不会自动分组，需要用户根据需求来配置相应的策略。图 7-66 对比了不带分组的告警分组、基于时间的告警分组和智能告警分组的展示效果。

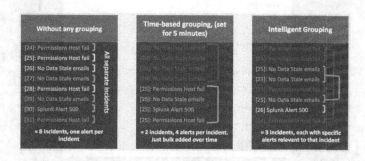

图 7-66　不带分组的告警分组、基于时间的告警分组和智能告警分组

5. 智能告警分组如何决定分组的告警

智能告警分组算法旨在根据服务的合并行为和告警文本的相似性进行保守合理的告警分组。该算法对运维团队的反馈做出反应。例如，如果手动将事件合并在一起，那么智能告警分组算法将学会把这些类型的告警分组在一起。如果发现某一事件具有一组不符合期望输出效果的告警，则运维人员可以手动将告警移动到新事件或其他现有事件，如图 7-67 和图 7-68 所示。

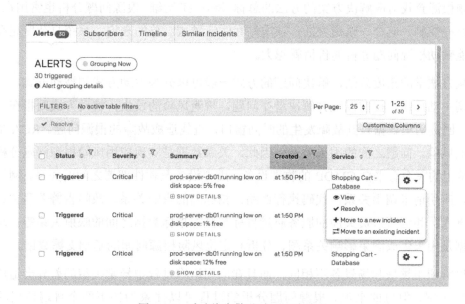

图 7-67　手动将告警移动到现有事件

图 7-68 手动将告警移动到新事件

7.7.4 应用风险根源分析的智能化

对于应用智能运维系统，其主动探伤以发现潜在风险，并自动定位风险根源问题，辅助生成解决方案的能力是智能化的主要特性，也是最能体现系统价值的方面。从相关技术起源看，根源问题分析（Root Cause Analysis，RCA）[1]是科学和工程领域对诊断错误或问题根源查找对应解决方案的方法的总称。除了 IT 运维，根源问题分析也常用在电信、工业过程控制、航空、轨道交通、核电站和医疗领域。总的来说，系统复杂度越高，人工智能辅助根源问题分析的价值就越大。

从方法学的角度总结，解决问题的方式一般可以分为主动方式和被动方式。主动方式强调主动探伤，提前发现并解决潜在问题，规避风险的发生；被动方式则指在问题发生后，回溯历史数据直到故障发生的时间窗口，查找造成故障的根源问题。RCA 重点在于查找风险、问题之间的因果关系，因此，关系数据是实现应用风险根源问题分析的基础，常用的关系有来自 CMDB 的物理设备、虚拟设备及软件部署之间的关系，网络拓扑关系，应用请求调用关系，代码执行链路，指标间的影响关系，故障告警关联关系，以及运维人员和运营人员关注的服务质量目标与监控指标数据之间的映射关系等。这些关系数据是用来生成因果影响关系图、分析和定位风险根源问题的基础支撑数据。

尽管应用领域和场景各不相同，而且在应用运维过程中异常类型的差异会造成处理过程的区别，但总的来说，根源问题分析的过程可以抽象为如下四个普遍适用的处理步骤。

（1）问题识别与定义。根据表象识别问题并准确描述现象，为后续分析故障关联关

---

[1] https://en.wikipedia.org/wiki/Root_cause_analysis.

系准备有效可靠的输入。

（2）对相关事件创建时间序列模型。从系统正常状态开始到发生异常的时间点创建时间表，之后对时间表中发生的事件按时间序列的先后关系定义事件的时间序列模型。

（3）数据筛查分析。通过将这一系列事件与问题的性质、程度、位置和时间相关联，并与以前分析的问题库相关联，根源问题分析应使调查人员能够区分根本原因、相关影响因素和非相关影响因素。跟踪根本原因的一种方法是使用分层聚类和数据挖掘解决方案（如基于图形理论的数据挖掘）；另一种方法是使用基于案例的推理工具，将正在调查的情况与在案例库中存储的过去的情况进行比较。

（4）因果影响关系分析。研究者应该能够从事件序列中提取一个解释问题的关键事件的子序列，围绕根源问题和表象问题创建因果影响关系图，并将其转换为因果影响关系图模型，如用贝叶斯网络等概率图模型建模，然后根据先验知识定位根源问题。

根据经验，采用如图 7-69 所示的四个步骤进行根源问题分析的方法和工具有以下几种，这些方法和工具适用于大多数场景的根源问题分析，可以根据情况考虑组合使用。

（1）头脑风暴。当在 IT 运维过程中遇到重大问题时，互联网公司会在作战室（War Room）召集相关开发、运维部门的责任人召开头脑风暴会议，围绕问题回溯历史数据，进行人工分析，共同讨论以找出根源问题。这种方法主要依赖参会人的经验和能力解决问题，在缺少智能运维系统支撑的情况下是相对有效的解决方案。

（2）核对表。根据历史数据和人工经验总结的故障排查定位核对表中定义了常见问题的现象，在分析过程中，运维人员可根据现象逐一核对，最后对照表中的匹配项找到问题根源。这种方法简单、易操作，但只适用于已知的常见故障。在应用运维场景下，面向复杂度较高的互联网应用运维，这种方法的作用有限。

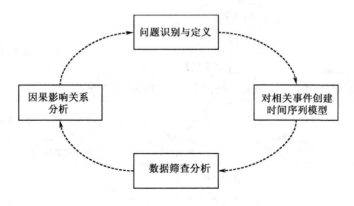

图 7-69　根源问题分析的关键过程

（3）逻辑/事件树。根据历史数据通过人工智能算法或经验构建逻辑/事件树，在发生对应事件时，自动从关系数据库中检索故障原因。目前来看，在人工运维能力有限的情况下，它是解决日益膨胀的应用系统运维问题的关键方法之一。

（4）事件的时间序列模型。其指对事件发生的先后顺序进行泛化的模型定义，找到一系列事件在时间维度上的先后顺序和影响关系。通常情况下，先发生的事件作为导致故障的根源问题的可能性较高，从这个角度出发，事件的时间序列模型有一定的价值。

（5）因果影响关系建模。根据历史数据和人工经验建模，构建因果影响关系模型是实现智能运维最有价值也最困难的工作。其价值体现在，当现有数据不足以支撑确定性计算时，基于因果影响关系模型替代人脑进行推理分析、定位可能的原因，可以降低对有经验运维专家的依赖，大幅度节约人工成本。其困难在于如何从海量历史数据中学习生成高维指标之间的因果影响关系，从而积累专家经验。

对于简单的事件，头脑风暴和核对表足以确定故障的根本原因。对于更复杂的事件，还应考虑逻辑/事件树。时间轴、序列图和因果因子标识通常用于支持逻辑/事件树。如图7-70所示为基于事件树的应用故障根源问题分析过程。无论怎么组合这些工具，运维人员都需要使用这些工具回答以下几个关键问题。

（1）What——发生了什么事情。

（2）How——它是如何发生的。

（3）Why——为什么会发生这个事情。

（4）What——需要什么方案来修正。

回溯、分析故障发生窗口的海量应用监控数据（如用户行为、代码链路、应用日志等）有助于回答这些问题。让员工参与根本原因调查过程，并分享这些调查结果，也有助于防止今后再发生类似事件。

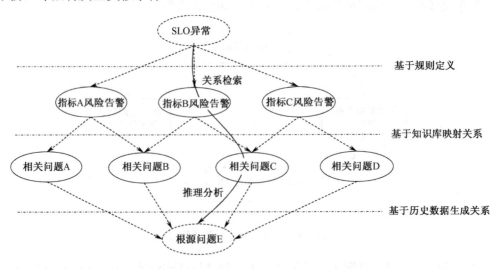

图7-70　基于事件树的应用故障根源问题分析过程

互联网基础支撑环境依赖混合云环境。通过构建物理层和操作系统层之间的 Hypervisor 及操作系统内部的容器技术，混合云平台在物理数据中心之上构建了计算、存储和网络虚拟化层及云服务层，整合了数据中心资源并以随需即取的方式交付用户使用。这种服务方式大幅度提高了数据中心资源的利用效率并提升了资源使用的便捷性，但也使数据中心的复杂度大大增加，使得管理运行在云环境下的应用运行期风险的难度增大。

传统应用运维风险管理手段主要是为与应用运行相关联的资源监控指标定义最大/最小阈值触发告警策略。例如：应用 App-A 部署的关联资源为{服务器 A、服务器 B、交换机 C、数据库 D、应用服务器 E…}，为保障 App-A 的运行期风险随时被发现、被处理，需要对所有关联资源的主要监控指标（如服务器 A 的 CPU 利用率、应用服务器 E 的活跃线程数等）定义最大/最小阈值触发告警策略（如当服务器 A 的 CPU 使用率大于 90% 且持续 20 分钟时，触发计算资源不足告警；当服务器 A 的 CPU 使用率小于 5% 且持续 24 小时时，触发计算资源剩余告警）。

告警策略触发后会通过邮件、短信或 Web 管理端通知运维人员当前风险的关联资源及指标信息，由人工介入风险的排查及处理过程。在排查过程中，如何选择有效操作解决风险，需要借助运维人员的经验。

对于云应用来说，其运行期相关的资源除了物理服务器、交换机、数据库和中间件，还有虚拟服务器（VM）、虚拟交换机等，且虚拟资源会随需增减，虚拟资源与物理资源之间的映射关系也会动态变化。下面介绍一种在云应用部署期利用专家知识预先构建云应用运行期监控指标关联推理模型，在运行期利用概率图模型推理定位风险和有效处理任务、自动处理风险的方法及系统。

云计算环境将物理设备和应用解耦，应用运行直接依赖云计算环境，间接依赖物理设备。云计算环境为多应用提供运行期支撑服务，物理设备不再被一个应用独占。物理设备、云计算环境中的虚拟设备或应用本身发生故障都将影响应用的直接运行。为了有效监管云应用与云计算环境的运行状态，自动发现并处理风险，图 7-71 给出了一种云应用运行期风险自动处理系统模型。该模型分为应用层风险分析子系统和环境层管理子系统，两个子系统通过消息通信来交换监控指标数据集和风险处理任务。

1. 应用层风险分析子系统

（1）应用监视器：部署在云应用中，定期采集云应用中各服务的运行期监控指标并将指标数据保存在应用知识库中，供应用风险分析器查询和分析。

（2）应用知识库：部署在云应用中，存储应用监视器定期采集的指标数据。

（3）应用风险分析器：部署在云应用中，负责维护云应用运行期监控指标关联推理模型，定期读取应用知识库中监控指标数据集和环境层管理子系统从云应用运行支撑云环境中采集的监控指标数据集来更新模型属性；定期执行告警判断策略，并在告警触发时执行风险自动处理任务，并向环境层管理子系统中的任务处理器发送任务。

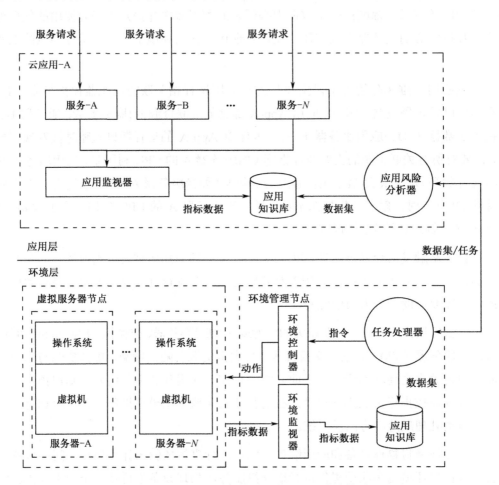

图 7-71　云应用运行期风险自动处理系统模型

2. 环境层管理子系统

（1）环境监视器：部署在云计算环境中的环境管理节点（可以是物理服务器或虚拟服务器），定期采集环境中各资源（物理主机、虚拟主机、网络、操作系统等）的运行期监控指标并将指标数据保存在应用知识库中，供应用处理器查询。

（2）环境控制器：部署在云计算环境中的环境管理节点，接收任务处理器发送的环境控制指令（如迁移虚拟机、提高虚拟机的 CPU 配额、重启虚拟机等），将指令转换成可直接执行的接口调用程序，并依照顺序执行动作。

（3）任务处理器：部署在云计算环境中的环境管理节点，与云应用中的应用风险分析器通信，向其发送指定资源的监控指标数据集；接收应用风险分析器发送的环境控制任务。

3. 应用运行期监控指标关联推理模型

推理模型定义为一个包含节点和有向连接线的有向无环图。节点按类别分为以下几种。

（1）监视指标节点。监视指标是运维人员关注的云应用运行期的关键性能指标，如服务请求响应时间和在线用户数。监视指标包含在风险告警触发策略中，应用风险分析器通过监视指标的当前值判断是否触发告警及风险自动处理。该节点值域定义为{1，2，3}，按从小到大的顺序与监控指标值映射。

（2）证据指标节点。证据指标是云应用运行期的关联资源监视指标，由应用监视器和环境监视器从云应用和环境中采集且存入知识库，并在推理过程中由应用风险分析器以数据集的形式读出，作为风险自动处理任务的推理证据在推理前更新，从而指导得出较准确的任务判断。该节点值域定义为{1，2，3}，按从小到大的顺序与监控指标值映射。

（3）任务节点：该节点基于专家知识预定义的环境控制任务，并根据任务对无出度监控指标节点影响的升高或降低将任务类型设置为正向（+）或反向（-），从而通过调整控制环境中的资源来自动处理风险。该节点值域定义为{T，F}，其中，T代表执行，F代表不执行。

在节点定义完成后，根据专家数据，将具有相关性的节点按相关顺序以有向边连接成一个有向无环图（DAG），图中出度为0的节点为监视指标节点，入度为0的节点为任务节点。定义完成的推理模型的DAG如图7-72所示，图中示例的监视指标节点为"服务请求响应时间"，实际实现时可替换为任何用户关心的业务系统指标节点，如"在线用户数""服务请求平均处理时间"等；示例的证据指标节点为"VM CPU 使用率"，实际实现时可替换为任何与监视指标节点相关的软件、设备的运行期系统指标节点，如"磁盘 I/O 流量""VM 内存使用率""网络带宽使用率""网络 I/O 时延"等；示例的任务节点为"增加集群节点"和"提高虚拟机密度"，实际实现时可替换为任何能够影响证据指标的任务节点，如"优化网络拓扑""减少集群节点""提高内存配额""提高网络带宽配额"。

推理模型的 DAG 定义完成后，图中每个节点需要根据经验数据设置一个条件概率分布表。若监视指标节点 A、证据指标节点 B 和任务节点 C 存在关系：$C \rightarrow B \rightarrow A$。设 $P(A|B)$ 为当 B 是指定值时 A 是指定值的概率；设 $P(B|C)$ 为当 C 是指定值时 B 是指定值的概率，则 A、B、C 的条件概率分布表分别如表 7-2～表 7-4 所示。

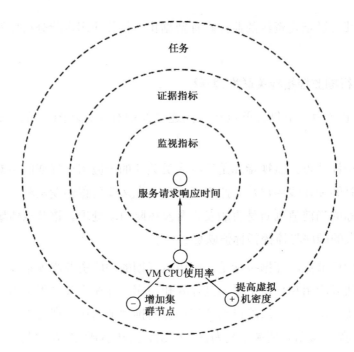

图 7-72 推理模型的 DAG

表 7-2 A 节点的条件概率表

B	P(A=1|B)	P(A=2|B)	P(A=3|B)
1	0.5	0.3	0.2
2	0.1	0.6	0.3
3	0.1	0.2	0.7

表 7-3 B 节点的条件概率表

C	P(B=1|C)	P(B=2|C)	P(B=3|C)
T	0.3	0.6	0.1
F	0.1	0.2	0.7

表 7-4 C 节点的条件概率表

P(C=T)	P(C=F)
0.6	0.4

当风险告警产生后，应用风险分析器会触发执行自动风险处理流程。在推理定位任务中，若监视指标节点和证据指标节点的当前值已获取，则对于指定任务节点的概率计算，可利用推理模型的 DAG 中定义的节点间关系及各节点的条件概率表按照贝叶斯定理进行推理。利用式（7-13）和式（7-14）可求得指定任务 C=T 的概率。

$$P(C=\mathrm{T} \mid B=x, A=y) = \frac{P(C=\mathrm{T}, B=x, A=y)}{P(B=x, A=y)} \quad (7\text{-}13)$$

$$P(X_1, X_2, \cdots, X_n) = \prod_{i=1}^{n} P[X_i, \text{Pa}(X_i)] \qquad (7\text{-}14)$$

根据告警类型选择所有正向类型或反向类型的任务，依次计算各任务 $C=T$ 的概率，则概率最大的任务即最优风险处理任务。

智能运维决策因果推理模型的生成流程如图 7-73 所示，要构建生产环境可用的模型，不仅需要有足够的历史数据支撑，而且需要根据运行期的反馈结合人工经验进行修正。对于海量数据的场景，我们需要支持分布式部署、可线性扩展的计算平台的支撑，因此，我们选择 AMIDST Toolbox 作为因果推理模型生成和进行推理计算的基础支撑。AMIDST Toolbox 是一个开源 Java 工具箱，用于可扩展的概率机器学习，特别关注（海量）流数据。该工具箱允许指定具有潜在变量和时间依赖项的概率图模型。Toolbox 的主要特点如下。

（1）使用概率图模型：使用具有隐藏变量和时间依赖关系的概率图模型，其中包含预定义的潜在模型变量列表。

（2）可扩展推理：使用强大的近似算法和可扩展算法对概率图模型进行推理。

（3）从数据流中学习：在新数据可用时更新模型，这使得 Toolbox 适合从（海量）数据流中学习。

（4）处理大规模数据：使用 Apache Flink 或 Apache Spark 来处理分布式计算机集群中的海量数据集。

（5）高可扩展性：提供可扩展的工具箱，支持在 AMIDST 中编写自定义模型或算法代码并扩展工具箱的功能，供研究人员在机器学习中进行实验。

（6）互操作性：通过连接其他工具（如 Hugin、MOA、Weka、R 等）来利用现有的功能和算法。

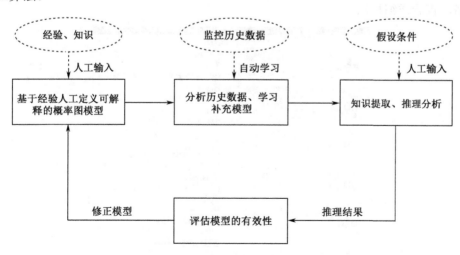

图 7-73　智能运维决策因果推理模型的生成流程

7.7.5 手机端主动探伤检测，防患于未然

在应用代码频繁更新且需要及时确认应用健康状态，或收到疑似异常的告警通知时，我们在手机端定义的应用关键业务流程主动探伤检测功能就派上用场了。我们可以通过手机端 RPA 过程触发主动探伤流程，从手机端调用应用智能运维服务，触发对目标应用指定业务拨测、采集拨测监控数据、根据预定义模板生成应用健康检测报告并用短信/邮件等方式通知相关责任人等一系列动作。最终运维人员收到的主动应用探伤分析报告界面如图 7-74 所示。

图 7-74　运维人员收到的主动应用探伤分析报告界面

通过短信、微信途径接收的健康报告，受限于消息包大小，展现能力有限。一旦检测出故障，我们可以通过链接直接跳转到浏览器，打开如图 7-75 所示的应用健康评估报告详情，查看详细指标。

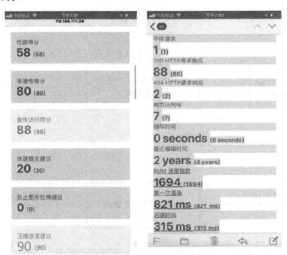

图 7-75　手机查看应用健康评估报告详情

 **本章小结**

应用智能运维系统建设是一个复杂、系统的过程,并不是简单地安装部署工具就能适应企业的需求。为指导企业的落地实践,本章以一个汽车行业的车联网应用智能运维系统的搭建过程为例,系统介绍了从零开始搭建应用智能运维系统的完整过程,以及过程中涉及的工具的使用方式和技术要点。

第 8 章 典型应用场景实践

本章内容简介

除了通常会遇到的共性应用运维智能化问题，不同类型的应用在不同场景，如开发运维一体化场景、微服务应用运维智能化场景、云应用运维智能化场景等也存在一些特殊的复杂性，需要针对性的解决方案。本章围绕常见、典型场景下的应用运维智能化问题，给出了针对性的参考解决方案，以期为相似场景下同类问题的解决提供思路和技术路线。

8.1 开发运维一体化场景

8.1.1 需求背景

建设能够关联应用开发（Dev）和运维（Ops）、具有一体化应用全生命周期管理能力、覆盖完整应用技术堆栈的指标数据采集系统，是实现上层智能化管理、运营、运维的基础。在此过程中，需要识别每个可能阻碍探测、排查故障的盲区，这对于正在实施开发运维一体化（DevOps）的企业尤其重要。我们需要利用这些指标数据，围绕企业运维、运营目标制定各角色的监控 KPI。这就需要采集覆盖应用从运行依赖环境到应用技术架构堆栈各层次资源的监控数据。图 8-1 所示为应用智能运维系统支撑的 DevOps 过程，其中包括以下指标。

业务层：应用系统关键业务流程的运行状态监控指标，如单位时间的交易笔数、交易步骤、用户登录行为、周转率、A/B 测试结果等。

应用层：应用系统代码执行过程的监控指标，如事务执行时间、请求响应时间、请求错误码、应用异常信息等。

应用中间件层：应用系统运行依赖的 Web 服务器、应用服务器、数据库等的运行状态，如应用服务器并发线程数、堆栈内存使用量、吞吐量、数据库连接数、SQL 执行最大返回时间等。

应用运行环境：应用系统运行支撑环境（容器、虚拟机、物理服务器、存储、网络）的相关指标，如 CPU 使用率、网络 IOPS、磁盘使用量等。

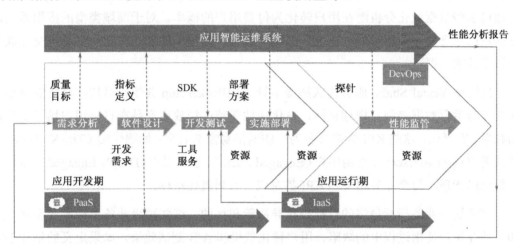

图 8-1　应用智能运维系统支撑的 DevOps 过程

8.1.2　解决方案

通过应用全栈监控覆盖，我们能够看到应用运行期各层次的运行状态。通过监控应用运行状态趋势，我们能在问题造成损失、影响更多用户使用之前修正它。如果发现问题时应用已经无法提供服务，完整的应用全栈监控数据也能帮助我们定位故障问题，加速应用恢复运行。

在应用层，我们的目标不只是监控应用运行健康状态指标（如应用事务执行时间、吞吐量、请求访问错误信息），更需要围绕企业业务服务质量目标，建立监控体系，对在线用户数、用户下单和登录等行为、会话持续时间，以及各项功能的使用频率指标进行实时监控和统计，而这些指标未必能够直接获取。衡量应用整体性能、健康状态等全局态势时，需要进行指标聚合、计算。假如我们运维一个在线商城的应用，一定希望指标首先反映用户的在线状态、用户浏览的商品，以及在线交易是否顺畅、有没有页面卡顿和付款失败等现象。因为这些是为企业带来收益的最核心的业务流程。监控这些数据除了要在应用中安装探针、代码埋点，还需要详细了解业务流程、应用服务监控指标与业务的映射关系，进而围绕业务服务质量目标保障需要，从原始监控指标聚合、定义监控 KPI。

这些 KPI 应紧密围绕企业不同运维场景与运营场景和人员角色考核指标制定。例如，对于商城运营部门，监控用户在网站上的数字痕迹、增加浏览用户在网站的浏览时间的优先级更高；而对于搜索引擎，则应尽量降低用户在搜索门户上的停留时间，因为过长的访问时间意味着用户在查找自己期望返回结果的过程中遇到麻烦了。

通常来说，业务指标是数字化运营评估获客渠道有效性的关键数据来源，运营人员可通过这些数据量化分析潜在用户转化为付费用户的概率。对于商城类型的应用系统，这些数据包含网站滞留时间，以及产品链接跳转、购物车添加、付款和订单提交完成等过程涉及的数据。

据微软 Visual Studio 服务团队高级主管 Ed Blankenship 介绍，微软产品特性规划团队会参考运营数据来制定规划目标，量化评估新特性释放后产品在目标用户场景下的使用频率。有时候，这些 KPI 会被命名为一些通俗易懂的名字，如踢轮胎（Tire Kickers）、活跃用户（Active Users）、常用用户（Engaged Users）、忠实用户（Deeply Engaged Users），以便记忆管理，每个业务相关的 KPI 都对应一系列监控指标。

制定这些业务指标最终的目标是指导决策和行动，这些顶级业务指标需要反映产品和服务在用户使用过程中的缺陷、用户转化效果和 A/B 测试效果。如果定义的指标不能达到指导决策的目的，就没有存在的意义，需要重新选择对应的原子指标，或者调整计算、统计学方法，然后存储、定义仪表盘和配置告警策略；否则，信息量的增加不但不能帮助企业进行运营、运维，反而会对运营人员、运维人员决策造成困扰。

理想情况下，任何角色的运营人员、运维人员都能从其对应场景的监控仪表盘中找到与其职责挂钩的 KPI，以及与这些 KPI 关联的应用运行期全栈监控指标。在应用的特性规划、设计上线阶段，就应该讨论和制定这些指标。业务部门和特性规划部门应该一起讨论日常需要监控哪些业务 KPI、这些指标对应哪些技术指标、怎么获取和聚合这些指标才能得到准确的业务 KPI 监控数据等问题。

8.2　应用运行环境的稳定性性能保障

8.2.1　需求背景

监控应用运行环境，采集应用运行期依赖的基础设施资源、虚拟化设备、容器、网络、存储等资源的运行状态的初衷是在应用故障时，能找到由于环境异常导致的根源问题，进而将运行环境指标和应用指标、业务指标关联起来。一旦环境异常，如网络拥塞导致用户访问应用的速度下降、业务交易吞吐量下降，我们能快速找到关联指标。

我们希望能尽量完整地获取应用运行环境中各环节运行产生的监控数据，掌控所有可能影响应用稳定运行的设备、资源的运行状态指标，并且将这些指标与应用、业务的关联关系完整地映射和管理起来。当然，这非常理想。实际上，应用业务处理流程与应用、运行环境间的关联关系错综复杂。一笔完整的交易可能由多个线程和进程部署在不同物理位置的服务协同完成。人工绘制企业生产环境全景视图（其中包括完整的业务、应用与其依赖的环境资源之间的监控指标映射关系）的难度很大，甚至几乎不可能。维护全景视图需要依赖自动化拓扑发现（如基于 Google Dapper 的分布式事务关联、网络拓扑自动探测、基于 ITIL CMDB 信息绘制部署关系）、业务关联关系和人工智能探查发现算法（如指标相似性、时间序列相关性计算）。

8.2.2 解决方案

随着虚拟化、云计算、容器、微服务技术的发展，应用拓扑和指标关联关系的动态性也在快速增加。应用服务、计算节点、网络 Middlebox 的创建、配置和销毁都在朝着软件定义的方向演进。拓扑和映射关系随时都可能随着业务需求的变化而改变。应用监控系统也需要从 Zookeeper、Etcd、Consul 等自动化集群和服务管理节点中获取及更新相关动态信息，以确保监控数据的准确。这些管理节点在运行期自动管理应用服务、计算集群的运行状态，存储服务/节点名称、IP、端口和 URI 等信息，弥补了传统 ITIL CMDB 中手工管理不准确的问题。当应用规模膨胀到成百上千，甚至有些大型互联网服务应用系统有上万节点时，自动化、智能化的维护管理就非常必要了。

利用人工智能算法实现自动化维护应用监控全栈指标、资源映射关系的直接价值是，在出现异常时，我们能从海量数据中找到最可疑的链路或节点。例如，当收到用户注册增长率业务指标显示日注册用户环比下降 20%，同时应用注册业务流程上相关联的后台数据库节点的 SQL 执行返回时间显著增加时，那么我们就可以重点关注数据库节点异常，从而大幅度降低了数据筛选和故障排查所需的时间。

在应用持续开发、持续集成的场景下，即使像互联网公司一样构建好了部署管道，使得我们能够高频向生产环境释放代码，但生产环境的频繁代码更新也是有风险的。对于运维侧，其不仅可使监控策略或指标过期，更有可能对现有运维流程造成破坏性的影响，导致异常判断和定位决策出现偏差。降低这种影响的策略是使这些代码的执行过程在运行期可见。

将事件同步采集覆盖在应用监控数据之上，可使运维人员看到这些事件对监控指标的影响，从而随时修正运维决策。例如，对于一个实时处理大量事务的服务节点，生产环境的代码升级会导致应用事务处理并发量在一个特定周期的时间窗口发生性能波动异常，缓存数据清空，进而导致查询命中率急剧下降。然而，这并不代表系统在这个过程中出现了故障。

为了更好地理解这些现象，保障应用服务质量目标，我们需要根据监控指标的趋势和历史数据判断应用何时能够恢复正常，必要的话，应提前做好应对策略规划，规避负面影响。同时，在这个特殊的时间窗口，采用抑制指定指标告警、修改指标采集策略、打开额外指标或日志采集策略、重点观察最新更新代码的运行状态和运维策略也是常用的手段。

从 Etsy、LinkedIn 这些互联网公司的应用全栈监控系统的建设经验中，我们可以了解及时、全面地掌控应用生产环境的运行状态，在运行期故障发生时快速定位、修复故障的重要性。通过关联从业务、应用到其运行依赖的环境和设备的监控指标之间的影响关系，并将这些指标关联和系统管理起来，应用运维人员能够更高效地发现异常，进而定位和判断故障原因。处理故障的周期越短，造成的损失就越小。利用算法预测、基于历史数据和经验的潜在风险分析、主动探伤等技术，甚至可以在故障产生之前发现并修复，从而规避风险。这么做不仅可以提升用户数字体验，而且可以改善运维团队被动响应告警、疲于救火的工作状态。图 8-2 所示为针对时间序列指标数据进行潜在风险探测的界面。

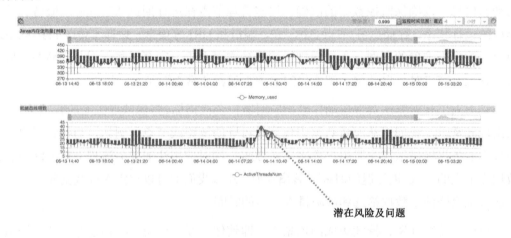

图 8-2　针对时间序列指标数据进行潜在风险探测的界面

8.3 基于微服务架构的应用性能监控

8.3.1 需求背景

智能、互联时代已经来临,应用并发量激增,业务流程更加复杂,新技术迭代落地的速度更快。如图 8-3 所示,采用传统单体架构开发和控制系统代码的复杂度、保障系统可扩展性的难度越来越大。如图 8-4 所示,微服务架构通过将独立业务流程解耦的设计理念快速赢得了大量架构师的关注,其更加灵活的部署方式和便捷的服务拼装都使人眼前一亮。大量企业,特别是互联网企业基于微服务架构建设的信息系统都获得了成功。然而,微服务架构是否适合所有类型的应用系统呢?微服务架构是否是解决日益膨胀的数字系统开发和管理难题的方案呢?

微服务架构是一把双刃剑,一方面它大幅度缓解了基于单体架构的系统开发、部署的复杂性问题;另一方面它给用户数字体验保障、应用性能稳定性保障带来了新的挑战。

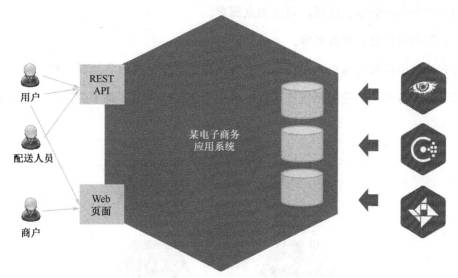

图 8-3 基于单体架构的应用示例

基于微服务架构的应用的主要特点是业务功能模块松耦合、分布式部署。大部分业务功能模块都是单独部署运行的,彼此通过数据总线交互,基本都是无状态的服务,以确保能够灵活扩展。在这种架构下,从前台到后台的业务流程会经过多个服务节点(可能包括多台物理设备、虚拟机、容器和很多微服务)来进行处理、调用和传递。这种方式的主要优点如下。

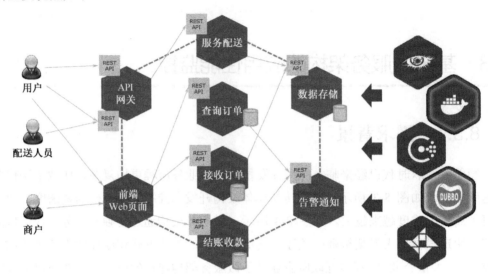

图 8-4　基于微服务架构的应用示例

（1）业务逻辑复杂、系统庞大的应用系统能够持续交付、持续部署。

（2）服务业务逻辑独立，易于开发。

（3）服务之间的耦合度低，可以独立部署。

（4）服务可以独立集群扩容。

（5）使应用能够快速引入新技术，支持多种语言开发的服务协同工作。

基于微服务架构的应用系统在运维过程中会遇到如下很多棘手的问题（见图 8-5）。

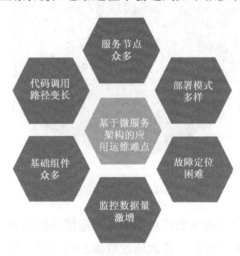

图 8-5　基于微服务架构的应用运维难点

（1）应用的服务节点数快速增加，复杂度急剧膨胀，导致测试、运维成本增加。

（2）业务流程处理链路变长，保障用户数字体验的难度增加。

（3）业务逻辑和中间件解耦，动态性提升，日常管理的难度增加。

（4）监控目标类型多，数据来源分散，故障定位、分析困难。

8.3.2 解决方案

目前，运维团队应对以上问题的主要手段是，采用 Prometheus、ElasticSearch、SkyWalking、Zipkin、ZABBIX 等开源工具自建应用监控系统。但是，实践结果显示，这种方式不仅不能降低微服务监控运维的成本，而且由于需要搭建多种监控系统来协同工作，反而增加了系统的复杂度，同时从多个系统接收告警、查询相关数据，使得故障定位和分析的成本更高。

因此，企业需要围绕基于微服务架构的应用监控运维场景，研发设计全景监控管理解决方案。以全景监控视图整合应用监控数据，通过场景化仪表盘来应对用户数字体验保障、业务流程监控、应用性能稳定性保障等场景，化繁为简，为企业落地微服务保驾护航。该解决方案的核心价值可以总结为如图8-6所示的四个方面。

图 8-6　基于微服务架构的应用的智能运维的核心价值

对于企业来说，基于微服务架构的应用的智能运维系统能够解决的主要难点和对应的解决方案可以总结为以下几点。

（1）系统复杂度激增，导致故障频发、用户投诉不断，用户体验难以保障。

解决方案：围绕用户体验保障，打造全景监控系统，提升系统的可靠性。基于微服务架构的应用运行状态监控的建设参考效果如图8-7所示。

关键价值：①业务优先一体化监控，提升了系统的可靠性；②全景监控，简化了问题溯源流程；③业务状态可视化，简化了定位分析流程；④全局态势分析，可实时感知潜在风险；⑤故障溯源，可进行海量数据的溯源分析；⑥全面支持各种微服务基础组件。

（2）现有运维监控分散，指标告警和业务错误无法关联，责任边界难以界定。

解决方案：梳理整合业务流程和监控指标、关联系统告警和业务异常，划清责任边界，有序管理运维。基于微服务架构的应用业务流程代码调用链路的建设效果如图 8-8 所示；基于微服务架构的应用业务流程代码调用链路的监控效果如图 8-9 所示；基于微服务架构的应用根源问题智能分析与定位的效果如图 8-10 所示。

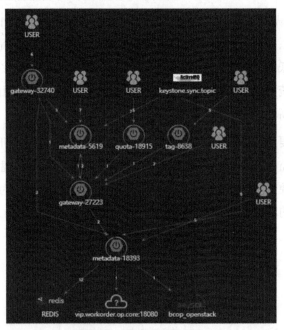

图 8-7　基于微服务架构的应用运行状态监控的建设参考效果

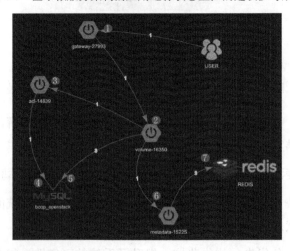

图 8-8　基于微服务架构的应用业务流程代码调用链路的建设效果

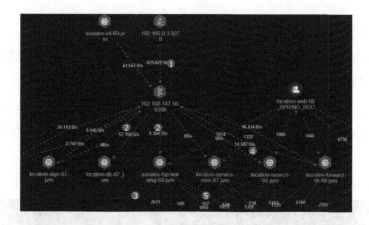

图 8-9　基于微服务架构的应用业务流程代码调用链路的监控效果

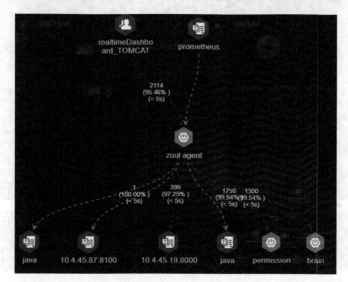

图 8-10　基于微服务架构的应用根源问题智能分析与定位的效果

关键价值：①划清责任边界，有序管理运维；②可视化层级视图管理，明确职责边界；③整合业务和监控指标，辅助风险根源定位；④有序关联运维场景，简化故障处理流程。

（3）应用业务流程复杂，故障排查耗时。

解决方案：打造以业务为核心的一体化监控视图，实时自动采集和分析复杂业务流程的状态，简化人工排查故障、定位故障根源的过程。

关键价值：实时监控业务，简化人工处理故障的过程，具体来说，包括以下方面。①核心业务全景监控，一站式管理业务状态；②实时监控业务，业务故障自动发现；③打通业务和技术指标，压缩故障分析过程。

(4）监控数据分散，定位分析困难。

解决方案：整合现有监控系统数据，打造运维中台，打通异构监控数据源，为实现智能、高效运维奠定基础。

关键价值：①融合多源数据，支撑智能、高效运维；②运维数据融合存储，业务技术指标联动；③应用全链路监控，方便故障的关联定位；④智能检测定位异常，支撑运维提效减负。

如图 8-11 所示为运维数据中台支撑多源监控数据融合与分析的示意。

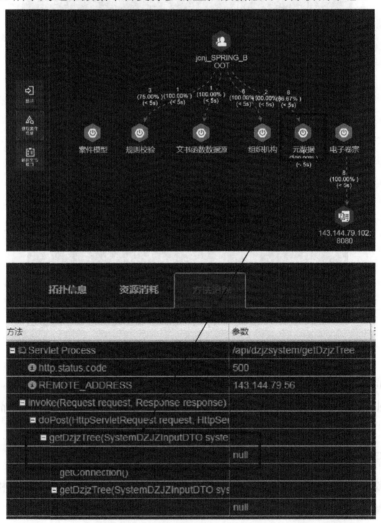

图 8-11　运维数据中台支撑多源监控数据融合与分析的示意

综上所述，要想让微服务架构为企业所用，发挥更大的价值，必须要有行之有效的基于微服务架构的应用监控运维系统。

8.4 基于大数据架构的应用运维智能化

8.4.1 需求背景

基于大数据架构的应用是面向企业特定应用场景设计的处理和分析批量、海量数据的软件系统。虽然基于大数据架构的应用一般面向企业内部人员提供服务，北向用户访问并发量相对较小。但是，基于大数据架构的应用通常需要对接大量的分布异构数据源，南向实时或定期抽取数据请求的并发量和数据通量非常大，给系统稳定性和性能保障带来了挑战。另外，企业构建基于大数据架构的应用来存储和处理批量、实时数据的常用策略是，基于大量配置相对复杂、稳定性和性能需要自行优化的开源软件，如 Hadoop、HBase、Spark、Flink、TenserFlow 等来构建庞大的计算、存储集群系统，维护这种复杂系统对应用运维团队来说也是一个挑战。归纳起来，在运维基于大数据架构的应用的过程中，面临的人工运维难以解决的、具有特殊复杂性的问题主要有如下几方面。

（1）南向数据的采集过程管理问题：应面向各种业务系统的数据库、数据仓库、文件、数据流等数据源提供的数据采集、ETL 等过程提供实时监控能力，对网络异常、数据库死锁等异常导致的数据采集流程终止及时告警并处理；应根据历史数据预测数据流量的峰值，提前采取措施保障指定数据及时入库。

（2）数据存储集群的可靠性管理问题：基于大数据架构的应用存储除了选择常用的关系数据库，还会选择高可扩展的 HBase、Cassandra、Neo4j、JanusGraph 等混合模型数据库，这样不但集群节点多，而且集群方式多样；要运维管理这些系统，要能够代替人工自动探查和发现集群之间的复杂交互关系、标记与上层业务系统的映射关系、识别哪些节点宕机或网络中断需要告警，以及哪些是可容忍的错误，并配置相应级别的告警策略。

（3）计算及存储能力的容量规划问题：应根据人工经验和历史数据预测存储及计算能力的增长速度，根据时间的周期性波动规律管理集群规模和计算、存储、网络资源的用量，以及容器、虚拟机和物理设备之间的映射关系；进一步地，应根据未来可预测的事件来判断需要准备的扩容集群的规模，在避免资源超配造成闲置、浪费的同时，避免资源不足导致的性能和吞吐量下降或资源耗尽导致的宕机。

8.4.2 解决方案

建设面向基于大数据架构的应用，实现全面监控数据采集、自动化风险探查和智能化故障管理的系统，首先需要了解大数据架构的特点和业务处理流程。目前常用的经典大数据架构有 Amazon 提出的 Lambda 架构和 LinkedIn 提出的 Kappa 架构两种。这两种架构都兼顾了历史批量数据处理分析和实时流数据处理分析两种场景下的大数据采集、存储和分析的需求。

1. Lambda 架构

Lambda 架构是由 Storm 的创建者 Nathan Marz 提出的[1]，其设计目的在于提供一个能满足大数据系统关键特性（包括高容错、低时延、可扩展等）的架构。其整合离线计算与实时计算，融合不可变性、读写分离和复杂性隔离等原则，可集成 Hadoop、Kafka、Spark、Storm 等各类大数据组件。

Lambda 架构可分为三层，即批处理层（Batch Layer）、速度层（Speed Layer）和服务层（Serving Layer）。所有进入系统的数据都会被分发给批处理层和速度层。

批处理层存储数据集，在数据集上预先计算查询函数，并构建查询所对应的视图。批处理层可以很好地处理离线数据，但有很多场景数据是不断实时生成且需要实时查询处理的，对于这种情况，速度层更为适合。

批处理层处理的是全体数据集，而速度层处理的是最近的增量数据流。速度层为了效率，在接收到新的数据后会不断更新实时视图，而批处理层则根据全体离线数据集直接得到批处理视图。

服务层用于将批处理视图和实时视图中的结果数据集合并到最终数据集。

一个典型的 Lambda 架构如图 8-12 所示，这种架构主要面向的场景是逻辑比较复杂且时延比较小的异步处理程序，如搜索引擎、推荐引擎等。具有 Lambda 架构的系统从一个流中读取被定义为不可变的数据，分别灌入实时计算系统（如 Storm）和批处理系统（如 Hadoop），然后这两个系统各自输出自己的结果，这些结果会在查询端进行合并。当然，这种系统也有很多变种。例如，Hadoop 可替换成其他的分布式队列，Storm 也可以替换成其他的流计算引擎。依赖于 Lambda 架构，预测分析引擎逻辑上主要分为数据管理、模型管理和数据可视化三个模块。

---

[1] https://dzone.com/articles/nathan-marzs-lamda.

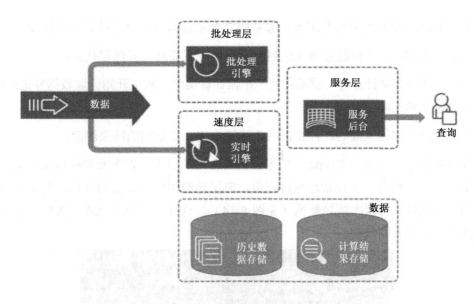

图 8-12　典型的 Lambda 架构

2. Kappa 架构

Kappa 架构是 LinkedIn 的 Jay Kreps 结合实际经验和个人体会[1]、针对 Lambda 架构进行深度剖析并分析优缺点后采用的替代方案。Lambda 架构很明显的一个问题是需要维护分别运行在批处理系统和实时计算系统上的代码，而且这两套代码需要产出一模一样的结果。因此对于设计这类系统的人来说，常有这样的疑问：为什么不能改进流计算系统来让它能处理这些问题？为什么不能让流计算系统来解决数据全量处理的问题？流计算系统天然的分布式特性使得其扩展性比较好，那么其能否通过加大并发量来处理海量的历史数据？基于对种种问题的考虑，Jay 提出了 Kappa 这种替代方案（其架构见图 8-13）。

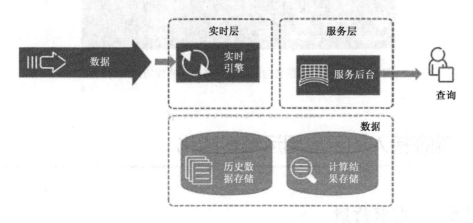

图 8-13　典型的 Kappa 架构

---
[1] https://milinda.pathirage.org/kappa-architecture.com.

基于 Kappa 架构的应用利用流计算系统对全量数据进行重新计算,步骤如下。

(1)用 Kafka 或类似的分布式队列保存数据,需要几天就保存几天。

(2)当需要全量计算时,重新构建一个流计算实例,从头开始读取数据并进行处理,且输出到一个数据库中存储。

(3)当新的实例完成后,停止旧的流计算实例,并把旧的结果删除。

我们要监控覆盖基于 Kappa 大数据架构的应用的节点,首先要监控数据流实时状态和各节点的运行状态。在日常运维过程中,应用运维团队需要直观地展现基于大数据架构的应用系统的运行状态监控数据(见图 8-14),这样一旦出现风险,我们可以快速地发现故障点及其影响范围。

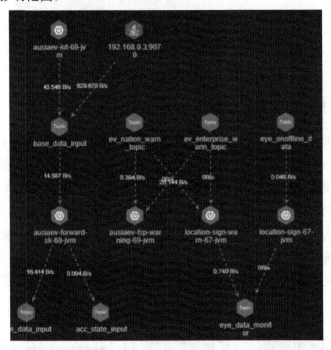

图 8-14　基于大数据架构的应用数据交互流程的探测与监控

8.5　遍在接入的云应用运维智能化

8.5.1　需求背景

云际互联、云际联邦、云片(Cloudlet)等云际应用运行环境构建的应用系统趋于复杂化、多样化,进而导致风险管理、容量规划等运维管理愈加困难,严重阻碍了新技术的普及和应用。在云计算环境下，应用系统与底层基础设施解耦，资源以随需即取的方式提供。虽然运维人员不需要关注硬件计算、存储和网络设备，但云计算平台本身提供赋能应用简化开发的云服务接入方式，以及公有云、私有云联通的混合云环境，多云联邦环境会给应用运维带来特殊的复杂性问题。

例如，Amazon AWS 云平台除了虚拟服务器 EC2 服务，还为不同场景的使用提供了可扩展存储 S3、关系数据库 Aurora、机器学习模型训练 SageMaker、代码自动部署 CodeDeploy 和云资源网络隔离 VPC 等众多云服务。应用直接对接这些服务就能获得相应的能力资源，应用运维团队不需要维护云服务底层的支撑系统。虽然对于每种服务的性能和稳定性保障，云平台都在服务质量协议的条款中有承诺，但根据云计算平台故障、宕机事件频繁发生的历史记录，我们仍然无法把云平台当成稳定的黑盒系统来看待。对于云服务和云运行环境的监控，AWS 用相对简单的监控系统 Cloudwatch 来采集指标和判断风险，从而解决部分指标的采集问题，但建设全景监控平台一般需要根据业务定制和对接第三方数据，从而带来额外的工作量。

混合云和多云联邦环境下运行的应用，虽然看起来是在一个区域运行，但应用服务节点的运行位置和网络拓扑结构可能随业务需要动态变化。图 8-15 描绘了一个由多个中心云服务节点联邦，直接通过遍在网络和边缘云服务节点向目标应用场景提供服务的部署架构。对于与基础设施解除耦合的云应用来说，随需动态调整系统结构和部署策略是其优势能力之一。例如，对于采用热点跟随策略提供服务的应用，其服务节点集群规模和部署结构会随访问热点的变化而动态变化。随之而来的问题是如何自动调整应用运行支撑环境和应用节点监控指标以适应变化。在遍在接入的云应用场景下，应用智能运维系统建设可能遇到的特殊的复杂性问题如下。

（1）风险根源问题定位困难：除了应用和运行期作为支撑的宿主虚拟机及虚拟网络，对其他系统我们只能实现黑盒监控，一旦云平台性能波动或异常宕机导致应用服务质量波动，我们很难解决该问题。

（2）动态特征加剧概念漂移问题：概念漂移是指数据特征随时间和环境变化而导致的数据分析模型性能降低甚至失效的现象；云应用会发生热点跟随、集群弹性伸缩或多云平台迁移现象，导致之前基于历史监控数据训练的异常检测和定位分析算法失效。

（3）网络环境复杂，应用性能难控：用户接入云服务经过的物理网络拓扑结构复杂，且虚拟网络性能优化困难，因此，保障各地域接入云应用性能、稳定性可控的难度较大；一旦出现由于网络时延增加、丢包率上升等问题导致的性能下降，可用来优化性能的手段有限。

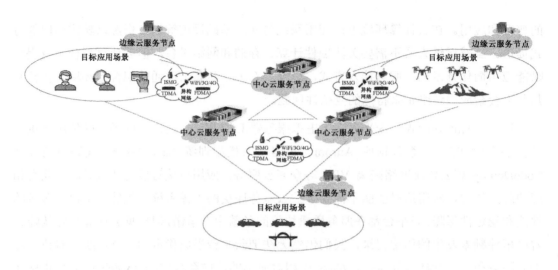

图 8-15 云应用运行环境的部署结构示意

8.5.2 解决方案

规划、建设面向云计算环境下的云应用的智能运维系统，首先需要利用好云平台自身提供的监控运维工具，以及云市场中提供的第三方开源工具与商业化产品。基于这些工具搭建企业自己的应用运维系统将事半功倍。例如，Amazon AWS 云平台中提供了具备监控云服务和应用监控能力的 CloudWatch 服务[1]。随着监控能力的不断完善，AWS CloudWatch 不仅可以对云环境服务状态、基础设施、网络、容器、日志进行监控，而且可以提供面向应用的监控应用终端和应用 API 的 CloudWatch Synthetics 服务、面向应用的日志分析服务 CloudWatch Contributor Insights、面向应用代码链路追踪的 AWS X-Ray 服务，以及整合应用链路、指标、日志和告警数据的全景可视化服务 CloudWatch ServiceLens。基于这些云平台原生服务提供的监控能力搭建应用智能运维系统的数据采集层，可节省一定的开发部署工作量。AWS CloudWatch ServiceLens 应用全景监控界面如图 8-16 所示。

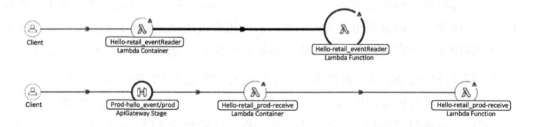

图 8-16 AWS CloudWatch ServiceLens 应用全景监控界面

---

[1] https://aws.amazon.com/cloudwatch.

此外，对于 CloudWatch 采集指标不能覆盖的中间件或数据采集手段不适用的云应用，可以从云平台自身的应用市场中搜索匹配需求的第三方工具（见图 8-17）。有些工具已经对 Amazon AWS、Google Cloud、阿里云（AliCloud）、VMWare 等主要云平台提供了定制化的监控运维能力对接，而且，这些工具一般都具备开放的 API 供集成或功能定制。我们在这些工具已有功能的基础上，结合自身需求定制开发，是达成建设目标的捷径之一。

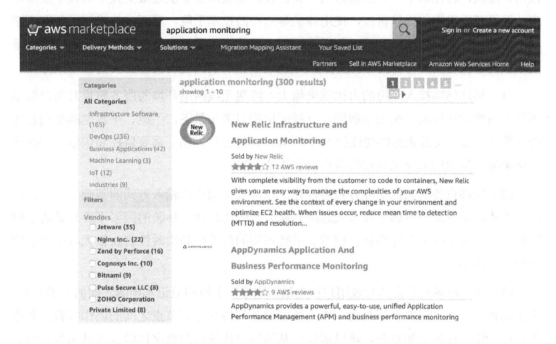

图 8-17　在 Amazon AWS 应用市场中搜索

8.6　互联网应用的用户数字体验保障

8.6.1　需求背景

实时监控并保障最终用户使用数字信息平台过程的流畅、满意，对于具备互联网应用的企业至关重要。无缝的用户体验是推动用户转化为付费用户最重要的因素。有效的用户数字体验保障系统允许企业利用用户数字足迹监控数据，识别性能问题并改进流程。

用户数字体验监控（Digital Experience Monitoring）是由 Gartner 提出的，"是衡量用户对数字系统可用性和性能体验的量化指标，支持在数字代理（手机、平板电脑等终端智能设备）、人或机器与企业应用程序和服务交互时提供优化其操作体验及行为的参考",是 Gartner 魔力象限对应用性能管理工具市场评估的三个功能维度之一的关键要素,包括数字体验建模(DEM)、应用程序发现、跟踪和诊断(ADTD),以及应用程序分析(AA)。

对于未来希望通过互联网触达用户,直接通过数字信息平台向终端用户交付服务和能力的企业,用户数字体验保障至关重要。影响用户侧使用的任何异常都有可能直接导致用户流失,转化率下降,从而影响企业营收。互联网企业从运维实践中研发了采集用户计算机和手机端的操作轨迹、使用体验等指标的技术手段。然而,技术演进正在逐渐改变应用系统架构和使用方式,使得互联网公司的这些手段也需要智能化升级以适应基于新架构的应用运维的需要。总的来说,这些改变带来的问题与挑战主要有以下几方面。

(1)移动终端接入应用的占比越来越大。终端无线网络环境的服务质量对用户数字体验影响的占比提高。在未来智能、互联应用的很多场景下,手机、平板电脑将代替传统计算机,数据交互依赖终端连接 WiFi、4G/5G 等无线网络。需要监控和识别由于终端网络服务质量的动态变化导致的用户数字体验变差。

(2)终端设备的人机交互方式多样化。在传统手动点击输入方式的基础上,语音控制、手势控制等新型自然交互方式逐渐兴起。影响用户数字体验的因素不再只是请求响应时间、业务卡顿崩溃等指标。语音、手势识别的精确度和实时性将在很大程度上影响用户数字体验。

(3)终端设备间的协作导致用户行为追踪困难。手机和笔记本电脑之间的多屏互动、手机和智能手表之间的多屏互动,以及终端设备和边缘计算节点之间的协作等新型业务操作使得用户行为更加复杂,难以追踪,从而导致传统用户数字体验监控技术得到的数据准确性降低、分散且难以利用。

8.6.2 解决方案

常用的监控互联网应用用户数字体验的技术手段:对于采用 B/S 架构的应用,有 Web 页面的 JavaScript 探针注入;对于 Android/iOS 操作系统的手机应用,有开发期 SDK 植入、关键业务流程代码埋点监控,以及面向网络流量镜像抓取网络包,通过拆包获取用户操作的业务流程信息。这些功能在 APM(Dynatrace、NewRelic)、NPM(Riverbed、Netscout)和用户体验监控类工具(Google Analytics、Matomo)中都有提供。我们可以基于这些商业化或开源平台实现对终端用户操作行为和终端设备状态指标的采集。这些离散的指标数据需要通过拼接、融合来与应用其他部分的监控探针采集的数据整合成完整的从用户端到服务端的全链路数据。

有了以终端用户数字体验指标为核心的全链路监控数据,结合异常检测策略或算法,一旦应用出现了缓慢、卡顿、断开连接等访问异常，监控系统就可辅助运维人员快速找到大概的故障范围。端到端全链路数据的可视化效果如图 8-18 所示。图表通常选用柱状堆叠图，将应用的每段时延用不同颜色标注，这样系统运行的瓶颈和异常范围就可一目了然。

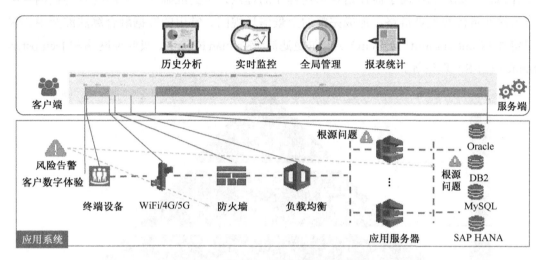

图 8-18　端到端全链路数据的可视化效果

在此基础上，进一步解决上述新型互联网应用运维的特殊问题的思路如下。

1. 监控终端设备网络的连接状态

对于"最后一公里网络"的监控，由于我们不可能在每个接入系统的用户的终端网络中部署监控探针，因此直接监控的难度较大。通常用来监控终端网络的技术手段有主动和被动两种。主动方式采用近用户端的主动拨测节点来定期拨测网络状态。例如，在目标用户所在的地理区域部署一个能够模拟用户操作、主动发起业务请求的节点，定时连接网络拨测。

若没有条件部署拨测点，可利用插入页面或手机 App 的代码，被动监控用户真实的操作过程，结合其他探针采集的服务端数据实现监控。但是，被动方式只有在已经对终端用户造成影响之后才能发现该风险。

2. 利用数据融合算法整合全景视图

目前，实现多探针采集的分布、异构数据融合的概念模型如图 8-19 所示。借鉴数据融合的思路，应用运维场景可以将不同途径采集的应用状态数据按竞争策略、协同策略和互补策略随需横向融合成相对精准、全面的用户视图。例如，结合手机 App 中 SDK 采集的数据和工作站打开的浏览器 Web 页面采集的数据，绘制同一个用户的使用数字足迹，量化用户数字体验指标。

从数据、特征和信息维度出发，围绕场景来融合不同类型的数据，能够实现包含复杂业务流程的监控。业务流程中可能包含语音、手势等多种人机交互操作的用户数字体验评估。例如，利用用于监控语音识别程序的埋点采集的准确率、响应时延等数据，结合云端业务流程处理链路，形成完整的全景信息视图。常用的数据融合算法涉及中心极限定理（Central Limit Theorem）、卡尔曼滤波（Kalman Filter）、贝叶斯网络和 Dempster-Shafer（D-S）理论等。

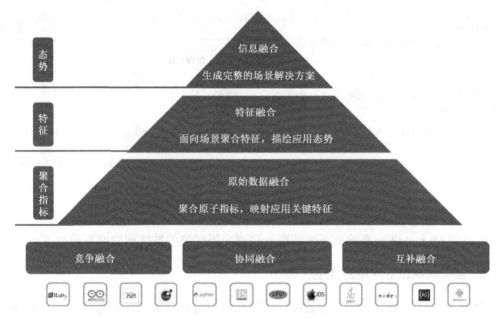

图 8-19 数据融合的概念模型

3. 构建用户数字体验的可视化仪表盘

互联网应用面向全国、全球用户交付服务，其部署维护的复杂度远高于服务企业内部的应用，无论是采集的监控指标数据量，还是单位时间内采集到的数据通量，都非常庞大。因此，如何赋能应用运维团队来处理海量联网应用的状态数据，监控结构复杂、指标众多的应用的实时状态，是建设互联网应用智能运维系统需要考虑的关键问题之一。

从互联网公司的运维经验来看，最有效的监控方式是围绕用户数字体验梳理监控指标，基于服务质量目标，选择服务质量指标（SLI），然后映射原子级别的监控指标或聚合指标来定义可视化仪表盘效果。

通过桌面端接入应用的用户，应用连接终端的网络相对较稳定，"最后一公里"网络的带宽对用户的体验影响较小，用户终端设备一般为笔记本电脑、台式计算机，处理能力一般足够，影响用户数字体验的因素主要集中在前端页面代码逻辑错误、后端服务处理能力瓶颈导致时延过大、服务端节点配置错误和动态更新上线的代码不稳定等问题。因此，我们在设计和选择监控指标、定义监控仪表盘的过程中，需要重点考虑应用部署架构，以及业务流程对应的事务处理链路的特点。通常应用监控仪表盘覆盖的监控指标如下。

（1）健康度定义：实时健康度主要是由获取的主要指标聚合计算得出的。

（2）指标钻取：单击首页的"实时健康度"选项，可以进入健康度的相应页面，页面上展示了健康度相关的指标及指标的动态趋势图等。

（3）平均响应时长指标：显示业务请求响应时长，分为网络时长和服务器响应时长。

（4）崩溃分析指标：显示崩溃率指标和崩溃分布。

（5）HTTP 请求失败率指标：显示失败率的实时值。

（6）网络请求错误率：显示网络层请求错误比例，对错误率大于 20%的告警进行监控统计，图表会展示采样周期内错误率最大的 10 个接口、采样周期内错误最多的 10 个接口的类型等信息。

（7）慢交互/ANR 指标：指页面运行过程中出现的响应过慢或卡顿情况，显示存在的指标趋势。

（8）故障统计指标：显示应用的各项故障指标的统计情况。

（9）告警信息指标：单击后可跳转至告警指标页面，对告警信息进行配置展示。从告警指标页面可跳转至自带的故障定位页面。

（10）受影响的业务指标：指按照几个指标综合计算得到的受影响最大的业务，这部分需要进行业务名称与 HTTP 链接之间的配置（产品自带的功能无法映射到业务名称，仅提供 URL）。

（11）月活跃用户分析：展示更详细的月活跃用户数据分析情况；可展示全国或单省视图，通过可选方式实现，默认是全国视图，所有指标根据选择项进行联动变化。

（12）当月活跃用户数、同比和环比情况：以图表方式展示近 12 个月的月活跃用户，并可展示同比情况，支持按照省份/地市、版本、操作系统展示当前在线用户数。

移动端用户数字体验监控仪表盘中各图表对应的功能和指标如下。

（1）时间范围选择：可方便地定义当前展现数据的时间窗口，回溯历史数据，查看详细的指标波动情况。

（2）自定义检索条件筛选窗口：提供灵活检索数据、聚合展示指标的自定义检索语句输入框，可以输入 Prometheus 平台的 PromQL 语句、ElasticSearch DSL 语句和 Apache Solr 的 Solr QL 语句等来增加数据过滤条件，辅助筛选仪表盘中有用的展示信息。

（3）用户日活跃数（Daily Active User，DAU）：指每天访问应用页面、登录使用应用功能的活跃用户数量的累积值。

（4）用户周活跃数（Weekly Active User，WAU）：指每周访问应用页面、登录使用应用功能的活跃用户数量的累积值。

（5）用户月活跃数（Monthly Active User，MAU）：指每月访问应用页面、登录使用应用功能的活跃用户数量的累积值。

（6）用户设备制造商 TOP 榜：统计用户用来连接应用的终端设备类型、制造商厂商等设备相关的属性信息。

（7）用户设备分类：按类型统计指定时间窗口内不同类型的终端设备，展示用户终端设备的分类占比情况。

8.7 物联网应用运维场景

8.7.1 需求背景

物联网是继互联网之后的又一次全球信息行业的技术经济浪潮。这一智能网络将所有物品接入互联网，并通过协议约定的信息感应设备互通信息。它成功具备了智能识别、定位、跟踪、监督和管理物品的功能。它基于互联网，将通信从人与人之间延伸并拓展至人与物和物与物之间。在物联网范式中，身边的很多物品将以这样或那样的形式接入网络。射频识别（RF Identification，RFID）、传感器技术及其他智能技术将被嵌入物联网的各种应用程序。

物联网的涉及范围很广，其中不同的物联网应用对网络的需求千变万化。为了满足各种物联网需求，蓝牙、ZigBee、WiFi 等近距离物联网通信协议，以及蜂窝网络、LoRA、NB-IoT、eMTC 等远距离物联网通信协议应运而生。而 5G 的发展，更多需要考虑的是商业化问题。当前大规模互联网的演进，需要依赖 NB-IoT 和 eMTC 等技术。

如今，3GPPNR Release15 中已经定义了一些缩短时延和提高可靠性的方案，能够支持一些基本的应用场景。Release16 需要进一步增强高可靠性、低时延的数据交换能力，以满足更多的应用场景，如工业制造、电力控制。目前，5G 对超低时延物联网的设计目标是实现 1ms 的用户面时延。作为下一代物联网通信协议的重要标准，5G NR 的第一个版本主要解决低时延问题，这意味着 5G 对超高可靠性的支持将在 NR 的后续版本实现。

其实，当前 5G 网络已经做好了准备，而开发者需要做的是开发更多新的应用[1]。

在物联网应用场景下，无论是工厂、医院、油井，还是商场和家中，都有传感器和设备连接云端服务。这些接入信息化系统的传感器和终端设备有可能数以亿计，通过 WiFi、4G、5G 等遍在网络和边缘端 ZigBee、Z-Wave、BLE、专有协议网络实时或定期与云端交互数据。这会导致应用架构的复杂度急剧上升，发生故障的概率也大大增加。因此，在物联网场景下，企业对应用运维智能化的需求会随着接入的传感器终端数量的增加而增长。

在物联网应用运维过程下，除了通常会面临的应用运维问题，物联网应用运维需要面临的特殊的复杂性问题如下。

（1）海量设备的健康状态监管，数据连接状态的稳定性、实时性保障，以及异常状态的检测定位。

（2）终端设备、边缘端和云端状态的端到端全链路监控及交互数据链路的可靠性保障。

（3）终端设备代码的运行状态监控和终端故障后的监控回溯与定位、分析。

（4）遍在接入的海量用户终端操作行为的监控和用户数字体验保障。

在物联网应用建设初期，应用接入的终端数量较少，业务也比较简单。例如，有些物联网应用只对接终端定时采集的传感器数据，然后在云端处理，因此上述问题不会造成太大的麻烦。但是，随着应用演进，代码量快速增加，业务流程复杂化，接入的终端数量增加，导致应用故障频繁发生。对于未提前做对应运维系统升级的企业，运维人工的成本会急剧上升。若故障无法及时修复，处理不好就会影响用户体验，这对于起步阶段还没有相应的技术储备和对应的应用运维系统的项目来说可能是灾难性的。

8.7.2 解决方案

物联网应用连接终端设备，面向终端用户提供服务。因此，与互联网应用类似，物联网应用运维同样需要以服务质量目标为导向的应用智能运维系统的支撑。当设计详细的解决方案时，除了要参考互联网应用运维的体系和架构设计，还需要围绕物联网应用的特殊的复杂性问题来制定相应的解决方案。目前，市场上部分有前瞻性的传统应用性能管理厂商也推出了面向物联网场景的应用监控、风险预警、主动探伤检测等方面的解决方案。例如，被 Cisco 收购后并入其 IoT 部门的 AppDynamics 和面向互联网以 SaaS 服务方式提供应用性能监控与数据分析服务的 NewRelic，都针对物联网场景，结合自身优势提出了产品化的解决方案。

---

[1] www.enet.com.cn/article/2019/0702/A20190702944176.html.

1. AppDynamics：物联网监控覆盖终端设备和云端物联网应用

AppDynamics 解决方案的目标是面向物联网应用提供覆盖终端设备和云端物联网应用的监控能力，为连接任意数量设备的物联网应用提供面向运维人员的实时可见性、诊断和分析功能[1]。在智能化方面，AppDynamics 已经能够借助人工智能辅助数据处理，提升应用环境各方面的监控可见性，提高应用程序和业务性能的监控准确度。AppDynanmics 物联网应用终端设备监控界面如图 8-20 所示。总的来说，AppDynamics 解决方案提供的主要能力有以下三方面。

（1）实时、可视化效果监控活跃的终端设备：解决黑盒监控看不到应用内部运行情况的问题，支持即时查看当前连接的设备状态，监控和管理 C/C++ 与 Java 应用，发现应用程序和服务器拓扑，以及设备性能和 API 依赖项，生成统一的监控视图。

（2）快速诊断终端设备应用程序错误和异常：提供诊断终端设备应用程序错误的能力，实现未捕获异常的代码堆栈跟踪，并在性能偏离时获取告警且定位问题的根本原因，从而降低系统整体平均故障恢复时间。

（3）业务导向的终端设备故障主动诊断分析：通过分析设备使用情况和用户行为，改善业务成果，从设备应用程序跟踪业务事务到分布式后端应用环境，搜索和细分应用程序指标并可视化，以便快速查看用户数下降是否对营收造成影响；利用可视化仪表盘多版本对比功能来比较不同版本的差异，以验证新应用版本、部署和固件更新是否成功。

图 8-20　AppDynanmics 物联网应用终端设备监控界面[2]

---

[1] https://conferences.oreilly.com/velocity/velocityeu/public/schedule/speaker/1784.
[2] 资料来源：AppDynamics 官方网站。

2. NewRelic：深入挖掘海量物联网数据中的潜在价值

NewRelic 的核心定位是面向互联网能够联通的应用系统，提供应用运行状态的实时数据采集分析和可视化服务。物联网应用是其重点支持的范围之一。为了能够接入各种类型的终端设备，NewRelic 在云平台提供了开放的 API 接口（Simple Event API）。用户可以在 SaaS 平台注册账户，开通后在终端联网访问 HTTP 请求即可向 NewRelic 发送数据。对于常用的终端设备类型（Arduino[1]、Electric IMP[2]和 INTEL Edison[3]）的数据采集和上报，NewRelic 提供了开源项目支持。例如，通过在程序中加入以下代码，即可实现从 Arduino 平台向 NewRelic 发送数据，从而将资源包与程序一同植入终端设备中。

```
// 创建一个事件...
InsightsEvent event("ExampleEvent");
event.addAttribute("awesomeKey", "awesomeValue");
event.addAttribute("cats", 100);
//发送！
insightsClient.sendEvent(&event);
```

平台接收到的所有数据在 NewRelic 平台会按租户隔离存储。对于监控数据的分析和可视化，NewRelic 提供了自助式的数据探索与分析平台 NewRelic Insight（见图 8-21）。利用类 SQL 查询语句 NRQL，用户可以按指定维度定义数据处理策略。

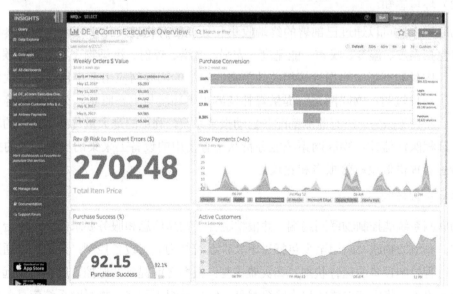

图 8-21　NewReilc Insight 的自助式数据探索与分析界面

---

[1] https://www.arduino.cc.
[2] https://www.electricimp.com.
[3] https://software.intel.com/en-us/get-started-edison-windows.

物联网将创造一张巨型的、万物互联的网络。它不是一场颠覆现有技术的革命，而是对现有技术的全面利用，是通信模式的新创造。它将不同的概念和技术整合在一起，如将普适网络、微型设备、移动通信和新生态系统进行整合，因此也整合了虚拟世界和现实世界。物联网中的应用程序、服务、中间件组件、网络和终端节点将以全新的方式进行结构化组织和使用。

物联网部署早期阶段的主要发展战略是驱动特定领域的应用程序。特定领域的应用程序可能是具备自身行业特征的制造控制系统，其能结合行业的生产和业务流程提供各种企业管理服务。当前物联网应用主要具备以下功能。

（1）位置感知和位置信息共享功能。

物联网系统在收集物联网终端和终端节点的位置信息后提供服务。位置信息包括通过全球定位系统、小区域识别、射频识别等获取的地理位置信息，以及物品之间绝对的或相对的位置信息。更典型的物联网应用至少包括以下软件系统能力。①跟踪移动资产：通过安装在物品上的位置传感设备和通信设备来跟踪及监控物品状态。②管理车队：使车队经理可以根据业务要求和车辆实时采集的位置信息对车辆及司机进行调度。③交通信息系统：通过跟踪大量车辆的位置信息来获取道路交通状况、拥堵位置等交通信息，从而帮助司机选择最佳路线。

（2）环境感知。

物联网系统可以通过已部署的终端收集和处理所有物理及化学环境参数。典型的环境信息包括温度、湿度、噪声、能见度、光强、光谱、辐射、污染物（如一氧化碳、二氧化碳）、图像和有形实物指标等相关的信息。典型的物联网应用至少包括以下软件系统能力。①环境检测：物联网系统提供森林及冰川等环境与生态监测、火山地震等灾害监测和工厂监控等服务，所有监测都配备自动报警系统，利用的是大量传感器采集的环境参数。②远程医疗监控：物联网系统能分析从患者使用的设备上采集的反复出现的指标数据，给患者提供健康趋势报告和建议。

（3）远程控制。

物联网系统能控制物联网终端，并根据融合了物品信息和服务要求的应用平台指令执行操作。典型的物联网应用至少包括以下软件系统能力。①设备控制：人们可以通过物联网系统远程控制设备的运行状态。②灾难恢复：根据之前提到的监控，用户可以远程启动灾害应对设备，将灾害造成的损失降到最低。③自动组织网络：物联网系统应具备快速自组能力，并能在网络层和服务层之间切换操作以提供相关服务，如在车辆网络中，为了传输数据，车辆网络之间、道路基础设施网络之间及这两类网络之间应能快速自组。

（4）安全通信。

物联网系统可以根据服务要求，在应用平台与物联网终端或服务平台与物联网终端之间进一步建立安全的数据传输通道。

经过多年的发展，虽然我们依然不清楚物联网的商业模式，无法明确界定物联网公司，但基于物联网技术路径形成的应用已经遍布我们生产生活的方方面面，如马路边的共享单车、家里的智能电视、工厂里的自动化生产线等。

物联网从提出发展至今，已经从最开始的示范展示与试用阶段发展至完全链接的实用阶段，在防灾减灾、资源控制与管理、新型能源开发与管理、食品安全与公共卫生、智慧医疗与健康养老、生态环保与节能减排、新型农业技术运用与管理、城市智能化管理、现代物流、国防工业十大领域发挥了巨大作用。我国在上述十大领域已形成智能电网、智能交通、环境监测、公共安全、智能家居、智能医院等包含420多个示范工程项目的物联网目录，并已经形成了相应的试点与样板工程项目，这对于全面推进信息化建设，用科技手段有效防止、抑制腐败，建立国家安全体系，节能减排等发挥了重大作用。

（1）智慧物流。智慧物流指以物联网、大数据、人工智能等信息技术为支撑，在物流的运输、仓储、运输、配送等各环节实现系统感知、全面分析及处理等功能。当前，物联网在物流领域的应用主要体现在仓储、运输监测及快递终端等方面。通过物联网技术，可实现对货物的监测及对运输车辆的监测，包括监测货与车辆的位置和状态、货物温湿度、车辆油耗及车速等。物联网技术的使用能提高运输效率，从而提升整个物流行业的智能化水平。

（2）智能交通。智能交通是物联网的一种重要体现形式，其利用信息技术将人、车和路紧密结合起来，从而改善交通运输环境、保障交通安全及提高资源利用率。物联网技术在交通领域具体应用在智能公交车、共享单车、车联网、充电桩监测、智能红绿灯及智慧停车等领域。其中，车联网是近些年来各大厂商及互联网企业争相进入的领域。

（3）智能安防。安防是物联网的一大应用市场，因为安全永远是人们的一个基本需求。传统安防对人员的依赖性比较大，非常耗费人力，而智能安防能够通过设备实现智能判断。目前，智能安防最核心的部分在于智能安防系统，该系统可对拍摄的图像进行传输与存储，并对其进行分析与处理。一个完整的智能安防系统主要包括门禁、报警和监控三大部分，行业应用中主要以视频监控为主。

（4）智慧能源环保。智慧能源环保属于智慧城市的一部分，其中物联网的应用主要集中在水、电、燃气、路灯等能源装置及井盖、垃圾桶等环保装置方面。例如，智慧井盖可监测水位；智能水电表可实现远程抄表；智能垃圾桶可自动感应等。将物联网技术应用于传统的能源设备，通过联网监测，可提高能源利用效率，减少能源损耗。

（5）智能医疗。在智能医疗领域，新技术的应用必须以人为中心。物联网技术是数据获取的主要途径，能有效帮助医院实现对人的智能化管理和对物的智能化管理。对人的智能化管理指通过传感器（主要指医疗可穿戴设备）对人的生理状态（如心跳频率、体力消耗、血压等）进行监测，将获取的数据记录到电子健康文件中，方便个人或医生查阅。除此之外，通过 RFID 技术还能对医疗设备、物品进行监控与管理，实现医疗设备、用品的可视化，主要表现为数字化医院。

（6）智慧建筑。建筑是城市的基石，技术的进步促进了建筑的智能化发展，以物联网等新技术为主的智慧建筑越来越受人们的关注。当前的智慧建筑主要体现在节能方面。将设备进行感知并实现远程监控，不仅能够节约能源，也能减少楼宇人员的运维工作。根据亿欧智库的调查，目前智慧建筑主要体现在用电照明、消防监测、智慧电梯、楼宇监测及用于古建筑领域的白蚁监测等方面。

（7）智能制造。智能制造的细分概念很多，涉及很多行业。制造领域的市场体量巨大，是物联网的一个重要的应用领域。物联网在制造领域的应用主要体现在数字化及智能化的工厂改造上，包括对工厂机械设备的监控和对工厂环境的监控。通过在设备上加装相应的传感器，设备厂商可以远程随时随地对设备进行监控、升级和维护等操作，从而更好地了解设备的使用状况，完成设备全生命周期的信息收集，进而指导设备设计和售后服务。而对工厂环境的监控主要指采集温湿度、烟感等信息。

（8）智能家居。智能家居指使用不同的方法和设备来提高人们的生活能力，使家变得更舒适、安全。物联网能够对家居类产品的位置、状态、变化进行监测，分析其变化特征，同时根据人的需要，在一定的程度上进行反馈。智能家居行业的发展主要分为三个阶段，即单品连接、物物联动和平台集成。其发展方向首先是连接智能家居单品，随后变为不同单品之间的联动，最后变为发展智能家居系统。当前，各智能家居类企业正在从单品连接向物物联动阶段过渡。

（9）智能零售。行业内将零售按照距离分为三种不同的形式：远场零售、中场零售、近场零售，三者分别以电商、商场/超市和便利店/自动售货机为代表。物联网技术可以用于近场零售和中场零售，且主要应用于近场零售，即无人便利店和自动（无人）售货机。智能零售通过对传统售货机和便利店进行数字化升级、改造，打造无人零售模式。智能零售通过数据分析，并充分运用门店的客流和活动，为顾客提供更好的服务，为商家提供更高的经营效率。

（10）智慧农业。智慧农业指将物联网、人工智能、大数据等现代信息技术与农业进行深度融合，实现农业生产全过程的信息感知、精准管理和智能控制，是一种全新的农业生产方式，可实现农业可视化诊断、远程控制及灾害预警等功能。物联网在农业领域的应用主要体现在两个方面：农业种植和畜牧养殖。

在农业种植方面，通过传感器、摄像头和卫星等收集数据，可实现农作物种植的数字化和机械装备的数字化（主要指农机车联网）。在畜牧养殖方面，可利用传统的耳标、可穿戴设备及摄像头等收集畜禽产品的数据，通过对收集的数据进行分析，运用算法判断畜禽的健康状况、喂养情况、位置信息，以及预测发情期等，从而对其进行精准管理。

5G 是下一代移动通信技术，表面上看，5G 相较于 4G 速度提高了 50 倍、容量增加了千倍、时延降为 4G 的 1/10，但 5G 最大的挑战不是来自数据面的更高、更快、更强，而是如何实现网络自动化，同时动态支持多种数据。5G 的到来给涉及车联网、智能家居、智慧城市、智能交通、智能安防、智慧物流等方面的物联网带来了广泛且深刻的影响。

就像云计算数据中心的核心能力是建立在对计算、存储和网络资源池的高效、虚拟化管理的基础上一样，新一代的 5G 技术也能够对下一代移动数字化通信网络中的海量的传输、计算、交换资源进行高效、实时的虚拟化管理和应用[1]。由于现在的通信技术资源足够宽、足够大、足够广，而应用场景又极其多元化，任何单节点的服务能力很难匹配节点周围的大动态服务需求，这种矛盾与信息行业面临的计算能力与动态需求的匹配问题极其相似。而随着计算无处、无时不在的智能时代的来临，任何通信节点都有可能出现短时峰值通信和边缘计算需求，这就促使通信技术架构迅速向信息技术架构靠拢，或者更精确地说是信息、通信和制造行业数字化技术的再融合，其中一个信号就是最近所有行业，包括信息行业兴起的新一轮数字化热潮。云计算就是需要用数字化、虚拟化的技术把一切资源打散，减小颗粒度，然后利用软件的能力重组这些资源，为不同的受众人群提供柔性的、实时的、定制的虚拟化服务。

8.8 车联网应用运维智能化

8.8.1 需求背景

卡内基梅隆大学软件工程学院（SEI）发表的一组针对不同操作系统安全性的研究数据显示，在美国开发的代码中，平均每个功能点有 0.75 个缺陷，或者说，每百万行代码（MLOC）有 6000 个缺陷。假设"非常好"的水平是每百万行代码有 600~1000 个缺陷，"特别好"的水平是每百万行代码的缺陷小于 600 个，而其中 1%~5%的缺陷将被视为存在漏洞。即便所有的代码都在"非常好"的水平，但当今每台汽车至少包含 1 亿行代码，每台车将有 10 万个缺陷，这意味着可能存在 1000~5000 个漏洞。因此，开发者对于汽车代码的安全性要求应该更高。

卡内基梅隆大学软件工程学院的数据还显示，安卓系统是 2018 年最易受攻击的操作系统，紧随其后的是 Linux 的各版本，Windows 10 排在第七位。另外，从已经被验证的

---

[1] https://blog.csdn.net/csdnnews/article/details/96223228.

存在"后门"漏洞的数量来看，2018年，安卓系统的漏洞超过了1000个，苹果iOS系统的漏洞也接近400个，Ubuntu Linux的漏洞接近100个。

近年来，智能交通系统迅猛发展，吸引了国内外各专家学者的注意。它不仅为车辆提供了优良的驾驶环境，而且在解决道路安全问题方面有巨大的潜力。如今，各大汽车制造商都已经意识到车联网的潜力，为了把感知范围拓宽到传统传感器无法感知的范围，它们纷纷在汽车中引入了嵌入式传感器。因此，大量关键性的环境信息能够被准确感应，同时这些信息能被共享给周围的车辆。为了共享这些信息，车辆间搭建了一个自发的网络，称为车联网（IoV），其采用的沟通方式是车辆间通信（IVC）。通过这种通信方式，车辆间的信息可以透明地传递给驾驶员，并且可以由系统自行判断，对车辆做出响应，由此来达到避免交通事故的目的。

我国已是名副其实的交通大国。我国的机动车保有量、驾驶人数量、高速公路里程、公路客货营运量等都是全球第一，铁路、航空、水运等基础设施数量也居前列。过去20多年，我国经历了人类历史上主要经济体从未有过的快速机动化进程。机动车保有量从1000万增加到2亿，美国用了75年，我国只用了23年。

同时，快速的机动化进程导致了如下很多交通问题。首先是交通事故多发，交通事故量在过去十几年持续上升，我国的万车死亡率远高于发达国家。其次是交通拥堵频发，2018年，在我国50个主要城市中，在通勤高峰，13%的城市处于拥堵状态，61%的城市处于缓行状态。最后是交通污染，很多城市的机动车排放对PM2.5的贡献率达到或接近50%。

面对交通事故、拥堵等问题，可采取智能化和信息化两方面的技术手段。通过智能交通系统、智能交通管理系统，可实现"情指勤"一体化，更快、更准确地发现路面交通拥堵情况，更好地发现并查处交通违法现象；通过交通管理"四大平台"（公安交通管理综合应用平台、互联网交通安全综合服务管理平台、公安交通集成指挥平台、交通管理大数据分析研判平台），可实现交通管理业务的信息化，全面提高交通管理效能。例如，全国95%的地市交警支队都在使用公安交通集成指挥平台，接入这个平台的执法装备达130万台（套），从而使交警能够及时监测路面实时交通状况，准确识别、查处各种交通违法行为。

车联网是在智能交通系统的车载导航、车路协同技术的基础上发展起来的，它把车和车、车和行人及骑车人，以及车和交通指挥中心连接在一起。以车联网为重要组成部分的物联网，将会是继互联网和移动互联网之后新的发展重点与方向。

车联网可以提高出行效率，通过把车跟车、人、基础设施、云端和指挥中心相连，能够把路口信号灯、沿途周边地区的交通状况及时准确地告诉驾驶人；实现了车和车的实时通信，使车辆能够以更安全的速度、更短的车头时距通行。车联网可以提升出行安全，能够把急弯陡坡等道路危险状况，以及人眼或视频发现不了的危险更及时、准确地传达给驾驶人，为车辆行驶安全提供决策支持。现阶段的自动驾驶，不管是哪种技术路线，都是以单车智能感知为主的，在成本、准确性、可靠性方面存在不足。我国已有车联网相关的研究进展和应用落地的案例，如图 8-22 和图 8-23 展示了某车厂的车联网全景运营/运维支撑平台的相关功能。通过单车智能和车联网进行协同感知，车联网系统让自动驾驶车辆更好地发现周边的人、车、路等交通状况。

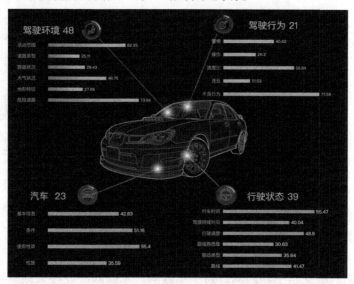

图 8-22　车辆实时监控及故障诊断

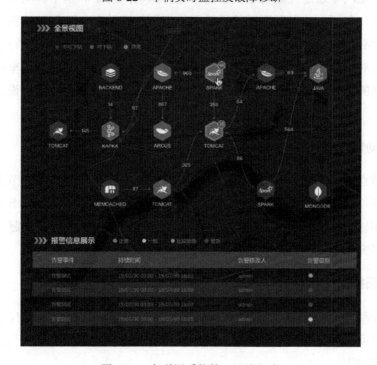

图 8-23　车联网系统统一运维门户

如图 8-24 所示，当前，车联网和智能交通系统融合发展，并和自动驾驶融合发展，三者的融合发展会强力地推动智慧交通和智慧城市建设。可以想象，在不远的将来，车联网与智能交通系统、自动驾驶的融合发展将会改变我们的出行模式和出行生态，最终会使汽车不再是简单的出行工具，而成为人们工作、生活、娱乐、购物的服务要素和手段之一。

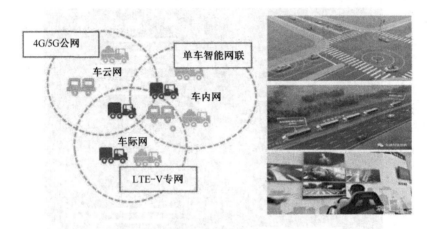

图 8-24　车联网示意

车联网最初的概念始于物联网。对于车联网，车联网产业技术创新战略联盟给出了定义：车联网是汽车通过互联构建的智能网络，车辆间网络和基于移动互联网的车联网电子标签装载在车辆上，车联网系统通过无线识别技术动态、随需地建立一种特殊的移动 Ad Hoc 网络。车联网是一种以固定的路侧单元或高流动性车辆作为节点的无线网络。节点间通过点对点模式相互通信，并且能与路侧单元进行通信。因此，车联网的特点是无线介质传播的特点和点对点网络中不同拓扑结构特点的混合。具体来说，这些特点包括如下方面。

1. 高流动性

车联网节点的高流动性是它最重要的一个特征。网络正常运行时，节点不停地以不同的速度向着不同的方向移动。节点的高流动性降低了网络中的匹度（节点间的路由越来越少）。相较于移动自组网，车联网的流动性算是比较高的。根据文献，相当多的研究已致力于研究点对点网络中流动性对点对点网络和车联网的影响。

2. 动态拓扑

鉴于高流动性，车联网中的拓扑结构变化迅速，且这种变化是动态的、不可预知的。节点间连接时间短，尤其是当两节点做相向运动时。动态拓扑结构有利于攻击整个网络，并使检测难度加大。

3. 频繁离线

动态拓扑结构和节点的高流动性,以及其他条件,如气候、交通拥堵等的影响,使得车辆经常与网络失去连接。

4. 传输介质的可用性

空气是车联网的传输介质。虽然普遍可用性是空气传输最大的优点,但空气传输也成了一些安全问题的起源,再加上无线传输环境和安全通信问题,因此车联网应用需要更可靠的技术支持。

5. 匿名支持

数据传输通过无线媒体时一般都是匿名的,如果撇开限制和使用规程,这使得任何配备信号发射机的人都能在同一频道上发送数据或占用该频道。

6. 有限带宽

标准实现车与车通信的专用短程通信技术(Dedicated Short Range Communication,DSRC)频段可以看作有限的,整个频带的宽度只有 75MHz。受一些国家的规定约束,75MHz 也并不是全部都允许使用的,因此 DSRC 频段能达到的最大理论数据交互吞吐量为 27Mbit/s,通信速度较慢。

7. 衰减

DSRC 的传输问题还与数字传输有关,如反射、衍射、色散等造成的不同类型的信号衰弱,以及多普勒效应、多路径反射等造成的信号丢失和传播时延等。

8. 传输功率的限制

传输功率在波系结构中是有限的,这也意味着数据传播的距离是有限的。数据传播的距离最长可达 1000m,但在某些特定的场合可以更长,如紧急情况或威胁公共安全的场合等。

9. 能源储备和计算问题

不同于其他类型的移动光网络,车联网不受限于能源、计算容量或存储故障等问题。但是,对实时的大量信息进行处理,现在对车联网仍是一个不小的挑战。

8.8.2 解决方案

建设面向车联网系统的应用智能运维系统,首先需要了解车联网应用系统的典型应用场景（见图 8-25）。根据功能，车联网应用系统典型的应用场景可以分为以下三类[1]。

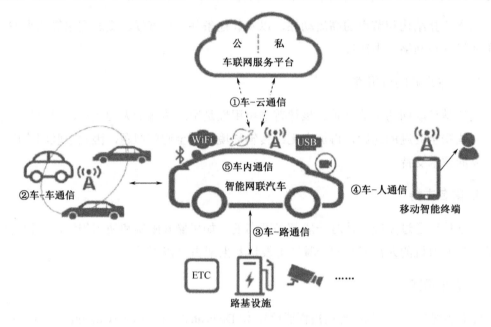

图 8-25　车联网应用系统的典型应用场景

1. 实用类应用场景：加强用车、行车安全

未来车联网环境下的汽车，每秒将产生数千次的数据点，为用户及汽车经销商、厂商提供必要的信息，从而帮助车主在问题发生前预测问题。汽车远程信息处理让汽车具有了大量的安全防护功能，如自动碰撞通知、被盗车辆跟踪、道路救援等，使汽车处于连接状态并提升了汽车在紧急情况下的安全性。有了车辆跟踪提醒装置，当汽车驾驶越过预定边界或超过预设的极限速度时，指定用户会收到通知，该汽车将被持续追踪。

除此之外，车联网可与保险业互联。数据显示，"车联网+保险"可使驾驶员的出险事故率降低 20%，理赔成本节省 30%，承保利润率约提高 15%。

2. 便捷类应用场景：人们的有车生活将更加便捷

随着车载平台的智能化发展，通过语音、手势控制，可以实现更多服务，有助于创造更安全的驾驶体验。例如，通过内置的移动热点转换技术，人们在车上可购买和下载歌曲、有声读物、地图等；未来人们可以通过语音或手势控制，利用车联网技术预定餐厅、在商超购物等。

---

[1] Greff K, Srivastava R K, Koutník J, et al. LSTM: A search space odyssey[J]. IEEE transactions on neural networks and learning systems, 2016, 28(10): 2222-2232.

3. 效率类应用场景：全面实现交通智能化

车联网实现后，人们无须前往 4S 店便可将车辆自动更新到最新的软件；用户可以通过无线设备远程控制车辆，如定位在停车场停放的车辆、将导航信息发送至车辆、远程启动等。

最重要的是，通过车联网实现交通智能化，可以有效改善现有的道路拥堵，提前预知交通安全隐患，大幅度提高人们的出行效率，同时保障出行安全。车联网在 5G 技术的支持下，通过 V2X 通信和信息交换，可以实现智能动态信息服务、车辆智能化控制，最终实现整个城市的交通管理智能化。

根据地域不同，车联网的应用场景可以分为高速公路场景与城区场景。其中，高速公路场景又可以依据交通流密度分为自由流与同步流。不同场景具有不同的参与方、车辆行为与网络特性，也涉及不同的通信方式、信道状态等。车联网的应用场景特性如表 8-1 所示。总体而言，城区场景环境复杂，参与方较多，涉及多种 V2X 通信方式，如 V2V、V2I、车-人通信（Vehicle-to-Pedestrian，V2P）和车-网通信（Vehicle-to-Network，V2N）等；而高速公路场景总体上环境简单，参与方少，路况单一，行驶方向固定。

表 8-1 车联网的应用场景特性

场景		通信方式	行驶速度	信道特征	车辆行为
城区		V2I、V2V V2P、V2N	<40km/h	阴影衰落严重	跟车、变道 转向、停车
高速公路	自由流	V2I、V2V	120km/h	双链路多普勒效应严重	加/减速、变道、超车
	同步流	V2I、V2V	60km/h	V2I 链路多普勒效应严重	跟车

（1）高速公路场景。

自由流：在高速公路自由流场景下，道路车辆密度较小，车辆通常可以以预期速度快速、自由行驶，前后车辆间的速度不具有相关性，车流流速接近于最高限制速度（120km/h）；此外，车辆可以自由采取变道、超车等行为；但是，过高的车速导致自由流网络拓扑结构变化迅速，多普勒频移严重，无线链路的信道质量较差。

同步流：在高速公路同步流场景下，车流密度显著大于自由流场景，导致车辆不得不以相对较低（大于 60km/h）的速度跟随前车行驶，车流整体以一定的速度匀速流动，此时车辆行驶模型可以用传统的跟车模型描述；在这种情况下，车辆无法自由变道、超车等，车辆间的相对位置几乎保持不变，拓扑结构较为稳定，车与车之间可以较好地进行 V2V 通信。

（2）城区场景。

城市道路交错纵横，且分布着大量的交通信号标志等基础设施及行人。在这种情况下，车辆不仅需要同其他车辆、基站进行交互，还需要同基础设施、行人等进行通信，从而使城区场景变得十分复杂。以城区场景标志性的十字路口为例，在十字路口存在大量向多个方向行驶的车辆、需要通过路口的行人及交通信号灯，车辆与行人均需依照交通信号灯的指示按一定的轨迹运动，而同一车道的前后车则按跟车模型行驶，并存在频繁加/减速的情况；车辆可以自由转向、掉头或泊车等；此外，车辆在城区场景的移动速度较低（最高不超过40km/h），无线资源较为紧张，车路协同成了较好的城区场景解决方案。

8.8.3 应用案例

1. 麦谷科技 5G+车联网应用

麦谷科技（MapGoo）是国家高新技术企业，连续多次获得政府专项资助及行业创新奖励；入选"2017 德勤高科技高成长深圳 20 强"榜单并位列第一名，是业界唯一同时入选"2017 德勤高科技高成长中国 50 强"与"2017/2018 毕马威中国领先汽车科技 50 强"榜单的企业。麦谷智云平台管理的物联网连接数已突破1300 万（全行业第一）。

在 2019 年 6 月 4 日的 5G 行业应用展上，麦谷科技带来了后视镜、大屏机、云记录仪结合车联网大数据和 5G 技术的应用演示[1]，可实现千人千面的个性化音娱内容推荐、智能语音助手、连接外围智能终端进行全车联动控制，以及远程控制、ADAS、直播抓拍、行车记录等功能，带给车主全新的驾乘体验。麦谷科技创始人、CEO 周志文先生在接受现场媒体采访时表示："面向未来的移动出行领域，麦谷科技将联合产业链上下游合作伙伴，打造基于 5G 技术的智能出行和智慧交通生态，我们将充分发挥 5G 的实时海量传输优势，建立完善的移动出行服务大平台，并运用人工智能技术对海量数据进行实时分析和深度挖掘，实现移动出行需求的智能规划和匹配，让人、车、物的移动更便捷。同时，5G-V2X 能力让汽车的无人驾驶成为可能！5G+无人驾驶和车联网将提供更加智能化、个性化的出行服务，必将重塑未来的智能出行和智慧交通体系，实现更便捷、更安全、更环保的移动出行。畅想未来，5G 将重新定义人、车、生活的关系，汽车将成为一个移动空间、数据终端、服务终端，将成为我们的工作中心、娱乐中心、社交中心、生活中心……这是一个新时代！"

2. 无锡市车联网先导性应用示范项目：V2X 赋能智慧交管

2018 年，在工信部等国家部委的支持和指导下，无锡市启动了首个车联网（LTE-V2X）城市级应用示范重大项目，超过 30 家来自不同产业的合作伙伴利用前装 LTE-V2X 车载

---

[1] http://www.360qc.com/news/NewInformation/201904/81364.html.

终端开展技术与应用上车测试，构建了相对完整的产业生态环境[1]。

无锡市部署了高性能的 V2X 平台，支持 10 万个车载终端同时接入，每秒可并发处理高达 100 万条数据，计算时延小于 50ms；同时设计了跨平台的数据接口协议，实现 V2X 平台与公安交管平台、TSP 平台、图商平台等多个平台之间部分信息的开放和共享，全面提升了 V2X 平台的服务能力和用户吸引力。其中，V2X 平台重点突出了车路协同全面感知、高精度定位支持及安全防护功能等关键能力。

在车路协同全面感知方面，V2X 平台综合利用路侧摄像头、车检器、超声波、激光雷达等路侧设备，将交通信息采集和道路状态感知的信号进行融合分析，并对这些多源的交通信息进行汇聚和建模，形成对交通状况的全面感知，包括检测交通流量的时空分布和交通事件、感知路面状态和环境状况、预测未来交通流量等。

在高精度定位支持方面，V2X 平台可提供 GNSS 定位、基站定位、惯导定位、视觉定位等多种高精度定位技术，为车路协同辅助驾驶、自动驾驶提供支持，尤其是在遮挡严重的密集城市场景，以及隧道、车库等 GNSS 无法充分发挥作用的场景。

在安全防护功能方面，V2X 平台重点支持保障车联网通信（包含车-车、车-路等的通信）和车联网服务的安全。

无锡市以车路协同应用场景为导向，构建路侧基础设施环境，建设全息感知的智慧路口，构筑"人-车-路-云"全域数据感知的车路协同体系，推动交管的信息开放，探索车路协同应用的标准体系，并赋能智慧交管。智慧城市的建设离不开车路协同的实现，无锡市车联网先导性应用示范项目推动了车路协同的应用验证，车路协同的实现对智慧交通的发展意义重大。

8.9 应用运行环境的异常检测

8.9.1 需求背景

快递服务给人们的日常生活带来了极大的便利，人们也对物流提出了更高的要求：速度要再快，准确送达率要再高。韵达集团作为快递行业的巨头之一，近年来把满足用户要求的突破点瞄准在节约工时、提高效率、提升服务质量上。针对韵达集团的需求，英特尔公司提供了大数据分析和 AI 平台 Analytics Zoo，结合相关硬件，与韵达集团开展了全方位的技术交流与协作。

---

[1] http://www.sohu.com/a/339880684_649849.

如图 8-26 所示，围绕韵达快递物流最重要的三个环节——前端分拣、资源调配和后端支撑，双方先期选取了"件量预测""大小件测量""数据中心异常检测"三个方向开展技术协作（注：本书出版之际，双方 AI 相关合作已经横跨更多场景）。

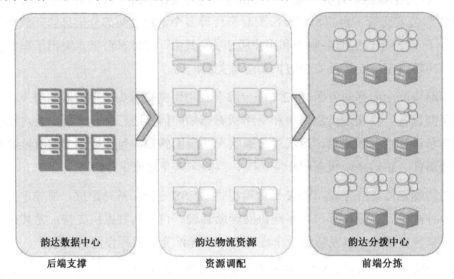

图 8-26　韵达快递物流关键环节[1]

其中，在后端支撑环节，韵达数据中心的数据中心异常检测方案实质上是对数据中心的智能运维的落地实践。其他两个环节带有快递行业的特色，本书不赘述。

作为韵达快递物流系统的核心，韵达数据中心肩负着公司全业务产业链数据的分析、存储和传输职责，并在此基础上承担了各类数据应用的任务，如数据模型构建，数据抽取、转换、加载，自动化报表，算法研发等。可以说，韵达集团目前几乎所有的经营活动都离不开其数据中心的支持。

随着业务高速发展，韵达数据中心也迎来了多重挑战：一方面，数据中心的技术研发周期长、成本高，对大数据集执行高级分析渐渐心有余而力不足，效率提高的速度难以追上业务增长的速度，在应对"双 11""年货节"等尖峰时段时已经很难提供更强的助力；另一方面，数据中心的可靠性面临难题，特别是面临黑客攻击、数据拥塞等挑战。

8.9.2　解决方案

韵达集团利用英特尔 Analytics Zoo 提供的 LSTM 算法来应对上述挑战。LSTM 算法可以通过有区分的记忆信息来增强神经网络的效能，从而更准确地分析与判别信息，

---

[1] 图片来源：https://www.intel.cn/content/www/cn/zh/analytics/artificial-intelligence/yunda-brings-quality-change-to-the-express-delivery-industry.html。

因此在数据分析和预测方面有着独特的优势。

例如，在流量拥堵预测中，韵达 AI 团队将使用 LSTM 算法的服务器部署在数据中心的存储系统中。该算法可以帮助系统利用已有日志中的关键信息，如时间、硬件地址等不断进行强化训练，同时滤去大量无关的信息。通过对日志数据进行大量的训练和推理，系统能够精准地预测数据中心潜在的风险和薄弱环节。

在这个 AI 应用的部署过程中，Analytics Zoo 提供了大量基于 LSTM 算法的内置学习模型，以及丰富的参考用例供韵达 AI 团队进行佐证，协助韵达 AI 团队快速构建业务模型。韵达 AI 团队测试的实际结果表明：AI 应用不仅能帮助韵达集团有效提高其快递物流系统的运行效率，更可大幅度降低人工劳动的强度和人力成本。其中，Analytics Zoo 在智能运维方面发挥了作用，保障了后端更稳定地运行。

展望数据中心异常检测方案，可以期待未来有更好的实际效果和更广泛的应用。在该方案落地之后，英特尔团队在 Analytics Zoo 随后几个季度的研发过程中，又增添了更多针对时间序列运维数据的 AI 算法模型，而且增添了极为重要的 AutoML 特性。Analytics Zoo 的 AutoML 特性使得结合了 Analytics Zoo 的软件产品在不同的场景下都能以自动化的方法来大幅度降低机器学习工作流的研发代价，从而促使方案的实用效果持续提升。

8.10 应用网络质量的预测与分析

8.10.1 需求背景

韩国电信（SK Telecom）是韩国最大的电信公司，拥有 2700 万名（超过韩国总人口半数）消费者，以及超过 30 万个基站塔。每个基站塔中的网络设备每隔 10s 就会产生巨大的日志记录。日志记录既包含时间戳，也包含基站塔所确定的经纬度地理位置信息。

基于庞大的日志记录，可以做有效的数据分析。例如：一个基站塔每天可以产生 6TB 的原始数据，一个实际运作的数据分析系统支持对某一天某一基站的数据查询，一个查询实例可能意味着对原始数据进行过滤，将当天 1420 亿条原始日志记录过滤至 1.48 万条（过滤掉 99.99% 以上的无关数据），而查询全过程现在可以在 1s 内完成。曾经，同样类型的查询要耗费 30min。这是韩国电信基于大数据分析框架 Apache Spark 做了进一步的软硬件架构创新和优化后的成果。

在数据分析的效率满足实用的同时，韩国电信着手根据原始数据来用可视化的方式呈现整个地图上各基站塔的网络通信质量，并实现对不同历史时间点和不同地区的详细查询。

在数据可视化界面，地图上每个柱状的三维立体柱子都代表一个基站塔。柱子的高低代表被查询的那一时刻接入该基站塔的用户数目的多少。柱子的颜色，如果偏蓝绿色，那么代表该基站塔的网络通信质量较好；如果偏红，那么代表该基站塔的网络通信质量较差。在可视化工具中，实时输入不同的地理位置和时间戳信息，就可以马上看到更新之后的立体图。这个可视化工具在运维用户端取得了很好的效果。

在运维方面，在保障了大数据的分析效率和可视化展现后，就可进行智能性的、预测性的网络通信质量分析。这是韩国电信在运维方面提升能力的内生需求。

韩国电信与英特尔大数据和人工智能创新院开展了技术合作，在韩国电信已有的网络通信质量分析的可视化工具中，添加了网络通信质量预测机制，以及为实时管理所配套的异常检测机制。

8.10.2 解决方案

基站塔收集的原始数据都是有时间戳的时间序列数据。英特尔的 Analytics Zoo 内嵌了针对时间序列数据的各种算法模型，从经典的 LSTM 等到较为新颖的 MTNet 等，同时在与用户或合作伙伴的联合开发中，吸收了更丰富的算法模型。

韩国电信从常见的时间序列算法模型入手，尝试了如 Seq2Seq 的 RNN 类别的模型，发现其并不适用于网络通信质量预测或网络通信质量异常检测。如图 8-27 所示，RNN 类别的模型无法预测网络通信质量的突变，图中深色的预测曲线无法拟合浅色的实测曲线的突变情况。

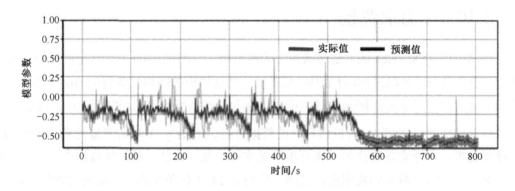

图 8-27 网络通信质量预测

针对实测数据的突变情况，韩国电信在算法模型的匹配方面引入了 Memory Augmented 模型。该模型的数学特质是会同时吸收近期和远期数据来进行综合分析。在韩国电信的实例中，对该模型同时输入近期数据（若干小时以内的）和远期数据（长达一星期或更久的），并对模型进行训练，相比于普通的 RNN 类别的模型，其对网络通信质量的突变的预测能力大幅度提升，预测错误率下降了 40%。如图 8-28 所示，深色的预测曲线更好地拟合了浅色的实测曲线，尤其是在突变处的拟合度大幅度提高了。

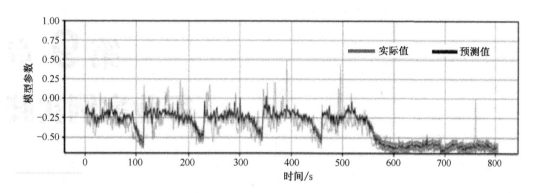

图 8-28　指标波动异常区间识别

对于网络通信质量的预测及异常检测，未来韩国电信会通过对 Analytics Zoo 的深入研发，进一步提升已部署的预测方案的实际效果。其中，Analytics Zoo 的 AutoML 特性使得结合了 Analytics Zoo 的软件产品在不同的用户场景下能以自动化的方法来大幅度降低机器学习工作流的研发代价。同时，针对时间序列数据的深入分析，Analytics Zoo 中的算法模型在不断地丰富，其中，MTNet 等较为新颖的算法模型已经应用于多个不同行业的运维场景中。

本章小结

本章重点介绍了适合用智能运维思路来解决的应用运维场景，涵盖了运维复杂度和难度较高、应用比较普遍的开发运维一体化场景，以及微服务、大数据、物联网、车联网等应用运维场景下的目标需求和对应的解决方案。

第 9 章 行业案例实践

本章内容简介

面向不同行业的应用智能运维系统的建设思路和技术路线基本一致,但由于信息化成熟度、应用场景、运维痛点的差异,各行业建设应用智能运维系统的思路有所不同。本章从行业角度总结并对比了应用智能运维系统在建设和实践方面的差异,重点介绍了网联汽车、能源电力、广电传媒、数字医疗等行业中应用智能运维系统的建设场景、用户价值和面向具体用户的建设实践过程。

9.1 网联汽车

9.1.1 建设背景

随着某车厂内部应用系统复杂度的攀升,以及用户对体验的要求愈加苛刻,其所面临的应用性能监管挑战日趋严峻。作为汽车生产制造行业的翘楚,该车厂不仅交出了优异的汽车销售成绩单,同时借助新的技术"引擎",为背后的系统服务能力提供支撑,从而有效应对未来技术的挑战。该车厂规划的智能运维系统建设目标如图 9-1 所示,总结起来可以归纳为维稳、认责、创收、赋能、提效、化简六个方面。

9.1.2 解决方案

(1)保障用户数字体验。保障良好的用户数字体验是应用性能管理的最高目标。应用智能运维系统可实时监控聚合指标——用户体验指标(APDEX),帮助车厂掌控用户体验的变化情况;以用户体验保障为核心,追踪用户实时和历史在线状态、请求响应时间、请求异常状态等关键指标,实现更高效的敏捷管理。

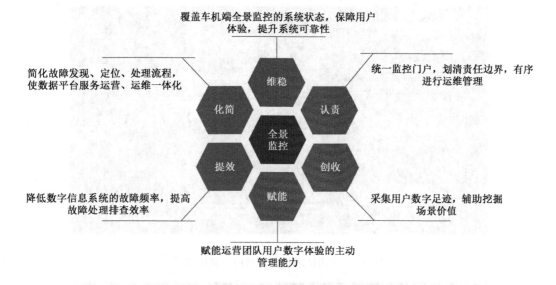

图 9-1　车厂规划的智能运维系统建设目标

(2)横向纵向整合,运维开发互补。车厂借助应用运维系统,横向追踪业务链路,将应用的关联关系梳理出来;纵向通过代码级监控能力,将应用每笔业务的请求形成方法调用堆栈。结合横向、纵向的能力,车厂的负责人员可以清晰地了解整个应用的性能、每笔业务的性能瓶颈,甚至每个用户的体验。通过横纵整合,并利用性能瓶颈定位等功能,车厂的开发、测试和运维团队紧密联系在一起,全面支持开发运维的关键流程,打通 DevOps "任督二脉",极大地提高了车厂开发、测试和运维人员之间的沟通效率,并有效节省了成本。

(3)直击应用性能,提升用户体验。应用智能运维系统提供应用的 360°监管能力,能够对应用进行请求、事务、线程及代码级的深入分析,帮助用户了解并掌控应用性能、健康状态、风险及用户体验。图 9-2 所示为应用请求执行链路白盒监控效果。利用指标聚合,可将海量应用性能指标转换为容易理解和管理的应用健康状态、用户体验等指数,从而实现仪表盘的实时更新。这些指数能够反映应用运行的全局状态,避免人工筛查指标数据或人工定义大量复杂的告警策略,从而提高了管理效率。

(4)定制多维度图表,让数据可视化更简单。车厂对于监控系统的一个非常重要的要求就是将监控数据进行可视化,以最适宜的图表展现复杂的数据。应用智能运维系统提供分角色灵活、快速定制的驾驶舱式体验的监控仪表盘。车厂通过应用智能运维系统的仪表盘实时监控应用运行的健康状态,通过分析实时数据流,发现应用运行期业务缓慢、用户异常操作等潜在风险,并将其利用丰富的可视化图表展现至仪表盘,如图 9-3 所示。

同时可视化仪表盘支持交互式数据下钻分析、指定时间范围分析及条件检索分析，有助于实现对应用全面、实时、精细的运维管理。

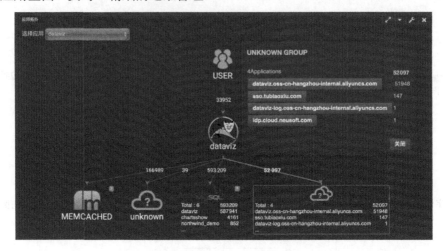

图 9-2　应用请求执行链路白盒监控效果

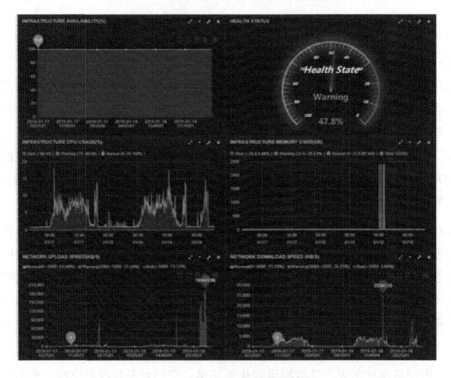

图 9-3　应用实时运行状态监控仪表盘

9.1.3　建设效果

对于今天更依赖信息技术来实现、提升自身价值的该车厂来说，应用可用性、用户体验和响应时间等性能指标从未如此重要过，因此应用性能管理的重要性也提高了。图 9-4 所示为应用集中监控仪表盘。车厂借助应用运维系统解决方案，对复杂的应用系统进行全方位、全栈监管，全面提升了车厂对应用性能的监控与管理能力，真正做到了一站式、全面覆盖车厂的应用性能管理。在本案例中，应用智能运维系统建设对用户侧产生的有益效果主要有以下几方面。

（1）提升面向 4S 店、车主提供服务的互联网系统的可靠性和性能。

（2）一站式监控、分析应用从用户端到服务端的状态，辅助定位问题根源。

（3）简化复杂环境下的车联网应用运维流程，辅助决策以规避潜在风险。

图 9-4　应用集中监控仪表盘

9.2 能源电力

9.2.1 建设背景

某石油化工公司经过多年的信息化建设，已建成了包括 IT 基础设施、生产运营、经营管理三大平台在内的支撑该企业高效运行的信息化总体架构，实现了企业局域网及通信网的基本全覆盖，建成了云数据中心。该中心承载了以 MES 为核心的生产运营层应用和以 ERP 为核心的经营管理层应用共计 60 余个。

企业对信息化的依赖导致运维压力越来越大，已有的监控系统相对分散、独立，其采用竖井式管理，监控信息和告警信息分别来自不同的监控系统，给运维工作造成了不便。监控系统间的独立导致无法从整体视角监控企业 IT 架构的运行状态。当前企业面临的运维挑战主要有以下几方面。

（1）缺少对应用层的运维监控管理。

（2）核心应用系统（OA、MES、LIMS）出现问题后难以定位根源问题。

（3）已有监控系统相对分散、独立，运维工作量很大。

（4）基础设施产生的告警不能关联对应用的影响。

9.2.2 解决方案

该企业集成各监控系统，建设数据中心综合监管平台，实现统一平台、整体视角的集中监控；以应用为核心，自上而下构建垂直一体化的应用智能运维系统，通过聚合指标来监管应用的整体运行状态，出现告警后以逐层钻取的方式进行分析；针对企业包括门户（SharePoint+IIS+SQL Server）、OA（Domino）、MES、LIMS 在内的核心应用，分析制定相应的监控策略；通过数据驱动的方式实现风险预防式预警、故障分析报告。为企业量身打造的业务应用性能主动管理包括应用健康度、用户数字体验及关键业务请求响应时间等聚合 KPI 的全方位、立体式主动监管。图 9-5 所示为该企业智能运维系统的体系结构。

图 9-5　企业智能运维系统的体系结构

9.2.3 建设效果

在本案例中，应用智能运维系统建设对用户侧产生的有益效果主要有以下几方面。

（1）简化了工作流程，提高了 IT 运维效率。

（2）节约了 80% 以上的应用风险定位和排查时间。

（3）提升了企业核心应用的可靠性，降低了宕机频率。

（4）提升了高并发事务处理型应用的性能和处理通量。

9.3 广电传媒

9.3.1 建设背景

在信息化建设方面,某电视台一直走在行业前列,其新型云应用已逐渐支撑核心视频处理等核心应用。云应用在提供前所未有的敏捷性和灵活性的同时,也带来了涉及虚拟资源容量规划、云应用性能保障、云应用稳定性保障及用户体验优化等的一系列应用运维管理问题。因此,该电视台希望打造一套支撑未来信息化建设的应用管理平台,全面监控云端所有云应用系统及云环境的状态,实现风险实时告警、告警根源问题辅助分析、应用自动弹性控制及应用潜在风险发现等功能,从而简化云端运维,保障应用性能及稳定性。

9.3.2 解决方案

针对广电行业业务系统的特点,以及该电视台的具体需求,其建设的应用运维系统应该是以云应用为核心的云端一体化监控平台。该平台应提供云应用全生命周期管理功能,从而全面简化云环境下的运维流程,保障应用性能。图 9-6 所示为应用性能保障的核心能力。该电视台建设的应用运维系统的核心功能涵盖以下几个方面。

(1)全栈监控云应用(涵盖从用户端、服务器端到云端服务的方方面面),发现风险实时告警。

(2)监控云计算环境,实时感知云计算环境中虚拟设备的运行状态。

(3)保障用户体验,监控用户行为和用户体验等相关指标,分析影响关系。

(4)自动弹性控制云应用,实时监控云应用负载,自动触发弹性控制以保障应用性能。

(5)智能化管理运维,自动检测异常,探查发现潜在风险,及时预警以规避风险。

(6)定位与分析风险根源问题,帮助用户定位问题,智能推理与分析告警根源,辅助决策。

图 9-6　应用性能保障的核心能力

9.3.3　建设效果

基于应用运维系统的广电行业云端一体化监控平台帮助该电视台摒弃了传统以网络、资源、设备为核心的繁杂且低效的运维理念，构建了以云应用为核心的集中式、一体化的敏捷运维管理平台，实现了对用户体验、云应用性能的全方位、多层次、立体式的监控，根源问题定位与分析和潜在问题探查等智能化运维功能，以更简单高效的方式实现了云端运维，从而为该电视台建设面向未来的信息化系统保驾护航。图 9-7 所示为广电应用实时监控仪表盘。在本案例中，通过建设应用智能运维系统，该电视台的收益主要有以下几方面。

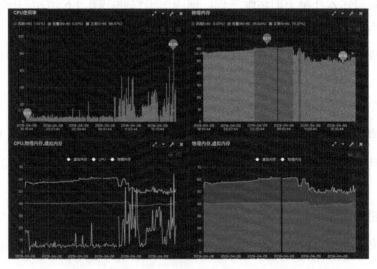

图 9-7　广电应用实时监控仪表盘

(1)在保障应用性能的前提下,提高了云计算资源的使用率。

(2)提升了核心应用系统(采编、非编等)运行的稳定性和性能。

(3)主动检测关键云服务的运行状态,及时发现、定位异常,辅助规避风险。

(4)实现了基于负载的云应用弹性伸缩,避免了资源超配导致的云计算浪费。

9.4 数字医疗

9.4.1 建设背景

某医院是一所集医疗、教学、科研为一体的综合性大型三级甲等医院。其信息化建设中的住院电子病历系统自 2009 年 8 月上线以来,根据医院的实际需求不断修改、完善和定制,形成了现在具有住院电子病历系统、临床路径管理系统、电子病案终端管理系统、不良事件沟通上报系统、医务质控工作站等的业务系统,所牵涉的业务和数据覆盖了病人大部分的诊疗过程,尤其是住院电子病历数据,集成了其他业务系统的大量有用的数据,成了联结各类医疗业务的纽带,从而使医院信息化形成了一个以电子病历为核心的有机整体。从政策背景来看,国家发布的与医疗数字信息系统的性能、可靠性保障相关的政策有以下几方面。

(1)电子病历。2018 年 12 月 7 日,国家卫健委医政医管局发布了《关于印发电子病历系统应用水平分级评价管理办法(试行)及评价标准(试行)的通知》(以下简称《通知》),提出了医院的电子病历建设考核方法,其中包含了明确的对系统性能、稳定性的考核项目及达成时间。《通知》提出,地方各级卫生健康行政部门要组织辖区内二级以上医院按时参加电子病历系统功能应用水平的分级评价;到 2019 年,所有三级医院要达到分级评价 3 级以上;到 2020 年,所有三级医院要达到分级评价 4 级以上,二级医院要达到分级评价 3 级以上。

(2)"互联网+"。国务院、国家卫健委分别于 2018 年 4 月和 2018 年 9 月发布政策,鼓励医院申请互联网医院,支持第三方机构搭建互联网信息平台,推进远程医疗服务,鼓励医疗联合体(以下简称医联体)通过互联网加速医疗资源的上下贯通、信息共享,发展互联网妇幼健康服务,拓展互联网结算支付服务,建设家庭医生签约服务智能化信息平台等。具有高并发、遍在接入特性的互联网化医疗信息平台的建设,必然会对医院系统的应用性能、稳定性保障能力提出更高的要求。

（3）医联体。2017 年，国务院办公厅在国办发［2017］32 号文件中提出关于推进医联体建设和发展的指导意见，其中要求综合医改试点省份的每个地市，以及分级诊疗试点城市，至少建成一个有明显成效的医联体；探索对部分慢性病签约患者提供不超过两个月用药量的长处方服务，加强基层和上级医院用药衔接，方便患者就近就医取药；到 2020 年，在总结试点经验的基础上，全面推进医联体建设，形成较为完善的医联体政策体系。医联体建设加速推进了信息系统的互联互通，并使信息系统的交互网络复杂化，这对医院应用运维能力提出了新的挑战。

信息互联互通、业务相互集成使信息系统的交互网络更加复杂，故障频率增加。稳定性、性能发生异常后，由于应用业务流程运行依赖的节点增加，监控数据采集、根源问题定位与分析的难度快速增加，导致医院现有运维系统的压力陡增。医疗应用场景的关键问题如图 9-8 所示。

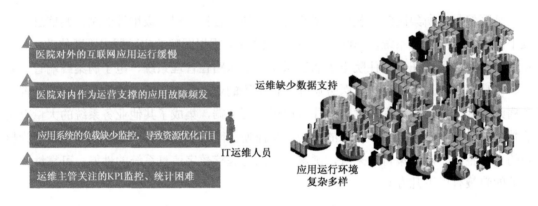

图 9-8　医疗应用场景的关键问题

9.4.2　解决方案

如图 9-9 所示，围绕该医院当前面临的核心问题，基于未来信息化建设愿景和国标要求，实施团队基于应用运维系统产品平台规划了以核心应用系统稳定性、性能保障为核心的运维体系：首先，打通医院现有的竖井式监控系统，融合监控数据；其次，针对核心应用系统配置应用业务流程监控追踪探针、用户数字体验探针，关联、打通从用户端到服务端的全栈监控链路；最后，基于应用运维系统的核心监控数据分析及可视化门户，配置一站式全景监控视图，以特定场景风险发现、定位为目标，定点追踪、定位潜在风险。

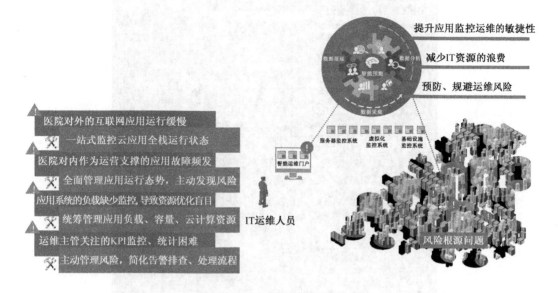

图 9-9 针对医疗应用场景关键问题的解决方案

9.4.3 建设效果

海量运维数据的全可视化操作大幅度降低了该医院探测、追踪定位、解决异常的成本，由核心系统故障导致的事故频率、故障恢复时间也大幅度下降。建设完成的医疗信息系统集中监控仪表盘样式如图 9-10 所示，其中，所有核心应用当前实时的运行状态及趋势都以直观的方式展现，应用运行风险态势一目了然。当发生故障提示时，运维人员能够通过点击监控大屏的风险点，下钻至底层数据来分析与定位风险根源。应用智能运维系统建设对医院运维体系的有益效果有以下几方面。

（1）全景监控医院信息系统的运行状态，及时通告风险点。

（2）主动发现病人在线预约、挂号等操作是否流畅。

（3）实时监控信息共享平台、HIS、PACS 等核心服务节点的异常。

（4）为应用系统故障责任认定、根源定位和排查提供了数据支持。

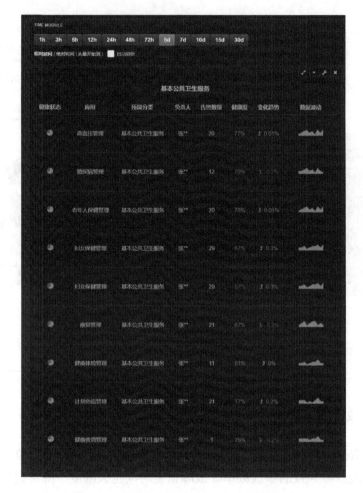

图 9-10　医疗信息系统集中监控仪表盘样式

9.5　电子政务

9.5.1　建设背景

应用是驱动政府、企业对接"互联网+"、"工业互联网"和"工业 4.0"等国家战略的引擎。某政府部门计划初步建成信息资源高度整合的公共基础数据共享服务平台及以城市运行、公共安全、社会管理、公共服务、经济运行和电子政务为应用体系的智慧型应用框架，形成信息化与城市、经济、社会各方面深度融合的发展态势，使信息化整体发展达到世界一流水平，并实现从"数字化"向"智慧化"的全面跃升。其建设的应用性能管理平台旨在打造面向云环境下海量应用的性能管理解决方案，实现对运行在云环境下的应用的全方位、多层次、立体式监控及管理，打造具备用户体验监管、应用性能监管、运维专家知识库辅助决策、风险根源问题分析与定位及主动预测风险等能力的智能化云应用性能管理平台。

目前该政府部门已完成网上办公系统、网格化城市管理平台、公务员门户、街道系统、社区系统、政务图层平台、社会救助信息系统、社区卫生服务信息系统及网上服务平台等系统的建设。业务系统投入很大，但在应用性能管理方面获得的收益并不明显。通常，企业构建、部署的应用管理系统采集与管理的大量应用性能指标数据仅服务于运维人员的基础统计、查询及告警机制触发。随着政府、企业部署的应用数量迅速增加，以及新技术（如混合云、虚拟化、大数据等）、新需求（如支持移动终端、信息主动推送等）促使应用系统复杂化、多样化，应用稳定性、性能保障更加困难。政府、企业内的应用数量及应用架构的复杂度增加，监控指标及单位时间产生的监控数据量成倍增长，加之运维数据本身的价值密度较低，人工筛选、分析的工作量巨大，导致运维人员工作被动，难堪重负。政府平台对应用性能管理产生了前所未有的刚性需求。

9.5.2 解决方案

该政府部门在规划、构建 IT 运维管理系统的过程中，首先需要摒弃传统以网络、资源、设备为核心的运维理念，构建以应用为核心的集中式、一体化运维管理平台，实现对应用性能的全方位监控、根源问题排查和预测分析，从而以更简单高效的方式实现 IT 运维，以便适应未来发展的需要。云应用全生命周期管理流程如图 9-11 所示。云应用全生命周期管理可划分为开发期和运行期两个阶段，涉及的关键用户角色如下。

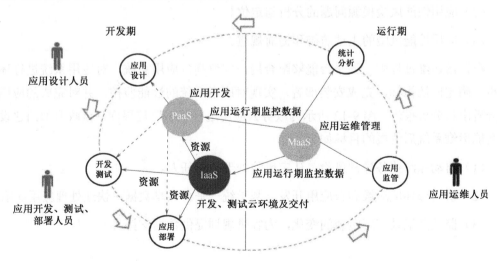

图 9-11　云应用全生命周期管理流程

（1）应用运维人员：负责应用运行期的应用性能分析、问题排查、异常诊断、容量规划，以及应用运行依赖环境监控、资源分配策略管理。

（2）应用设计人员：根据业务需求，以及应用历史版本的运行/运维数据来规划和设计应用。

（3）应用开发、测试、部署人员：基于设计开发的应用系统，利用云平台资源仿真运行环境，测试应用的功能、性能、稳定性等各项KPI，以便让这些指标达到设计要求。

9.5.3 建设效果

该政府部门建设的应用性能管理平台简化了政务云海量应用监控指标数据的分析工作，以用户体验为核心，利用聚合指标指示应用性能，将海量的基础指标转换为容易理解的应用健康状态聚合指标，并实时更新，避免了人工筛查海量数据，简化了告警策略，提高了管理效率。该平台实现的8大核心功能如下。

（1）应用容量的规划和决策支持。

（2）应用全栈集中监管。

（3）应用运维专家系统提供决策支持。

（4）日常应用性能管理工作的简化。

（5）用户体验追踪及在线状态管理。

（6）运行缓慢业务流程的分析与定位。

（7）应用性能风险根源问题的分析与定位。

（8）应用性能风险的主动防御和提前规避。

在日常运维过程中，该平台能够配合用户定位高危应用系统，对应用系统进行环境分析，确定监控指标，完成安装部署，实现对应用系统的性能监控，并对完成的应用性能分析出具分析报告。图9-12所示为政务云应用运行状态监控界面。该政府部门建设应用智能运维系统后达成的目标如下。

（1）自动探测业务异常风险，认定风险处理的责任人。

（2）协同云环境运维和云应用开发，基于统一平台共享数据，快速处理应用缺陷。

（3）监控并记录应用负载的变化，为容量规划提供数据支持。

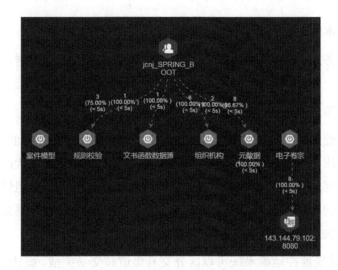

图 9-12 政务云应用运行状态监控界面

9.6 银行保险

9.6.1 建设背景

网上银行、手机银行等互联网信息系统的普及，使得银行传统运维方式面临前所未有的挑战。线上业务的多样化和高并发量使银行信息系统的稳定性快速下降，风险排查恢复时间上升。银行信息系统需要以用户为中心、以业务流程为核心的新一代应用监控运维数据支撑平台。随着 IT 运维管理效率的提高，越来越多的银行意识到应用运维系统采集的业务数据可以给业务运营管理带来更多的决策支持。例如，实时对关键业务的指标数据进行统计并以大屏的方式进行展现，可方便决策层、管理层、操作层及时了解关注的数据情况，解决成果高效利用"最后一公里"的问题。这就对银行应用运维系统建设提出了更高的要求。在数据需求层面，银行的业务用户可划分为决策层、管理层和操作层。大屏展现的最终目标是把合适的信息以最直观的展现方式实时提供给合适的人。因此，大屏展现主要面对如下用户。

（1）总行行长：关注全局运营战略；研究公司发展愿景，决定战略方向并监控战略执行情况。

需求：展示业务全国分布图和关键指标图表，总结历史变化趋势及预测未来趋势。

（2）中层管理人员和分析人员：关注本业务线的绩效；管控业务，落实公司的战略目标。

需求：展示本业务线的汇总图表、业务明细数据图表。

（3）基层业务人员：在操作层面，以实时运行的经营信息为依据，提高业务控制水平和管理能力。

需求：展示指定业务数据的明细统计图表。

传统监控运维系统的定位是解决企业的运维管理问题，主要面对的是基层业务人员，通过提供详尽的应用日志和业务指标，帮助运维人员了解系统运行状况，并在出现应用故障时快速定位问题。虽然其中也有部分功能面对中层管理人员，但仅可以提供简单的业务拓扑和有限的业务数据。因此，APM 采集、管理的重要业务数据并没有转换成可以辅助管理者进行决策的信息。

具体来说，传统监控运维系统可以区分交易渠道和交易类型，统计交易量、成功率、响应时间、响应率和返回码，也支持根据预先设置的告警规则对超过阈值的指标进行告警，同时可以追踪端到端交易，观察每笔业务在各业务组件中经过的路径、消耗的时间及处理结果。因此可以看出，传统监控运维系统比较关注系统中技术层面的问题，而忽略了更加重要的管理层面的问题。而且对于这种需求错配问题，传统监控运维系统很难解决。

9.6.2 解决方案

针对上述问题，可从业务运营和 IT 运维两个角度出发，设计整体的全景监控门户和以核心业务为核心的实时监控及风险管理方案，这样既覆盖了 IT 运维管理中关注的全部资产的使用情况和核心业务的健康状况，又融合了在业务运营管理中关注的业务关键指标，如存款、收益、不良贷款率等，同时包含了终端接入用户的地域分布数据，使得运维人员、运营人员可快速查看全局风险态势。

9.6.3 建设效果

围绕运维人员、运营人员关注的应用场景，该银行针对性地规划、设计了全景监控驾驶舱，通过全量采集、聚合分析信息系统运行期的数据，以零编码配置方式对接可视化图表，实现了面向运营的核心业务流程监控及面向运维的核心系统应用运行态势感知，为日常运营、运维决策提供了丰富的数据支持，也为进一步建设数据驱动的金融智能运维系统奠定了基础。图 9-13 所示为业务链路追踪仪表盘界面，图 9-14 所示为银行应用智能运维系统的高管驾驶舱界面。该银行建设应用智能运维系统后主要达成的目标如下。

（1）实时、全面采集银行核心系统的运行状态，为运营人员、运维人员提供了更丰富的数据。

（2）关联业务监控指标和运行环境监控指标，简化了对风险影响的分析过程。

（3）预测风险趋势和应用负载变化，实现了预防性维护。

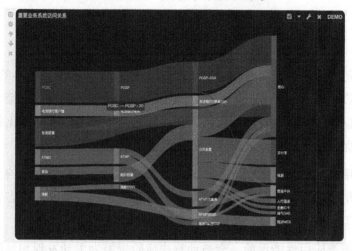

图 9-13　业务链路追踪仪表盘界面

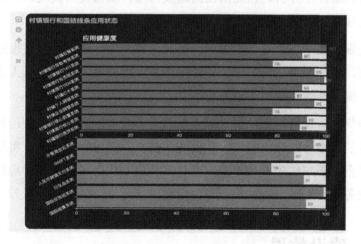

图 9-14　银行应用智能运维系统的高管驾驶舱界面

9.7　食品快消

9.7.1　建设背景

数据总线是某食品快销公司的核心数据流转中心，保障总线系统的稳定性和性能对数据总线的运维至关重要。目前总线接入了多个业务系统，随着各系统的上线和推广，数据共享的需求越来越多，给总线服务质量带来了不小的挑战。数据总线系统一旦出现问题，奶源、生产、化验室、销售、物流、财务等系统均会受到波及。

9.7.2 解决方案

围绕该公司运维所面临的问题与挑战，其建设了一个以应用为核心的智能运维系统，从接口角度建设了一个性能分析、管理、监控平台，通过采集和分析接口系统运行期间的各种指标数据来改变接口及应用运维方式，提高运维效率，不断优化新增的接口及应用系统，从而保障用户体验。该应用智能运维系统具有如下功能。

（1）简化用户运维管理模式，一站式解决用户海量监控指标数据的分析工作，以聚合指标指示应用性能，将海量基础指标转换为容易理解的应用健康状态聚合指标并实时更新，避免人工筛查海量数据，从而简化告警策略，提高管理效率。

（2）主动防御应用性能风险，变被动解决风险告警为主动发现和预防问题及风险。在给定预期负载条件下分析、预测潜在问题及风险，从而提前发现风险，防患未然，减少由应用稳定性、性能问题带来的经济损失。

（3）自动规划应用容量，预测应用性能及负载变化趋势，提前发现应用资源配置方面存在的问题，定位应用资源超配或资源配置不足的问题，帮助运维人员找到最优的资源配置方案，提高资源利用率，节约成本。

（4）智能化分析风险根源问题，以更加自动、智能的方式分析应用性能异常，生成指定时间段内的详细诊断分析报告，辅助快速排查、定位根源问题，将运维人员从繁杂的海量运维数据分析工作中解放出来；通过多种自动化手段监控多种应用，从而帮助运维人员先于业务用户发现问题并快速定位问题。

9.7.3 建设效果

该公司建设的应用智能运维系统可实时感知应用系统的运行态势，把以往监控的黑盒系统变成可见、可管、可溯源的白盒系统，使运维人员对企业内所有系统的运行状态了如指掌；可全方位、多层次、立体式地监管企业内的应用接口，图形化梳理、展现应用运行状态，一旦出现故障，可快速定位、溯源，从而极大地减少了运维工作量；可智能化分析问题，对应用系统的实时运行状态进行跟踪并收集指标、日志等运维数据，通过实时智能分析，预测可能出现的应用异常。通过实施应用智能运维系统，该公司达成的目标如下。

（1）提升了核心系统（涉及数据总线、奶源、生产、化验室、销售等系统）运行的稳定性、性能。

（2）可主动监控、分析应用从用户端到服务端的状态，提高了定位问题根源的效率。

（3）监控核心应用接口的状态，主动发现和规避风险。

 **本章小结**

本章重点介绍了网联汽车、能源电力、广电传媒、数字医疗等信息化成熟度较高、新技术应用落地推进较快的行业对落地应用智能运维系统的需求和对应的解决方案。对应每个行业场景，本章以实际项目为蓝本，总结应用场景和用户价值，对每个典型场景下的应用智能运维系统的建设背景、解决方案和建设效果做了介绍。